Neue Entwicklungen im Brückenbau
Innovationen im Bauwesen
Beiträge aus Praxis und Wissenschaft

Herausgeber
Dr.-Ing. Frank Dehn, MFPA Leipzig GmbH / Universität Leipzig
Prof. Dr.-Ing. Klaus Holschemacher, HTWK Leipzig
Prof. Dr.-Ing. habil. Nguyen Viet Tue, Universität Leipzig

Neue Entwicklungen im Brückenbau

Innovationen im Bauwesen
Beiträge aus Praxis und Wissenschaft

Mit Beiträgen von:
Dr.-Ing. C. Ahner, Dipl.-Ing. V. Angelmaier,
Dipl.-Ing. A. Arnold, Dr.-Ing. F. Dehn, Dipl.-Ing. G. Denzer,
Dipl.-Ing. A. Detzel, Dr.-Ing. N. Ehrlich, Dipl.-Ing. W. Eilzer,
Dr.-Ing. L.-D. Fiedler, Dr.-Ing. O. Fischer, Dipl.-Ing. Ch. Gläser,
Prof. Dr.-Ing. C.-A. Graubner, Dipl.-Ing. H. Heiler,
Dr.-Ing. M. Hennecke, Prof. Dr.-Ing. K. Holschemacher,
Dr.-Ing. G. Kapphahn, Prof. Dr.-Ing. U. Kuhlmann,
Prof. Dr.-Ing. R. Maurer, Dr.-Ing. A. Müller,
Dipl.-Ing. L. Nietner, Dipl.-Ing. E. Pelke, Dipl.-Ing. J. Raichle,
Prof. Dr.-Ing. M. Raupach, Dipl.-Ing. D. Reichel,
Dipl.-Ing. A. Reichertz, Dipl.-Ing. K.-H. Reintjes,
Dr.-Ing. F. Schröter, Prof. Dr.-Ing. V. Slowik,
Prof. Dr.-Ing. habil. N. V. Tue, Dr.-Ing. J.-P. Wagner,
Dr.-Ing. T. Zichner, Prof. Dr.-Ing. K. Zilch, Dr.-Ing. M. Zink

Bauwerk

Bibliografische Information Der Deutschen Bibliothek
Die Deutsche Bibliothek verzeichnet diese Publikation in der Deutschen
Nationalbibliografie; detaillierte bibliografische Daten sind im Internet über
http://dnb.ddb.de abrufbar.

Dehn, Frank / Holschemacher, Klaus / Tue, Nguyen Viet (Hrsg.)
Neue Entwicklungen im Brückenbau
Innovationen im Bauwesen
Beiträge aus Praxis und Wissenschaft

1. Aufl. Berlin: Bauwerk, 2004

ISBN 3-89932-074-3

Druck und Bindung:
Druckerei Runge GmbH

Vorwort

Zahlreiche neue Entwicklungen in allen Bereichen des Brückenbaus – Werkstoff, Konstruktion und Bauverfahren – haben dazu beigetragen, dass die Faszination der Menschen für den Brückenbau weiter lebendig bleibt. Sie sorgen darüber hinaus für eine bessere Beständigkeit der Bauwerke und somit für ein effizientes und kostenoptimiertes Bauen.

Mit modernen Hochleistungswerkstoffen sind architektonisch und ingenieurtechnisch anspruchsvolle Brückenbauwerke mit deutlich besseren Dauerhaftigkeitseigenschaften möglich. Zukunftsträchtig ist die sinnvolle Kombination von Hochleistungswerkstoffen in Form von Raumfachwerken und unterspannten Konstruktionen. Mit derartigen hybriden Bauweisen lassen sich die Vorzüge der einzelnen Werkstoffe besser ausnutzen. Für die Unterhaltung und Instandsetzung von bestehenden Brücken sind ebenfalls zahlreiche Neuerungen zu verzeichnen. Dies gilt ebenso zur Erfassung des Ist-Zustandes unserer Bauwerke.

Das Ziel des vorliegenden Bandes, der die Beiträge der 5. Leipziger Fachtagung "Innovationen im Bauwesen" enthält, besteht darin, die Fachöffentlichkeit mit neuen Entwicklungen im Brückenbau vertraut zu machen. Um diesem Anspruch gerecht zu werden und eine komplexe Übersicht zum Thema "Brückenbau" geben zu können, werden in den insgesamt 21 Beiträgen international anerkannter Fachleute baustoffspezifische, ausführungstechnische und statisch-konstruktive Aspekte des modernen Brückenbaues behandelt. Darüber hinaus sollen anhand von Erfahrungsberichten zur Realisierung von Pilotprojekten wertvolle Anregungen für die Umsetzung innovativer Entwicklungen in der Baupraxis gegeben werden.

Leipzig, im November 2004

Frank Dehn, Klaus Holschemacher, Nguyen Viet Tue
(Herausgeber der Schriftenreihe "Innovationen im Bauwesen")

Inhaltsverzeichnis

Aktuelle Entwicklungen im Brückenbau – ein Überblick

Klaus Holschemacher

1   Einführung

Brücken sind verbindende Bauwerke und haben daher für die Menschen schon immer eine besondere Bedeutung gehabt. In unserem durch Mobilität geprägten Leben nehmen wir jedoch häufig nur am Rande wahr, wie oft wir die Funktionalität von Brückenbauwerken nutzen. Meist erfolgt das auch in hoher Geschwindigkeit, indem wir mit einem Fahrzeug eine Brücke passieren, ohne sie bewusst wahrzunehmen. Dennoch sind Brücken gleichzeitig Bauwerke, die auf besondere Weise faszinieren. Immer wieder ist zu erleben, dass ansonsten am Baugeschehen kaum beteiligte Menschen sich für den Neubau von Brücken interessieren, oder aber auch aus den verschiedensten Gründen ihre Stimme gegen den Abriss von bestehenden Brücken erheben. Weist ein neu zu errichtendes Bauwerk eines gewissen Grad von Exklusivität auf, kann das Interesse der Öffentlichkeit zu einem regelrechten Brückentourismus führen, auf den sich die Bauherren häufig durch die Herausgabe von Informationsschriften oder die Einrichtung von Informationsbüros einstellen.

Obwohl die Anzahl der Einzelbauteile, aus denen sie bestehen, recht überschaubar ist, stellen Brücken fast immer relativ schwierige Bauwerke hinsichtlich ihrer Planung und Bauausführung dar. Will ein Ingenieur alle für den Brückenbau maßgebenden Vorschriften und Regelungen lesen, so wird er einige Tage nur mit dieser Aufgabe beschäftigt sein. Der Brückenbau hat daher einen hohen Spezialisierungsgrad aufzuweisen, dem in Aus- und Weiterbildung der mit diesem Bauwerkstyp befassten Bauingenieure Rechnung zu tragen ist.

Nachfolgend soll in kurzer, schlagwortartiger Form ein Überblick über aktuelle Entwicklungstendenzen im Brückenbau gegeben werden. Da sich Entwicklungstendenzen jedoch nicht innerhalb weniger Tage einstellen können, wird hierfür ein Zeitraum zu Grunde gelegt, der ungefähr die letzten 10 Jahre umfasst. Weiterhin hat sich der Verfasser - bedingt durch seine sich vorwiegend auf den Stahlbeton- und Spannbetonbau erstreckende Tätigkeit - im Wesentlichen auf den Massivbrückenbau beschränkt.

Prof. Dr.-Ing. Klaus Holschemacher, HTWK Leipzig

2 Wettstreit der Bauarten

2.1 Verbundbauweisen

Brückentragwerke lassen sich aus den verschiedensten Baustoffen und Baustoffkombinationen errichten. Während bei den Straßenbrücken die Massivbrücken (Stein-, Beton-, Stahlbeton- oder Spannbetonbrücken) den überwiegenden Anteil des Brückenbestandes einnehmen (Bild 1), spielen bei den Eisenbahnbrücken traditionell die Stahlbrücken eine dominierende Rolle. Generell ist aber festzuhalten, dass im Brückenbau zunehmend Verbundbauweisen zur Anwendung kommen. Durch die Kombination von Bauteilen aus unterschiedlichen Baustoffen innerhalb eines Tragsystems gelingt es, die spezifischen Vorteile der einzelnen Baustoffe ganz gezielt auszunutzen. Dies ermöglicht sehr schlanke Konstruktionen, führt zu einer verbesserten Wirtschaftlichkeit und bringt gleichzeitig Vorteile in der Bauausführung.

Im mittleren Spannweitenbereich von ca. 25 m bis 100 m konnten sich in den letzten Jahren die *Stahlverbundbrücken* einen steigenden Marktanteil sichern. Als Beleg kann hierzu der Neubau der Thüringer Waldautobahn A71/A73 herangezogen werden, wo von insgesamt 40 Großbrücken immerhin 13 in der Stahlverbundbauweise ausgeführt werden. Teilweise wurden bzw. werden hier auch neue Konstruktionsprinzipien erprobt. So wurde bei der Talbrücke Altwipfertal (3-Feldbrücke, Stützweiten 82 - 155 - 82 m) ein Hohlkastenquerschnitt gewählt, bei dem die Fahrbahn- und die Bodenplatte aus Beton, die Kastenstege aus Trapezblechen bestehen. Durch den Einsatz der Trapezbleche konnte eine Gewichtsersparnis und eine wirksamere Eintragung der Vorspannkraft erreicht werden. Weiterhin wurden aus wirtschaftlichen und gestalterischen Gründen die meisten dieser Stahlverbundbrücken mit einteiligem Querschnitt geplant. Für diese einteiligen Querschnitte war ein besonderer Lastfall "Fahrbahnplattenauswechslung" zu berücksichtigen, der in vielen Fällen auch für die Bemessung wesentlicher Bestandteile des Überbaus maßgebend wurde [1].

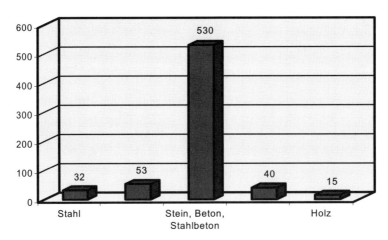

Bild 1: Brücken an Landesstraße im Bundesland Sachsen/Anhalt. Bestandsaufschlüsselung nach Bauarten[2].

2

Andere Verbundbauweisen kommen gegenwärtig in Deutschland nur selten beim Bau von Brücken zur Anwendung. *Holz-Beton-Verbundbrücken* konnten sich vor allem in Skandinavien, Österreich, der Schweiz und Frankreich durchsetzen und haben dort ihre Praxistauglichkeit und Wirtschaftlichkeit bewiesen [3]. Für das in [4] vorgeschlagene Konzept einer Fußwegbrücke in *Glas-Beton-Verbundbauweise* gibt es gegenwärtig noch keine Umsetzung in der Baupraxis, dennoch wird mit dieser Studie der Weg zu einer neuen Generation innovativer Brückenbauwerke gewiesen.

2.2   Großbrücken auf dem Weg zu neuen Dimensionen

Mit dem Bau einer ganzen Reihe von Großbrücken gelang in den zurückliegenden 10 Jahren die Erfüllung von zum Teil jahrhundertealten Träumen. Die Intensität des Baugeschehens der letzten Jahre wird aus folgender Tatsache deutlich: Von den 10 Hängebrücken mit den weltweit größten Spannweiten wurden immerhin 6 nach 1995 fertiggestellt (Tabelle 1). Ähnliches gilt Schrägkabelbrücken, hier wurden sogar 8 der 10 Brücken mit den größten Hauptspannweiten 1995 oder später fertiggestellt (Tabelle 2).

Tabelle 1: Hängebrücken mit den weltweit größten Spannweiten

Brücke	Land	Spannweite	Baujahr
Akashi-Kaikyo	Japan	1991	1998
Store Belt	Dänemark	1624	1998
Runyang	China	1490	2005 (voraussichtlich)
Humber	Großbritannien	1410	1981
Jiangyin	China	1385	1999
Tsing Ma	China (Hongkong)	1377	1997
Verrazano-Narrows	USA	1298	1964
Golden Gate	USA	1280	1937
Höga Kusten	Schweden	1210	1997
Mackinac	USA	1158	1957

Tabelle 2: Schrägkabelbrücken mit den weltweit größten Spannweiten

Brücke	Land	Spannweite	Baujahr
Tatara	Japan	890	1999
Pont de Normandie	Frankreich	856	1995
Nancha	China	628	2001
Wuhan Baishazhou	China	618	2000
Qingzhou Minjiang	China	605	2001
Yangpu	China	602	1993
Meiko-Chuo	Japan	590	1998
Xupu	China	590	1997
Rion-Antirion	Griechenland	560	2004
Skarnsundet	Norwegen	530	1991

Weitere spektakuläre Projekte befinden sich im Bau oder in einem mehr oder minder Ernst zu nehmendem Stadium der Vorbereitung. Nur einige wenige Beispiele sollen in diesem Zusammenhang genannt werden:

- *Sutong Bridge* (China): Schrägkabelbrücke über den Yangtze-Fluss, Hauptspannweite 1.088 m, Pfeilerhöhe 306 m, zur Zeit im Bau
- *Stonecuttersbridge* (Hongkong): Schrägkabelbrücke, Hauptspannweite 1.018 m, Fertigstellung Ende 2008 geplant
- *Hangzhou Bay Bridge* (China, ca. 70 km von Shanghai entfernt): Straßenbrücke über die Meeresbucht von Hangzhou, Kombination von Schrägkabelbrücke und Balkenbrücke, Gesamtlänge ca. 36 km, Bauzeit 2003 bis 2008
- *Messina Strait Bridge*: Verbindung zwischen dem italienischen Festland und Sizilien, Hängebrücke mit einer Hauptspannweite von rund 3.300 m (Bild 2), vorgesehener Baubeginn ist 2005, im Jahr 2011 soll das Bauwerk fertiggestellt werden
- *Gibraltar Bridge*: Noch weitgehend spekulative Verbindung zwischen dem afrikanischen und dem europäischen Kontinent über die Straße von Gibraltar, mehrere Studien zu möglichen Tragsystemen der Brücke liegen vor, unter anderem eine Kombination von Hänge- und Schrägkabelbrücke
- In Deutschland: *Strelasundquerung* von der Autobahn A20 zur Insel Rügen, Baubeginn 2004, Fertigstellung für 2007 geplant, Schrägkabelbrücke mit maximal 198 m Spannweite, Pylonhöhe 126 m.

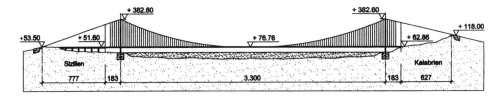

Bild 2: Längsschnitt der geplanten Messina Strait Bridge (nach[5])

3 Tragsysteme für Betonbrücken

3.1 Renaissance der Bogenbrücken

Betrachtet man die verschiedenen möglichen Tragsysteme von Betonbrücken, so fällt auf, dass die über einen längeren Zeitraum kaum eine Rolle spielenden Bogenbrücken in den letzten Jahren eine Renaissance erlebt haben. Durch die mit dem Freivorbau verbundenen Vorteile gelang es in zunehmendem Maß, wirtschaftliche Lösungen für den Bau von Bogenbrücken zu finden. Im Zuge des Neubaues der Thüringer Waldautobahn A71/A73 entstanden gleich eine ganze Reihe von Bogenbrücken, von denen die Brücke über die Wilde Gera mit einer Bogenspannweite von 252 m die wohl spektakulärste ist (Bild 2).

Bild 2: Brücke über die Wilde Gera im Zuge der A71, Bauzustände 1999/2000

3.2 Neue Konzepte

Neben der Perfektionierung der herkömmlichen Bauweisen war in den letzten 10 Jahren auch eine Reihe von grundsätzlichen Änderungen bzw. Neuerungen im Massivbrückenbau zu verzeichnen. Erinnert sei in diesem Zusammenhang daran, dass seit 1998 die Anordnung externer Spannglieder die Regelbauweise für neu zu bauende Spannbetonbrücken mit Kastenquerschnitt darstellt. Externe Spannglieder sind kontrollierbar, nachspannbar und erforderlichenfalls auch austauschbar, spätere Verstärkungs- und Instandsetzungsmaßnahmen werden damit wesentlich erleichtert [6].

Brückenlager und Übergangskonstruktionen zählen zu den kosten- und wartungsintensivsten Bestandteilen einer Brücke. Bei den sogenannten integralen Brücken, einer anderen zukunftsweisenden Entwicklung, wird daher vollständig auf Lager und Übergangskonstruktionen verzichtet, was mit vielfältigen Vorteilen verbunden sein kann, die in diesem Band in [7] näher erläutert werden.

4 Hochleistungsbetone für den Brückenbau

Die Bandbreite der für den Brückenbau zur Verfügung stehenden Betone ist in den letzten Jahre - bedingt durch die in der Betontechnologie erreichten Fortschritte - beträchtlich gewachsen. Während noch bis vor kurzem Beton als 3-Stoff-System - zusammengesetzt aus Zement, Gesteinskörnung und Wasser - konzipiert wurde, ergeben sich durch die konsequente Einbeziehung der derzeitig verfügbaren Zusatzstoffe und Zusatzmittel und den damit verbundenen Übergang zum 5-Stoff-System völlig neue Möglichkeiten. Diese Situation hat dazu geführt, dass es nunmehr eine relativ unproblematisch lösbare Aufgabe ist, den Baustoff Beton ganz gezielt mit solchen Eigenschaften herzustellen, die den sich aus den konkreten Einsatzbedingungen ergebenden Anforderungen entsprechen.

Für den Brückenbau bieten sich dabei folgende Betone im Besonderen an:

– *Selbstverdichtender Beton.* Selbstverdichtender Beton (SVB) ist wegen seiner spezifischen Frischbetoneigenschaften ein auf der Baustelle relativ leicht verarbeitbarer Beton. Bei sachgerechter Herstellung weisen Bauteile aus SVB eine hervorragende Oberflächenqualität auf. Besonders dicht bewehrte Bauteile, die ja im Brückenbau relativ häufig vorkommen, lassen sich mit SVB problemlos betonieren. Auf Qualitätssicherungsmaßnahmen ist beim Einsatz von SVB besonders zu achten, da selbstverdichtender Beton sehr sensibel auf bereits geringfügige Änderungen in seiner Mischungszusammensetzung reagiert. Erste Erfahrungen mit selbstverdichtenden Betonen im Brückenbau liegen mittlerweile vor, siehe z.B. [8].

- *Hochfester/Ultrahochfester Beton.* Hochfester bzw. ultrahochfester Beton lässt sich unter Praxisbedingungen mit Betondruckfestigkeiten bis 200 N/mm^2 herstellen. In der Regel sind es jedoch nicht die extrem hohen Festigkeiten, die diesen Beton interessant machen, sondern die verbesserten Dauerhaftigkeitseigenschaften. Sollen auch die hohen Betondruckfestigkeiten ausgenutzt werden, ist der gesamte Brückenentwurf auf den verwendeten Beton abzustimmen. Entsprechende Ansätze werden unter anderem in [9] und [10] vorgestellt. Hochfester Beton ist bereits verschiedentlich in Deutschland mit Erfolg für den Bau von Brücken verwendet worden, siehe z.B. [11] bis [14].

  Unter Verwendung von ultrahochfestem Beton sind in Kanada, Frankreich und Asien vielbeachtete Bauwerke entstanden [15]. In Deutschland wird eine erste derartige Brücke in Kassel gebaut, eine nähere Beschreibung dieses Bauwerkes ist in [16] enthalten.

- Der Einsatz von *Leichtbeton* konnte sich in Deutschland, von wenigen Ausnahmen abgesehen ([17]), bisher nicht durchsetzen. Die in Norwegen beim Bau der Stolmasund- und der Raftsundbrücke gemachten Erfahrungen zeigen aber, das bei weitgespannten Betonbrücken die Verwendung von hochfestem Leichtbeton wegen des geringeren Konstruktionseigengewichts vorteilhaft sein kann.

Auf baustoffliche Entwicklungen außerhalb des Betonsektors (z.B. hochfeste Stähle, Faserverbundwerkstoffe) wird an dieser Stelle nicht eingegangen.

5   Bauwerksqualität

Angesichts der zuvor dargestellten Möglichkeiten, die mit der Anwendung der modernen Hochleistungsbetone im Brückenbau einhergehen, sollte man meinen, dass bei neu gebauten Brücken die erreichte Qualität der Bauausführung stets hervorragend sein sollte. Doch die Realität sieht leider häufig anders aus. Es ist dabei keine Frage, dass die Erprobung neu entwickelter Baustoffe und Bauverfahren fast zwangsläufig auch von Rückschlägen begleitet ist. Viel ärgerlicher ist dagegen die Situation, wenn auf herkömmliche Weise gebaut wird und trotzdem Mängel auftreten. Häufig sind es immer wiederkehrende, im Prinzip einfach vermeidbare Fehler, die festzustellen sind [18]:

- unzureichende Betondeckung der Bewehrung
- ungenauer Einbau der Anschlussbewehrung
- Verdichtungsmängel, Auftreten von Kiesnestern

– unsaubere, verschmutzte Altbetonanschlussflächen
– unzureichende Frost-Tausalz-Beständigkeit des Betons.

Spätestens an dieser Stelle wird deutlich, warum Qualitätssicherungsmaßnahmen auch im Brückenbau unerlässlich sind und an Bedeutung gewinnen werden.

6   Brückenerhaltung

Angesichts des enormen Brückenbestandes ist dessen Erhaltung eine vordringliche Aufgabe für die Zukunft. In Bild 3 wird die Altersstruktur der Brücken an Landesstraßen im Bundesland Sachsen/Anhalt angegeben. Es wird ersichtlich, dass ungefähr 2/3 der Brücken ein Alter von 30 Jahren oder mehr aufweisen. Angesichts dieser Tatsache gewinnen Maßnahmen zur Bauwerksertüchtigung und das Bauwerksmonitoring eine stetig wachsende Bedeutung.

Neben verfeinerten Berechnungsverfahren zur Einschätzung der Tragfähigkeit bestehender Brücken, hat sich in den letzten Jahren auch die experimentelle Tragsicherheitsbewertung auf der Basis von Probebelastungen bewährt. Besonders dann, wenn nur ungenügende Kenntnisse zu den vorhandenen Tragwerkseigenschaften vorliegen (z.B. bei fehlenden oder unvollständigen Bauwerksdokumentationen) bietet diese Vorgehensweise Vorteile, da sich mit Hilfe von speziell für diesen Zweck konstruierten Belastungsfahrzeugen relativ schnell Aussagen zur Tragfähigkeit der betreffenden Bauwerke ableiten lassen [19], [20].

Um den Überwachungsaufwand bei größeren Brücken einzugrenzen, bietet es sich an, dass Ankündigungsverhalten unter Berücksichtigung der Resttragfähigkeit der betreffenden Bauwerke zu untersuchen. Bei der Elsenbrücke in Berlin (vorgespannte 3-Feld-Balkenbrücke, insgesamt 155 m lang) konnten auf diese Weise einige wenige kritische Punkte der Tragkonstruktion herausgefunden werden. Durch eine ständige Überwachung der betreffenden Bauwerksbereiche mit Hilfe einer geeigneten Messtechnik war es möglich, eine ansonsten als sofort erforderlich erachtete Ertüchtigungsmaßnahme auf einen späteren Zeitpunkt zu verschieben [21].

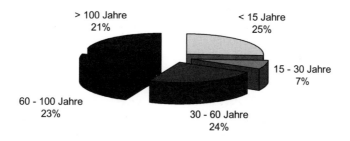

Bild 3: Altersstruktur der Brücken an Landesstraßen im Bundesland Sachsen/Anhalt [2]

7 Umweltschutz

In zunehmendem Umfang spielen Fragen des Umweltschutzes eine Rolle bei der Planung von Brückenbauwerken. Dabei sind die verschiedenartigsten Aspekte zu berücksichtigen: Lärmschutz, Gewässerschutz, Tierschutz usw. Häufig fällt es den Beteiligten nicht einfach, einen tragbaren Kompromiss zwischen ingenieurtechnischen, ökologischen und ökonomischen Gesichtspunkten zu finden. Manchmal kommen aus unterschiedlichen Interessen aber dennoch beachtenswerte Bauwerke hervor. Als Beispiel kann die Saalebrücke Salzmünde genannt werden, die zur Zeit im Zuge des Neubaus der Autobahn A143 (Westumfahrung Halle) entsteht. Bei der rund 1.000 m langen, mehrfeldrigen Brücke, an die sich ein 200 m langer Lärmschutztunnel unmittelbar anschließt, wurde eine optimale Lösung gefunden, bei der die Interessen von Anliegern, Naturschutz und Verkehr soweit wie möglich berücksichtigt wurden. Besonders bemerkenswert ist bei diesem Bauwerk die Glaskonstruktion, die den Brückenüberbau aus Lärmschutzgründen nach oben abschirmen soll.

Ein anderes Beispiel für die gestiegenen Umweltanforderungen sind die wegen ihrer Breite besonders auffälligen Wildbrücken (auch als Grünbrücken bezeichnet), mit denen beim Neubau von Verkehrswegen vermieden werden soll, dass bisher zusammenhängende Wildgebiete zerschnitten werden. Neben Forderungen des Tierschutzes wird damit auch die Verkehrssicherheit erhöht, da die Wildwechselgefahr vermindert wird. Allein 10 Wildbrücken entstehen im Zuge des 323 km langen Neubaues der A 20 zwischen Lübeck und Prenzlau. Die Baukosten betragen bis zu 3 Millionen Euro je Brücke.

8 Zusammenfassung

Im Brückenbau haben sich in den letzten 10 Jahren zahlreiche gravierende Änderungen vollzogen. Im internationalen Maßstab hat sich der Trend zu Brücken mit immer größeren Spannweiten fortgesetzt. So werden in absehbarer Zeit bei Schrägkabelbrücken Hauptspannweiten von mehr als 1.000 m, bei Hängebrücken von mehr als 3.000 m realisiert werden.

Durch den Einsatz von neuen bzw. weiterentwickelten Baustoffen wie hochfesten und ultrahochfesten Betonen kann insbesondere die Dauerhaftigkeit der Brückenbauwerke verbessert werden. Sollen die hohen erreichbaren Festigkeiten im Bauwerk genutzt werden, sind besondere Überlegungen zur Tragwerkskonzeption erforderlich.

Gegenüber dem Neubau von Brücken tritt zunehmend die Sicherung des vorhandenen Brückenbestandes in den Vordergrund. Es ist zu erwarten, dass die mit dem Bauwerksmonitoring verbundenen Möglichkeiten verstärkt genutzt werden, um auch über längere Zeiträume hinweg verlässliche Aussagen zum Tragwerkszustand zu gewinnen.

Literatur

[1]   Schmitt, V.: Verbundbrücken mit kleinen Spannweiten. Deutscher Stahlbautag 2002.

[2]   Landesportal Sachsen/Anhalt. Akutelle Informationen aus dem Ministerium für Bau und Verkehr. www.sachsen-anhalt.de.

[3]   König, G.; Holschemacher, K.; Dehn, F. (Hrsg.): Holz-Beton-Verbund. Bauwerk Verlag Berlin, 2004.

[4]   Feytag, B.: Die Glas-Beton-Verbundbauweise. Dissertation, Technische Universität Graz, 2002.

[5]   Catallo, L.; Sgambi, L.; Silvestri, M.: General aspects of the structural behaviour in the Messina Strait Bridge design. In: Bontempi, F. (Ed.): System-Based Vision for Strategic and Creative Design. Balkema Publishers, Lisse/Abingdon/Exton/Tokyo 2003, S. 2487 - 2494.

[6]   Maurer, R.: Spannbetonbrücken. In: Tue, N. V.; Dehn, F. (Hrsg.): Erfahrung und Zukunft des Bauens. Festschrift zum 70. Geburtstag von Gert König. Universität Leipzig, 2004, S. 211 - 249.

[7]   Graubner, C.-A.; Pelke, E.; Zink, M.: Besonderheiten bei der Bemessung integraler Betonbrücken. In: Dehn, F.; Holschemacher, K.; Tue, N. V.: Neue Entwicklungen im Brückenbau. Bauwerk Verlag Berlin, 2004, S. 101 - 116.

[8]   König, G.; Holschemacher, K.; Maurer, R.; Dehn, F.: Selbstverdichtender Beton für den Brückenbau. Beton- und Stahlbetonbau 97 (2002), H. 6, S. 322 - 325.

[9]   König, G., Maurer, R.: Composite and Hybrid Structural Systems. IABSE Symposium "Towards a Better Built Environment - Innovation, Sustainability, Information Technology", Melbourne 2002.

[10]   Tue, N. V.; Schneider, H.: Hybride Konstruktionen mit UHFB. In: König, G.; Holschemacher, K.; Dehn, F.: Ultrahochfester Beton. Bauwerk Verlag Berlin, 2003, S. 227 - 238.

[11]   Bernhardt, K.; Brameshuber, W.; König, G.; Krill, A.; Zink, M.: Vorgespannter Hochleistungsbeton: Erstanwendung in Deutschland beim Pilotprojekt Sasbach. Beton- und Stahlbetonbau 94 (1999), H. 5, S. 216 - 223.

[12]   Günther, L.; König, G.; Opitz, V.; Schmidt, D.; Tue, N.: Erstanwendung des Hochleistungsbetons im Brückenbau in Sachsen. Bautechnik 77 (2000), H. 10, S. 718 - 724.

[13]   König, G.; Reck, P.; Zink, M.; Arnold, A.: Hochleistungsbeton für ein schlankes Sprengewerk. Beton- und Stahlbetonbau (97) 2002, H. 6, S. 308 - 311.

[14]   Zilch, K.; Gläser, Ch.; Zehetmaier, G.; Hennecke, M.: Anwendung von Hochleistungsbeton im Brückenbau. Beton- und Stahlbetonbau (97) 2002, H. 6, S. 297 - 302.

[15] Holschemacher, K.; Dehn, F.: Ultrahochfester Beton (UHFB) - Stand der Technik und Entwicklungsmöglichkeiten. In: König, G.; Holschemacher, K.; Dehn, F.: Ultrahochfester Beton. Bauwerk Verlag Berlin, 2003, S. 1 - 12.

[16] Schreiber, W.: Entwurf, Konstruktion und Bemessung der Gärtnerplatzbrücke. In: Ultra-Hochfester Beton. Planung und Bau der ersten Brücke mit UHPC in Europa. Universität Kassel, Schriftenreihe Baustoffe und Massivbau, H. 2, 2003, S. 89 - 93.

[17] König, G.; Novák, B.; Fischer, M.; Barthel, K.: Der Karl-Heine-Bogen in Leipzig - Hybride Brückenkonstruktion unter Verwendung von Hochleistungs-Leichtbetonen. Bautechnik 77 (2000), H. 8, S. 523 - 535.

[18] Schubert, L.: Probleme bei der Bauausführung aus der Sicht eines Prüfingenieurs. In: Holschemacher, K. (Hrsg.): Neue Perspektiven im Betonbau. Bauwerk Verlag Berlin 2003, S. 119 - 130.

[19] Slowik, V.: Experimentelle Tragsicherheitsbewertung. In: Holschemacher, K. (Hrsg.): Neue Perspektiven im Betonbau. Bauwerk Verlag Berlin 2003, S. 61 - 70.

[20] Knaack, H.-U.; Schröder, C.; Slowik, V.; Steffens, K.: Belastungsversuche an Eisenbahnbrücken mit dem Belastungsfahrzeug BELFA-DB. Bautechnik 80 (2003), H. 1, S. 1 - 8.

[21] Krämer, K.: Beurteilung des Ankündigungsverhaltens von durch Spannungsrisskorrosion gefährdeten Spannbetonbrücken. Diplomarbeit, HTWK Leipzig, Fachbereich Bauwesen, 2003.

Neue Zemente für die Herstellung von Kappenbetonen

Norbert Ehrlich

Brückenkappen sind aufgrund ihrer funktionellen Anordnung und konstruktiven Besonderheiten in hohem Maße einer Frost-Taumittelbeanspruchung ausgesetzt und als rissempfindliche Bauteile bekannt. Die damit verbundenen Dauerhaftigkeitsanforderungen hängen einerseits von der Wahl der Rezeptur und deren Ausgangsstoffen ab, als auch von einem regelgerechten Einbau unter Beachtung einer ausreichenden Nachbehandlung.

Grundlage für die Gestaltung von Rezepturen für Brückenkappen sind die „Zusätzlichen Technischen Vertragsbedingungen für Ingenieurbauten" (ZTV-ING). Diese übernimmt die grundlegenden Anforderungen der Normen DIN EN 206-1/DIN 1045-2, stellt jedoch zusätzliche Anforderungen bzw. weicht in bestimmten Punkten von den Regelungen der Norm ab.

Durch die Restriktionen infolge des künftigen CO_2-Emmissionshandels wird sich die Sortimentsstruktur der Zementindustrie verändern. Portlandzemente CEM I 32,5 R mit einem hohen Klinkeranteil werden durch Zemente mit verschiedenen Zumahlstoffen ersetzt. Dieser Weg ist nicht neu, denn seit Beginn der 90-er Jahre werden Portlandkalksteinzemente CEM II/A-LL 32,5 R im Brückenbau (auch für Kappenbetone) verwendet. Seit 1999 werden regional unterschiedlich Portlandhüttenzemente als CEM II/B-S oder CEM II/A-S für Brückenkappen eingesetzt.

Um den Klinkeranteil weiter zu minimieren, die Verarbeitseigenschaften zu verbessern und die Dauerhaftigkeitsanforderungen zielsicher zu erfüllen, werden in Zukunft Portlandkompositzemente CEM II/A-M oder CEM II/B-M der Praxis angeboten. Die Eignung dieser Zemente sowie der anderen CEM II-Zemente für Brückenkappen ist Gegenstand des Beitrages.

Dr.-Ing. Norbert Ehrlich, E. Schwenk Zementwerke KG, Bernburg

1 Anforderungen der ZTV-ING an die Betone für Brückenkappen

Für Brückenkappen sind Zemente nach DIN EN 197-1 oder DIN 1164 (außer CEM II/P-Zemente) zugelassen, wobei die Verwendung von CEM II/M-Zementen nach

DIN 1045-2, Tabelle F.3.2 die Zustimmung der Auftraggebers erfordert. Auf die Anforderungen der anderen Ausgangsstoffe wird nicht eingegangen.

Betone für Brückenkappen sind den Expositionsklassen XD3 und XF4 zuzuordnen, da es sich um horizontale Betonflächen im Spritzwasserbereich bzw. direkt mit tausalzhaltigem Wasser oder Schnee beaufschlagte Flächen handelt.

Für die Grenzwerte der Betonzusammensetzung sind folgende Regelungen abweichend von DIN EN 206-1/DIN 1045-2 zu beachten:

max. w/z = 0,50; mind. C25/30; Mindestzementgehalt von 320 kg/m^2, keine Anrechnung der Flugasche, Mindestluftporengehalt gemäß Tabelle 1 und Luftporenkennwerte für Festbeton gemäß Tabelle 2.

Tabelle 1: Luftgehalt des Frischbetons

Mittlerer Mindest-Luftgehalt[1] in Vol.-% für Beton der Konsistenz			
Größtkorn [mm]	C1 ohne FM oder BV	C2 bzw. F2 und F3 C1 mit FM oder BV[2]	> F4[3]
8	5,5	6,5[2]	6,5[2]
16	4,5	5,5[2]	5,5[2]
32	4,0	5,0[2]	5,0[2]

1) Einzelwerte dürfen diese Anforderungen um höchstens 0,5 Vol.-% unterschreiten.
2) Wenn bei der Eignungsprüfung nachgewiesen wird, dass die Grenzwerte für die Luftporenkennwerte entsprechend Tabelle 2 eingehalten werden, gilt ein um 1 % niedrigerer Mindestluftgehalt. Für diesen Nachweis darf der Luftgehalt des Frischbetons bei einem Größtkorn von 8 mm 6,0 Vol.-%, von 16 mm 5,0 Vol.-% und von 32 mm 4,5 Vol.-% nicht überschreiten.
3) Bei Ausbreitmaßklasse F6 sind die Luftporenkennwerte am Festbeton entsprechend Tabelle 2 nachzuweisen.

Tabelle 2: Luftporenkennwerte des Festbetons

Art der Prüfung	Mikroluftporengehalt A_{300} [Vol.-%]	Abstandsfaktor[[mm]
Erstprüfung	$\geq 1,8$	$\leq 0,20$
Prüfung am Bauwerk und Kontrollprüfungen	$\geq 1,5$	$\leq 0,24$

Im Rahmen der Nachbehandlung muss der Beton durch geeignete Maßnahmen vor übermäßigem Verdunsten von Wasser geschützt werden. Für Brückenkappen dürfen keine flüssigen Nachbehandlungsmittel eingesetzt werden.

Abweichend von DIN 1045-3 muss der Kappenbeton so lange nachbehandelt werden, bis die Festigkeit des oberflächennahen Betons 70% der charakteristischen Festigkeit des Betons erreicht hat. Sollte dieser Nachweis nicht geführt werden, dann sind die Werte der Tabelle 3 zu verdoppeln.

Tabelle 3: Mindestdauer der Nachbehandlung von Beton in Tagen[1]
(alle Expositionsklassen außer XO,XC1 und XM) [2]

	Nachbehandlungsdauer [3)4)] [d]			
Oberflächen-temperatur 0 [°C] [2)]	$r \geq 0{,}50$	$r \geq 0{,}30$	$r \geq 0{,}15$	$r < 0{,}15$
≥ 25	1	2	2	3
$25 > 0 \geq 15$	1	2	4	5
$15 > 0 \geq 10$	2	4	7	10
$10 > 0 \geq 5$ [5)]	3	6	10	15

1) NB-Zeit bei Verarbeitbarkeitszeiten > 5 Std. angemessen verlängern.
2) Anstelle der Oberflächentemperatur des Betons darf die Lufttemperatur angesetzt werden.
3) $r = f_{cm2}/f_{cm28}$, ermittelt bei der Erstprüfung oder auf der Grundlage der Ergebnisse einer bekannten Betonzusammensetzung.
4) Zwischenwerte dürfen ermittelt werden.
5) NB-Zeit bei Temperaturen < 5 °C um die Zeitdauer verlängern, während der die Temperaturen < 5 °C lagen.

2 Brückenkappen mit Portlandkalksteinzementen CEM II/A-LL

Der Einsatz von Portlandkalksteinzementen CEM II/A-LL 32,5 R für die Herstellung von Brückenkappen ist in Süddeutschland Stand der Technik. Seit ca. 15 Jahren konnten praktische Erfahrungen gesammelt werden. Diese zeigen, dass die Anforderungen an die Dauerhaftigkeit zielsicher gewährleistet werden können, wenn alle anderen Randbedingungen (z.B. Qualität der Ausgangsstoffe, Einhaltung w/z-Wert, regelgerechter Einbau, Nachbehandlungsdauer) eingehalten werden.

Diese Ergebnisse haben sich in anderen Regionen (z.B. neue Bundesländer) bestätigt. Bei Verwendung von traditionellen Rezepturen für Brückenkappen mit Zementgehalten von 340 bis 370 kg/m3 und w/z-Werten von 0,45 bis 0,49 werden mit der CDF-Prüfung Abwitterungswerte erzielt, die weit unter dem Grenzwert von 1500 g/m2 liegen (siehe Bild 1).

Abwitterung in g/m²
Grenzwert nach dem CDF-Verfahren 1500 g/m²
2000
1800
1600
1400
1200
1000
800
600
400
200
0
7
14
21
28
Frost – Tau - Wechsel

Bild 1: Bandbreite der Abwitterung für Betone mit CEM II/A-LL-Zementen

3 Brückenkappen mit Portlandhüttenzement CEM II/B-S oder CEM II/A-S

Im Rahmen eines Pilotprojektes wurde im Jahre 1999 ein Teil der Brückenkappen der Saale- und der Bodebrücke im Zuge der BAB 14 mit einem CEM II/B-S 32,5 R hergestellt. [1]

Wesentliche Ergebnisse sind in den Bildern 2 bis 4 dargestellt.

Rezeptur Kappe Neugattersleben:	**Rezeptur Kappe Beesedau:**
Zement 350 kg Zugabewasser 166 kg Sand 0/2 615 kg Kies 2/8 213 kg Splitt 8/16 957 kg Zusatzmittel LP 2,5 Isola	Zement 340 kg Zugabewasser 162 kg Sand 0/2 672 kg Kies 2/8 389 kg Kies 8/16 707 kg Zusatzmittel LP 70 Woermann
Frischbetonverhalten in der Eignungsprüfung	
- Portlandzement CEM I 32,5 R	
a_{10} = 43 cm LP_{10} = 5,7 % a_{45} = 39 cm LP_{45} = 5,2 %	a_{10} = 47 cm LP_{10} = 5,8 % a_{45} = 43 cm LP_{45} = 5,6 %
- Portlandhüttenzement CEM II/B-S 32,5 R	
a_{10} = 44 cm LP_{10} = 5,9 % a_{45} = 42 cm LP_{45} = 5,1 %	a_{10} = 47 cm LP_{10} = 6,2 % a_{45} = 42 cm LP_{45} = 6,0 %

Bild 2: Rezepturen und Ergebnisse der Erstprüfung

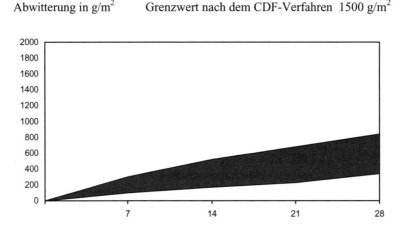

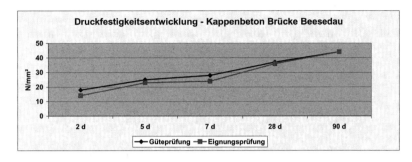

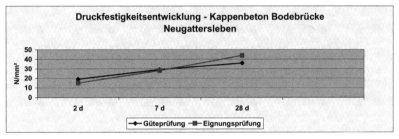

Bild 3: Vergleich von Eignungsprüfung und Güteprüfung

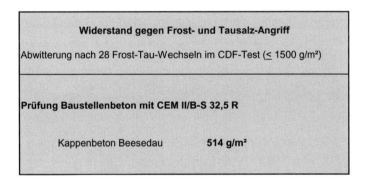

Bild 4: Ergebnis der CDF-Prüfung auf der Baustelle

Bei einer Begehung der Saalebrücke Beesedau im Juli 2004 hat sich gezeigt, dass es zwischen den Betonen mit CEM I 32,5 R und CEM II/B-S 32,5 R keine signifikanten Unterschiede gibt. In zwei Bereichen wo sichtbar ein zu weicher Beton eingebaut wurde, sind geringfügige Abplatzungen zu erkennen, die auf zu viel Feinmörtel auf der Oberfläche hindeuten. Durch die Einhaltung betontechnologischer Eckdaten sind derartige Probleme vermeidbar.

Weitere ausgeführte Brückenkappen mit CEM II/B-S- oder CEM II/A-S-Zementen zeigen, dass Betone mit diesen Zementen die geforderten praktischen Festbetoneigenschaften erzielen und die Anforderungen der ZTV-K bzw. ZTV-ING hinsichtlich Dauerhaftigkeit erfüllen.

4 Brückenkappen mit Portlandkompositzementen CEM II/B-M

CEM II/B-M-Zemente sind Normenzemente nach DIN EN 197-1, die aber in ihren Anwendungsbereichen, basierend auf den Expositionsklassen, stark eingeschränkt sind (Tabelle 4). [2]

Anwendungsbereiche für Zement CEM II/B-LL und CEM II-M-Zemente mit drei Hauptbestandteilen nach DIN EN 197-1 zur Herstellung von Beton nach DIN 1045-2[a]

Expositionsklassen (X= gültiger Anwendungsbereich, O= für die Herstellung nach der Norm nicht anwendbar)			XO	XC1	XC2	XC3	XC4	XD1	XD2	XD3	XS1	XS2	XS3	XF1	XF2	XF3	XF4	XA1	XA2[d]	XA3[d]	XM1	XM2	XM3	Spannstahlverträglichkeit
CEM II	- B	LL	X	X	X	O	O	O	O	O	O	O	O	O	O	O	O	O	O	O	O	O	O	X
	A	S-D; S-T; S-LL; D-T; D-LL;T-LL	X	X	X	X	X	X	X	X	X	X	X	X	X	X	X	X	X	X	X	X	X	X[g]
	A	S-P; S-V; D-P; D-V; P-V; P-T; P-LL; V-T; V-LL	X	X	X	X	X	X	X	X	X	X	X	X	O	X	O	X	X	X	X	X	X	X[f,g]
	M	S-D; S-T; D-T;	X	X	X	X	X	X	X	X	X	X	X	X	X	X	X	X	X	X	X	X	X	X[g]
	M	S-P; D-P; P-T	X	X	X	X	X	X	X	X	X	X	X	X	O	X	O	X	X	X	X	X	X	O[f,g]
	B	S-V; D-V; P-V; V-T	X	X	X	X	X	X	X	X	X	X	X	X	O	X	O	X	X	X	X	X	X	X[f,g]
	B	S-LL; D-LL; P-LL; V-LL; T-LL	X	X	X	O	O	O	O	O	O	O	O	O	O	O	O	O	O	O	O	O	O	X[f,g]

[a] Einige nach dieser Tabelle nicht anwendbare Zemente können durch einen Nachweis nach den Deutschen Anwendungsregeln zu DIN EN 197-1 angewendet werden.

[d] Bei chemischem Angriff durch Sulfat (ausgenommen Meerwasser) muss oberhalb der Expositionsklasse XA1 Zement mit hohem Sulfatwiderstand (Hs-Zement) verwendet werden. Zur Herstellung von Beton mit hohem Sulfatwiderstand darf bei einem Sulfatgehalt des angreifenden Wassers mit $SO_4^{2-} \leq 1500$ mg/l anstelle von HS-Zement eine Mischung aus Zement und Flugasche verwendet werden (s. Abschrift 5.2.5.2.2).

[f] Zemente, die P enthalten, sind ausgeschlossen, da sie bisher für diesen Anwendungsfall nicht überprüft wurden.

[g] Der verwendete Silikastaub muß die Anforderungen der Zulassungsrichtlinien des Deutschen Instituts für Bautechnik (DIBt) für anorganische Betonzusatzstoffe ("Mitteilungen" DIBt 24 (1993), Nr. 4, S. 122-132) bzgl. des Gehaltes an elementarem Silicium Si erfüllen.

Der Einsatz dieser Zemente wird durch eine Anwendungszulassung beim DIBt geregelt, wobei für den Bereich der ZTV-ING dieser anwendungstechnisch zugelassene Zement die Zustimmung des Auftraggebers erfordert (Tabelle 5, [3]).

Expositionsklassen (X= gültiger Anwendungsbereich, O =nach dieser Norm nicht anwendbar)			durch Chloride verursachte Korrosion			Frostangriff			
			XD1	XD2	XD3	XF1	XF2	XF3	XF4
CEM I			X	X	X	X	X	X	X
CEM II	A/B	S	X	X	X	X	X	X	X
	A	D	X	X	X	X	X	X	X
	A/B	P/Q	X	X	X	X	O	X	O
	A	V	X	X	X	X	O	X	O
	B	V	X	X	X	X	O	O	O
	A	W	O	O	O	O	O	O	O
	B	W	O	O	O	O	O	O	O
	A/B	T	X	X	X	X	X	X	X
	A	LL	X	X	X	X	X	X	X
	B	LL	O	O	O	O	O	O	O
	A	L	X	X	X				
	B	L	O	O	O	O	O	O	O
	A	M[e]	O	O	O	O	O	O	O
	B	M[e]	O	O	O	O	O	O	O
CEM III	A		X	X	X	X	X	X	X[b]
	B		X	X	X	X	X	X	X[c]
	C		O	X	O	O	O	O	O
CEM IV[e]	A		O	O	O	O	O	O	O
	B		O	O	O	O	O	O	O
CEM V[e]	A		O	O	O	O	O	O	O
	B		O	O	O	O	O	O	O

Die Fa. SCHWENK Zement KG hat nach umfangreichen Prüfungen der Dauerhaftigkeitseigenschaften für alle Expositionsklassen die Zulassungen für den CEM II/B-M (S-LL) 32,5 R-AZ für die Werke Bernburg und Karlstadt erhalten. [4]

Erste baupraktische Erfahrungen wurden in mehreren Transportbetonwerken gezogen, wobei die in den Bildern 5 bis 8 gezeigten Ergebnisse für Kappenbetone erzielt wurden. Die Rezeptur ($z = 350$ kg/m³, w/z-Wert = 0,49, LP 70) wurde im direkten Vergleich zum CEM II/A-LL 32,5 R gefahren.

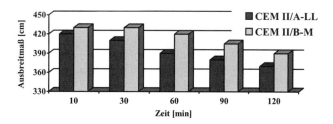

Bild 5: Konsistenzverhalten eines Kappenbetons

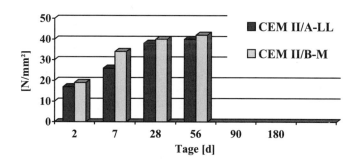

Bild 6:   Festigkeitsentwicklung der Kappenbetone im Vergleich

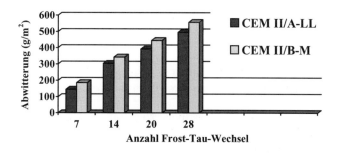

Bild 7:   Abwitterungswerte der Kappenbetone nach dem CDF-Verfahren

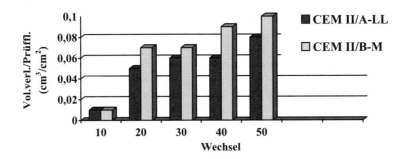

Bild 8:   Bestimmung des Frost-Taumittel-Widerstandes nach der Oberflächeneintauch-
Methode des SMWA (Ausgabe 2002)
Grenzwert: 0,20 cm3/cm2

Neben den ersten Anwendungen im Transportbeton wurden im Rahmen eines Forschungsvorhabens interessante Vergleichsuntersuchungen zum Einfluss von Prüfkörpern auf den Abwitterungsgrad an der MFPA Leipzig vorgenommen.

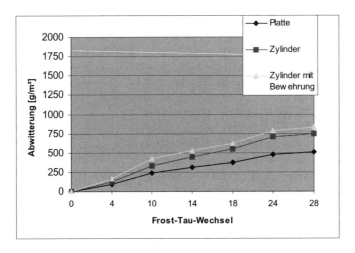

Bild 9:   Abwitterungsgrad in Abhängigkeit der Prüfkörper (Untersuchungen der MFPA
Leipzig)

Mit anderen Zementen wurden ähnliche Eigenschaften erzielt, deren weitere Interpretation soll dem Forschungsthema vorbehalten werden.

Um weitere Erfahrungen für Brückenkappen zu sammeln, wurde durch das Landesamt für Straßenwesen Sachsen-Anhalt einem Pilotprojekt zugestimmt. Die Ergebnisse der Erstprüfung sind in den Bildern 10 bis 12 dargestellt.

Die Herstellung der Brückenkappen wird durch ein umfangreiches Prüfprogramm begleitet, dabei stehen neben den Frisch- und Festbetoneigenschaften die Prüfung der Dauerhaftigkeitsanforderungen im Vordergrund. Eine jährliche Begehung der Kappen wurde zusätzlich vereinbart.

Erste Ergebnisse werden im Vortrag vorgestellt.

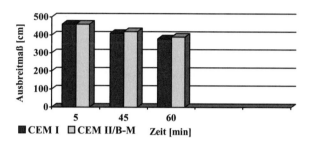

Bild 10: Ausbreitmaße der Erstprüfung

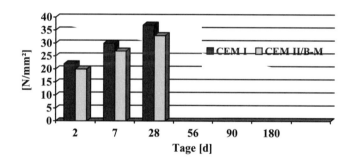

Bild 11: Festigkeitsentwicklung für den Kappenbeton des Pilotprojektes

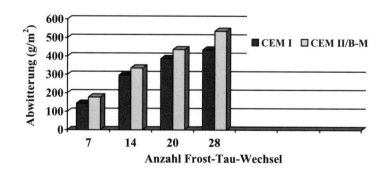

Bild 12: Abwitterung nach 28 Frost-Tau-Wechsel nach dem CDF-Verfahren

5 Zusammenfassung

Der Einsatz von Portlandkalksteinzementen und Portlandhüttenzementen für Betone von Brückenkappen ist Stand der Technik und bisherige Objekte haben gezeigt, dass die Dauerhaftigkeit viel wesentlicher von der Qualität anderer Ausgangsstoffe und von einem regelgerechten Einbau mit umfassender Nachbehandlung abhängig ist.

Umfangreiche Laborversuche und erste baupraktische Anwendungen zeigen, dass Kappenbetone mit CEM II/B-M-Zementen keine signifikanten Unterschiede zu Betonen mit anderen Zementen aufzeigen. Dies ist durch Langzeituntersuchungen an ausgeführ-ten Objekten noch nachzuweisen.

Literatur

[1]   Böning, E.; Ehrlich, N.; Kindler, H.; Wiegand, H.-H.: Erfahrungen im Brückenbau-Saalebrücke Beesedau, Beton 2/2001

[2]   DIN EN 206-1/DIN 1045-2

[3]   Arbeitsunterlage der Bundesanstalt für Straßenwesen, Bergisch-Gladbach

[4]   Anwendungszulassungen Z-3.17-1828 (SCHWENK Bernburg) und Z-3.17-1829 (SCHWENK Karlstadt)

Qualitätssichernde Maßnahmen bei der Verwendung von Hochleistungsbeton im Brückenbau

Frank Dehn

1 Einleitung

Die Verwendung von Hochleistungsbetonen im Brückenbau hat in den letzten Jahren stetig zugenommen. Dies belegen mehre nationale und internationale Bauvorhaben. Als Hauptargumente für deren Verwendung werden vielfach die verbesserten Dauerhaftigkeitseigenschaften, aber auch statisch-konstruktive Aspekte, wie z.B. die Reduzierung der Querschnittsdicken, genannt.

In den nachfolgenden Abschnitten sollen für Hochleistungsbeton, in erster Linie hochfester Beton, Forderungen der qualitätsgerechten Herstellung, Verarbeitung und Nachbehandlung kurz zusammengefasst werden, wie sie in den gegenwärtigen Normen aufgeführt sind.

2 Normative Angaben bei Verwendung von Hochleistungsbetonen

Die Qualitätssicherung für hochfesten Beton soll dazu dienen, gleichmäßige und definierte Eigenschaften des zu verwendenden Betons für den Einsatz, bspw. im Brückenbau, zu gewährleisten. Aus verschiedenen Pilotvorhaben ist bekannt, dass die Applikation von Hochleistungsbeton eine sorgfältige Planung und Durchführung erfordert. In den neuen Vorschriften und Normen sind deshalb Mindestanforderungen für die Ausgangstoffe, die Herstellung, Verarbeitung, Nachbehandlung und Überwachung etc. aufgenommen worden, die im wesentlichen auf den Erfahrungen dieser Pilotanwendungen resultieren.

Nachfolgend sollen für DIN 1045-2 bzw. DIN EN 206-1 (DIN Fachbericht 100, [1]) (ergänzend DIN 1045-3) sowie für ZTV-ING [2] die maßgebenden Aspekte aufgeführt werden. Selbstverständlich bleibt es nicht aus, im Rahmen einer Erstprüfung und ggf. einer erweiterten Erstprüfung, die Randbedingungen für die Herstellung, Verarbeitung und Nachbehandlung abzuprüfen und spezifisch für das Bauwerk abzustimmen.

Dr.-Ing. Frank Dehn, MFPA Leipzig GmbH

2.1 DIN Fachbericht 100

Im DIN Fachbericht 100 [1] sind Angaben enthalten, inwieweit hinsichtlich der Ausgangsstoffe, deren Dosiergenauigkeit, der Konformitätskontrolle, Überwachung etc. für hochfesten Beton zu verfahren ist. Die wesentlichen Forderungen sind nachfolgend zusammengestellt.

- Beton mit einer Festigkeitsklasse > C50/60 wird als hochfester Beton bezeichnet.
- Für hochfesten Beton müssen die verwendeten Gesteinskörnungen alkaliunbedenklich sein.
- Für die Herstellung von hochfestem Beton darf Restwasser nicht verwendet werden.
- Bei Verwendung von Flugasche und/oder Silikastaub sind die zulässigen Höchstmengen im Hinblick auf die Alkalität der Porenlösung zu beachten.
- Für hochfesten Beton ist die Zugabemenge eines verflüssigenden Betonzusatzmittels auf 70 g/kg bzw. 70 ml/kg Zementmenge begrenzt. Bei Verwendung mehrerer Betonzusatzmittel darf die insgesamt zugegebene Menge 80 g/kg bzw. 80 ml/kg Zementmenge nicht überschreiten.
- Der Mehlkorngehalt ist für hochfesten Beton gemäß DIN Fachbericht 100, Tabelle F.4.2, für alle Expositionsklassen nach oben begrenzt.
- Für Beton der Druckfestigkeitsklassen C90/105 und C100/115 ist eine allgemeine bauaufsichtliche Zulassung oder eine Zustimmung im Einzelfall erforderlich. Für die Überwachung von hochfestem Beton gelten die untenstehenden Tabellen 1 bis 3.
- Für hochfesten Beton muss der Lieferschein bei Transportbeton alle Wägedaten, einschließlich der unter a) und b) nach DIN Fachbericht 100, Abs. 7.3, gemachten Angaben automatisch aufgedruckt enthalten. Zusätzlich sind anzugeben, der Feuchtegehalt der Gesteinskörnungen, die Menge des ggf. auf der Baustelle dosierten Fließmittels sowie die zugehörige Konsistenz unmittelbar vor und nach jeder Fließmittelzugabe an jedem Fahrzeug.
- Das Prinzip der Betonfamilien darf auf hochfesten Beton nicht angewendet werden.
- Die Mindesthäufigkeit der Probenahme zur Beurteilung der Konformität ist bei hochfestem gegenüber normalfestem Beton erhöht (vgl. DIN Fachbericht 100, Tabelle 13).
- Wird der Konformitätsnachweis über die Druckfestigkeit geführt, gelten in Abhängigkeit von einer Erstherstellung oder stetigen Herstellung gemäß DIN Fachbericht 100, Tabelle 14, gegenüber Normalbeton geänderte Kriterien für die Mittelwerte f_{cm} und f_{ci} der Prüfergebnisse.
- Für hochfesten Beton ist grundsätzlich eine Erst- bzw. eine erweiterte Erstprüfung erforderlich. Aufbauend auf dieser dürfen für die eigentliche Betonherstellung nur die Ausgangsstoffe verwendet werden, mit denen die Erstprüfung durchgeführt wurde (Art, Hersteller, Ort der Gewinnung. Die zulässigen Toleranzen der untenstehenden Tabelle 1 zwischen dem Lieferanten, dem Betonhersteller und dem Verwender in entsprechenden Schwankungsbreiten zu vereinbaren.

– Kenntnisstand, Schulung und Erfahrung des mit der Herstellung und der Produktionskontrolle befassten Personals müssen dem hochfesten Beton angemessen vorhanden sein.

– Gemäß DIN Fachbericht 100, Anhang H, sind für hochfesten Beton zusätzliche Vorschriften einzuhalten. Wesentlicher Bestandteil dieser Ausführungen ist die Erstellung eines Qualitätssicherungsplanes, der vom Hersteller (Transportbetonwerk etc.) gemeinsam mit dem Verarbeiter (ausführende Firma) aufzustellen ist. Darin wird festgelegt, welche Prüfungen/Untersuchungen durchzuführen sind und was zu beachten, wie, wie oft und durch wen zu prüfen ist, damit eine gleichmäßige und der geschuldeten Leistung entsprechende Qualität gewährleistet wird. Zusätzlich sind die Grenzwerte für die Betonzusammensetzung und die Frisch- sowie Festbetoneigenschaften im QS-Plan aufzuführen. Für Abweichungen gegenüber der Zusammensetzung bzw. den Eigenschaften (Sollwerte) müssen die notwendigen Maßnahmen festlegt und die Verantwortlichen benannt werden, die die Ergebnisse entsprechend einer festgelegten, begleitenden Überwachungen dokumentieren.

Nachfolgende Tabellen 1 bis 3 fassen die ergänzenden Kontrollen für Hochleistungsbeton zusammen, die über die in DIN Fachbericht 100, Tabellen 22 bis 24, gemachten Angaben (Mindestanforderungen bzw. -prüfungen) für Normalbeton hinausgehen.

Tabelle 1: Zusätzliche Kontrolle der Betonausgangsstoffe bei hochfestem Beton nach DIN-Fachbericht 100, Anhang H (Tabelle H.1)

Betonausgangsstoffe	Überprüfung/Prüfung	Zweck	Mindesthäufigkeit
Zement	Wassergehalt zur Erzielung der Normsteife nach DIN EN 196-3	Einhalten der vereinbarten Anforderungen	Jede Lieferung vor der Betonherstellung
	Mahlfeinheit nach DIN EN 196-6		
	Sulfatgehalt nach DIN EN 196-2		
	Rückstellproben	Aufbewahren bis zum Zeitpunkt erfolgten Festigkeitsnachweis oder vereinbarten Zeitpunkt	
Gesteinskörnung	Siebversuch an jeder Korngruppe	Einhalten der vereinbarten Anforderungen	Einmal täglich vor der Betonherstellung
Zusatzmittel	Dichte	Einhalten der festgelegten Anforderungen	Jede Lieferung vor der Betonherstellung
	Rückstellproben	Aufbewahren bis zum Zeitpunkt erfolgten Festigkeitsnachweis oder vereinbarten Zeitpunkt	

Zusatzstoffe	Flugasche: Wasser zur Erzielung der Normsteife in Anlehnung an DIN EN 196-3 oder gleichwertige Verfahren	Einhalten der festgelegten Anforderungen	Jede Lieferung vor der Betonherstellung
	Silikasuspension: - Dichte - Wassergehalt		
	Rückstellproben	Aufbewahren bis zum Zeitpunkt erfolgten Festigkeitsnachweis oder vereinbarten Zeitpunkt	

Tabelle 2: *Zusätzliche Kontrolle der Ausstattung bei der Herstellung von hochfestem Beton nach DIN-Fachbericht 100, Anhang H (Tabelle H.2)*

Betonausgangsstoffe	Überprüfung/Prüfung	Zweck	Mindesthäufigkeit
Wägeeinrichtungen für Zement, Gesteinskörnung, Zusatzstoffe	Prüfung der Wägegenauigkeit	Sicherstellen der Genauigkeit nach Abschnitt 9.6.2.2 in DIN 1045-2 bzw. DIN EN 206-1	Je Betoniertag vor der Herstellung
Zugabegeräte für Betonzusatzmittel	Prüfung der Genauigkeit	Erzielen genauer Zugaben	Je Betoniertag vor der Herstellung
Wasserzähler	Vergleich zwischen Messwert und Zielwert	Einwandfreies Arbeiten	Je Betoniertag vor der Herstellung
Mess- und Laborgeräte	Funktionskontrolle	Einwandfreies Arbeiten	Je Betoniertag vor der Herstellung
Mischwerkzeuge	Funktionskontrolle	Einwandfreies Arbeiten	Je Betoniertag vor der Herstellung
Fahrmischer	Augenscheinprüfung	Kein Spülwasser in der Trommel	Vor jeder Beladung

Tabelle 3: Zusätzliche Kontrolle der Herstellverfahren und der Betoneigenschaften bei hoch-festem Beton nach DIN-Fachbericht 100, Anhang H (Tabelle H.3)

Betonausgangsstoffe	Überprüfung/Prüfung	Zweck	Mindesthäufigkeit
Wassergehalt der feinen Gesteinskörnung	Darrversuch	Bestimmen der Trockenmasse und des noch erforderlichen Zugabewassers	laufend, Messung am Betoniertag vor Betonierbeginn
Wassergehalt des Frischbetons	Überprüfung der Menge des Zugabewassers	Einhalten der in der Erstprüfung festgelegten Höchstwerte	Bei jeder Herstellung von Probekörpern für die Festigkeitsprüfung, jedoch höchstens dreimal je Betoniertag
Konsistenz des Frischbetons	Prüfung nach DIN EN 12350-5	Einhalten der in der Erstprüfung und dem Verarbeitungsversuch festgelegten Konsistenz	Unmittelbar vor Verlassen des Werkes und unmittelbar vor und nach der Fließmittelzugabe an jedem Mischfahrzeug
Druckfestigkeitsprüfung am Festbeton	Prüfung nach DIN EN 12390-3 oder DIN 1048-5	Nachweis des Erzielens der festgelegten Druckfestigkeit	Aus verschiedenen Fahrmischern sind mindestens 3 Probekörper für höchstens 50 m³ je Betoniertag [2] zu prüfen
Mischanweisung [1]	Augenschein	Beachten der Mischanweisung	Vor jedem Mischen

[1] Die Reihenfolge der Zugabe der Betonausgangsstoffe und die Mischzeit sind einer Mischanweisung festzuhalten. Der Zeitpunkt der Fließmitteldosierung (auch Nachdosierung) ist bei der Erstprüfung entsprechend der voraussichtlichen Zugabezeit auf der Baustelle zu wählen.

[2] Bei weniger als drei Anlieferungen pro Tag dürfen auch weniger als 3 Probekörper pro Tag hergestellt werden, wenn insgesamt mehr als drei Lieferungen erfolgen.

In den meisten Fällen werden zu den in den Tabellen 1 bis 3 aufgeführten Kontrollen weitere ergänzende Forderungen für den Hochleistungsbeton im Qualitätssicherungsplan gestellt. Dazu zählen z.B. ein:

- Betonierkonzept, in dem der Betonierablauf, die Kubaturen etc. zusammengefasst wird;
- Verarbeitungsversuch (unter Berücksichtigung variierender Temperaturen, Schwankungen bei den Ausgangsstoffen etc.)
- Verzögerungskonzept, wenn der Beton aus Gründen der Einbausituation (Bauteilgröße etc.) definiert verzögert werden muss;
- Nachbehandlungskonzept, im dem die Nachbehandlungsmethoden, deren Handhabbarkeit und Dauer verbindlich beschrieben sind.

2.2 ZTV-ING

ZTV-ING, Teil 3 Massivbau, Abschnitt 1 Beton [2], weicht hinsichtlich der höchstzulässigen w/z-Werte und der Mindestdruckfestigkeitsklassen für die Expositionen XF 2, XF 3, XD 2, XA 2 sowie XF 4 zusammen mit XD 3 von DIN Fachbericht 100 [1] ab. Grundsätzlich ist eine Zustimmung im Einzelfall erforderlich. Für die auch den hochfesten Beton betreffenden Aussagen ist nach ZTV-ING folgendes zu beachten:

– Es dürfen nur Gesteinskörnungen nach DIN 4226-1 verwendet werden. ZTV-ING enthält getrennt für feine und grobe Gesteinskörnungen weitere Angaben für den Anteil leichtgewichtiger organischer Verunreinigungen sowie für die Kornform bei gebrochenen, groben Gesteinskörnungen. Die Kornzusammensetzung der groben Gesteinskörnungen muss enggestuft sein. Des weiteren dürfen Korngemische und natürlich zusammengesetzte Gesteinskörnungen 0/8 mm nicht verwendet werden. Diese Forderungen sind uneingeschränkt auf Hochleistungsbeton übertragbar und entsprechend umzusetzen.

– Grundsätzlich dürfen nur genormte Zemente nach DIN EN 197-1 und DIN 1164 angewendet werden. Für die Verwendung anderer als diese Zemente bedarf es einer allgemeinen bauaufsichtlichen Zulassung.

– Die Verwendung von Hochofenzementen ist möglich (nur CEM III/A, dessen Hüttensandanteil ≤ 50 M.-% beträgt (z.B. bei Brückenkappen)).

– Bei Verwendung von Flugasche dürfen zur Bestimmung des äquivalenten Wasserzement-Wertes maximal 80 kg/m³ angerechnet werden. Die maximal zulässige Zugabemenge an Flugasche ist auf 60 M.-% v. Z. beschränkt.

– Die Verwendung von Silikastaub ist nicht ausgeschlossen, darf jedoch nur als homogene Suspension dem Frischbeton zugegeben werden.

– Eine gleichzeitige Verwendung von Flugasche und Silikastaub ist möglich, bedarf aber der Zustimmung des Auftraggebers. Dies bezieht sich auch auf Flugasche und Silikastaub als Bestandteil des Zementes, d.h. bei Anwendung von Portlandkompositzementen (CEM II-M).

– Sollten Stabilisierer erforderlich sein, so ist zu beachten, dass diese auf Wirkstoffbasis von Saccharose und Hydroxycarbonsäuren nicht verwendet werden dürfen.

– Fließmittel auf Basis von Polycarboxylaten und Polycarboxylatethern dürfen nur mit den gleichen Betonausgangsstoffen, mit denen die Erstprüfung durchgeführt wurde und nur in den Betontemperaturbereichen, die in der Erstprüfung zugrunde lagen, verwendet werden.

Literatur

[1]   DIN Fachbericht 100 Beton: Zusammenstellung von DIN EN 206-1 und DIN 1045-2, 1. Auflage 2001, Beuth-Verlag, Berlin, 2001

[2]   Zusätzliche Technische Vertragsbedingungen und Richtlinien für Ingenieurbauten (ZTV-ING) (BMVBW), Stand 01/2003, Verkehrsblatt-Verlag, Dortmund, 2003

Instandsetzungskonzepte für Brückentragwerke nach neuen Regelwerken

Michael Raupach

1   Allgemeines

Derzeit werden in Europa die bestehenden nationalen Normen auf Europäische Regelungen umgestellt. Dies betrifft auch den Bereich der Instandsetzung von Stahl- und Spannbetonbauwerken. Im Rahmen dieses Beitrags soll speziell auf die Instandsetzungskonzepte für Brückentragwerke nach neuen Regelwerken eingegangen werden, wobei jedoch auch allgemein das Gebiet Schutz und Instandsetzung von Stahl- und Spannbetonbauwerken behandelt wird. Auf konstruktive Maßnahmen wie Verstärkungen wird in diesem Beitrag aus Gründen des begrenzten Umfangs nicht eingegangen.

Zunächst wird der aktuelle Stand der Bearbeitung der Europäischen Regelwerke beschrieben. Anschließend wird allgemein die Klassifizierung der geregelten Instandsetzungsprinzipien erläutert, wobei zwischen den traditionellen und den neueren Prinzipien wie den elektrochemischen unterschieden wird. Schließlich folgen die Beschreibung ausgewählter Sonderverfahren sowie Praxisbeispiele.

2   Aktueller Stand der Bearbeitung der Regelwerke für Schutz und Instandsetzung

Derzeit steht die Europäische Normenreihe EN 1504 für Schutz und Instandsetzung von Betonbauteilen kurz vor der Fertigstellung und damit auch der absehbaren nationalen Einführung. Die Normenreihe EN 1504 besteht aus den folgenden 10 Hauptnormen und ca. 60 Prüfnormen, auf die hier nicht weiter eingegangen wird:

Prof. Dr.-Ing. Michael Raupach, RWTH Aachen, ibac

Tabelle 1: Aufbau der Normenreihe EN 1504

EN 1504-1	General Scope an Definitions
PrEN 1504-2	Surface Protection Systems (Concrete Coatings)
PrEN 1504-3	Structural and Non-Structural Repair (Mortars)
PrEN 1504-4	Structural Bonding (Steel Plates and Fibre Reinforced Polymers)
PrEN 1504-5	Concrete Injection
PrEN 1504-6	Grouting to Anchor Reinforcement or to Fill External Voids
PrEN 1504-7	Reinforcement Corrosion Protection
PrEN 1504-8	Quality Control and Evaluation of Conformity
ENV 1504-9	General Principles for the use of Products and Systems
PrEN 1504-10	Site Application of Products and Systems and Quality Control of the Works

Bei den Teilen 2 bis 7 handelt es sich um sogenannte „Harmonisierte Produktnormen", die die Regelungen für die CE-Kennzeichnung der Schutz- und Instandsetzungsprodukte beinhalten, die in Europa in den Verkehr gebracht werden dürfen. Diese sind für alle Europäische Länder verbindlich.

Der genaue Zeitplan für die Einführung wird derzeit noch diskutiert, da von Seiten Deutschlands eine Paketlösung für die Einführung der Teile 2 bis 7 angestrebt wird, d.h. dass alle Teile der Normenreihe zugleich eingeführt werden sollen, sobald der letzte Teil erschienen ist, während bedingt durch die nicht gleichzeitige Veröffentlichung aller Teilnormen auch eine sukzessive Einführung über ca. 1 bis 2 Jahre denkbar ist. Letztere Variante hätte den Nachteil, dass die Stoffgruppen Oberflächenschutz, Mörtel, Rissfüllstoffe und Korrosionsschutz der Bewehrung nicht zeitgleich eingeführt werden könnten.

Bezüglich der Verwendung der CE-gekennzeichneten Produkte liegt die Verantwortung bei den einzelnen Staaten. Nach derzeitigem Stand der Diskussion soll mit den einzelnen Teilen der EN 1504 wie folgt verfahren werden:

Tabelle 2: Derzeitiger Stand der geplanten Einteilung der Normenteile für bauaufsichtlich relevante Anwendungen in Deutschland

Teil der EN 1504	Kurzbezeichnung	Art der geplanten Einführung in Deutschland
PrEN 1504-1	Definitionen	-
PrEN 1504-2	Oberflächenschutz	+ Deutsche Anwendungsnorm
PrEN 1504-3	Mörtel/Betone	+ Deutsche Anwendungsnorm
PrEN 1504-4	Klebstoffe	Zulassungen
PrEN 1504-5	Rissfüllstoffe	+ Deutsche Anwendungsnorm
PrEN 1504-6	Verankerungsmörtel	Zulassungen
PrEN 1504-7	Stahlbeschichtung	+ Deutsche Anwendungsnorm
PrEN 1504-8	Qualitätssicherung	-
ENV 1504-9	Planungsgrundsätze	+ Deutsche Anwendungsnorm
PrEN 1504-10	Ausführung	+ Deutsche Anwendungsnorm

Derzeit ist es Stand der Diskussion, als Deutsche Anwendungsnormen die bestehenden Regelwerke „Schutz und Instandsetzung von Betonbauteilen" des DAfStb in der überarbeiteten Fassung Oktober 2001 bzw. die damit harmonisierte ZTV-ING des BMVBW speziell für Brückenbauwerke des Verkehrsministers zu verwenden, so dass die bestehenden Instandsetzungskonzepte nach Einführung der Europäischen Normenreihe EN 1504 im wesentlichen beibehalten würden, während sich hauptsächlich die Produktbezeichnungen sowie deren Qualitätssicherungssystem ändern würden.

3 Instandsetzungsprinzipien nach nationalen und europäischen Regelwerken

Grundlage für die Festlegung der Instandsetzungsprinzipien der derzeit gültigen Richtlinie „Schutz und Instandsetzung von Betonbauteilen" des DAfStb sind die elektrochemischen Zusammenhänge des Korrosionsprozesses von Stahl in Beton. Dieser besteht bekanntermaßen aus drei Teilprozessen, nämlich der anodischen Eisenauflösung, der kathodischen Sauerstoffreduktion und dem elektrolytischen Teilprozess (s. z B. [1]). Wird nur einer dieser Teilprozesse verhindert, so kommt die Korrosion zum Stillstand, was folgendermaßen erreicht werden kann:

– **Vermeiden der anodischen Teilreaktion**
  Dieses Ziel kann auf verschiedene Weise erreicht werden. Eine erste Möglichkeit ist es, das alkalische Milieu in Umgebung der Bewehrung wiederherzustellen. Eine zweite Möglichkeit besteht darin, dass man die Bewehrung in einem geschlossenen Regelkreis zwingt, kathodisch zu wirken (kathodischer Korrosionsschutz). Eine dritte Möglichkeit besteht schließlich darin, den Elektrolyten durch eine wirksame Beschichtung vom Stahl zu trennen und somit den anodischen Teilprozess zu unterbinden.

- **Vermeiden der kathodischen Teilreaktion**

  Unter baupraktischen Verhältnissen ist das Unterbinden des kathodischen Teilprozesses nur in seltenen Ausnahmefällen realisierbar. Die Richtlinie des DAfStb sieht diese Möglichkeit als Instandsetzungsprinzip deshalb nicht vor.

- **Unterbinden des elektrolytischen Teilprozesses**

  Durch Absenkung des Wassergehaltes im Beton kann die Korrosionsgeschwindigkeit auf praktisch vernachlässigbare Werte gesenkt werden, da sämtliche Transportvorgänge im Beton gehemmt werden.

Daraus ergeben sich folgende grundsätzliche Korrosionsschutzprinzipien:

R   Wiederherstellen des aktiven Korrosionsschutzes durch Repassivierung der Bewehrung bzw. durch dauerhafte Realkalisierung des Betons in Umgebung der Bewehrung.

W   Absenken des Wassergehaltes auf Werte, die sicherstellen, dass der elektrolytische Teilprozess soweit unterbunden wird, dass die weitere Korrosionsgeschwindigkeit auf ein unschädliches Maß reduziert ist.

C   Beschichtung der Stahloberflächen, um den anodischen (und kathodischen) Teilprozess im Bereich der instandgesetzten Stahloberflächen zu unterbinden.

K   Kathodischer Korrosionsschutz, um die Bewehrung zu zwingen, ausschließlich bzw. überwiegend kathodisch zu wirken.

Schematisch lassen sich die Korrosionsschutzprinzipien und zugehörigen Verfahren folgendermaßen darstellen:

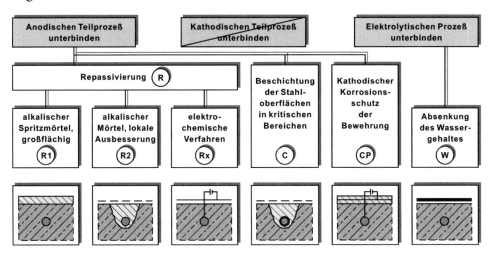

Bild 1:   *Vereinfachte Darstellung der Instandsetzungsprinzipien nach der Richtlinie „Schutz und Instandsetzung von Betonbauteilen" des DAfStb*

Bei Brückenbauwerken sind prinzipiell alle in Bild 1 genannten Verfahren anwendbar.

Die Normenreihe EN 1504 erweitert die Palette der Instandsetzungsprinzipien nach der Deutschen Richtlinie (s. Bild 1) um weitere Prinzipien für den Korrosionsschutz der Bewehrung sowie um den Bereich der Prinzipien zur Sicherstellung der Dauerhaftigkeit des Betons. In Teil 9 der EN 1504 werden insgesamt 11 Instandsetzungsprinzipien angegeben, die nach Schutz des Betons (Prinzipien 1-6, s. Tab. 3) und Schutz der Bewehrung (Prinzipien 7-11, s. Tabelle 4) eingeteilt sind:

Tabelle 3: Instandsetzungsprinzipien für Beton nach EN 1504, Teil 9

Prinzip Nr.	Kurzbezeichnung
Prinzip 1 [IP]	Schutz gegen das Eindringen von Stoffen
Prinzip 2 [MC]	Regulierung des Wasserhaushaltes des Betons
Prinzip 3 [CR]	Betonersatz
Prinzip 4 [SS]	Verstärkung
Prinzip 5 [PR]	Physikalische Widerstandsfähigkeit
Prinzip 6 [RC]	Widerstandsfähigkeit gegen Chemikalien

Tabelle 4: Instandsetzungsprinzipien für die Bewehrung nach EN 1504, Teil 9

Prinzip Nr.	Kurzbezeichnung
Prinzip 7 [RP]	Erhalt oder Wiederherstellung der Passivität
Prinzip 8 [IR]	Erhöhung des elektrischen Widerstands
Prinzip 9 [CC]	Kontrolle kathodischer Bereiche
Prinzip 10 [CP]	Kathodischer Schutz
Prinzip 11 [CA]	Kontrolle anodischer Bereiche

Für die in den Tabellen 3 und 4 genannten Instandsetzungsprinzipien gibt es jeweils verschiedene Methoden, die in den Tabellen 5-12 nach EN 1504-9 zusammengestellt sind. Dabei wurden der Vollständigkeit und Übersichtlichkeit halber auch die Methoden genannt, die nicht in der Normenreihe EN 1504 geregelt sind, sowie auch Methoden, für die es derzeit noch keine erprobten Verfahren gibt, wie z. B. Methode 9.1, um alle eventuell zukünftig möglichen Methoden vollständig abzudecken.

Tabelle 5: Methoden für Instandsetzungsprinzip PI

	Prinzip		Methoden zur Realisierung des Prinzips
lfd. Nr.	Kurzzeichen	Definition	
1	P I	"Protection against Ingress" Schutz gegen Eindringen von Schadstoffen (z.B. Wasser und andere Flüssigkeiten, Dampf, Gase, Ionen, biologische Schadstoffe)	1.1 Imprägnierung (Versiegelung): kapillares Aufsaugen flüssiger Produkte, die im Porensystem aushärten und dieses blockieren 1.2 Filmbildende Beschichtung ohne oder mit rißüberbrückender Wirkung 1.3 Örtliche Rißüberdeckung 1.4 Füllen von Rissen 1.5 Umwandlung von Rissen in Fugen 1.6 Plattenverkleidung 1.7 Membranabdichtung

Tabelle 6: Methoden für Instandsetzungsprinzip MC

Prinzip			Methoden zur Realisierung des Prinzips
lfd. Nr.	Kurzzeichen	Definition	
2	MC	**"Moisture Control"** Trockung bzw. Senkung des Feuchtegehaltes des Betons unter einen definierten Grenzwert	2. 1 Hydrophobierende Imprägnierung 2. 2 Filmbildende Beschichtung 2. 3 Externe Verkleidungen 2. 4 Elektrochemische Behandlung (Aufbringen einer Potential-differenz in bestimmten Bau-teilbereichen zur Verstärkung oder Abschwächung der Wasserdiffusion) (Warnvermerk bei Stahlbeton: Korrosionsgefahr für die Bewehrung)

Tabelle 7: Methoden für Instandsetzungsprinzip PI

Prinzip			Methoden zur Realisierung des Prinzips
lfd. Nr.	Kurzzeichen	Definition	
3	CR	**"Concrete Restauration"** Reprofilierung oder Austausch von Bauteilen	3. 1 Mörtelauftrag von Hand 3. 2 Betonieren gemäß EN 206 3. 3 Spritzbetonauftrag 3. 4 Ersatz von Bauteilen

Tabelle 8: Methoden für Instandsetzungsprinzip SS

Prinzip			Methoden zur Realisierung des Prinzips
lfd. Nr.	Kurzzeichen	Definition	
4	SS	**"Structural Strengthening"** Wiederherstellung oder Erhöhung der Belastbarkeit des Betonbauteils	4.1 Ersatz oder Ergänzung von integrierter oder externer Bewehrung 4.2 Einlegen von Bewehrung in gebohrte Löcher oder gefräste Schlitze 4.3 Ankleben von Laschen aus Stahl oder faserverstärktem Kunststoff 4.4 Vergrößerung der Bauteildicke durch Anbetonieren 4.5 Injektion von Rissen und Fehlstellen 4.6 Füllen von Rissen und Fehlstellen 4.7 Anordnung externer Spannglieder

Tabelle 9: Methoden für Instandsetzungsprinzipien PR und RC

Prinzip			Methoden zur Realisierung des Prinzips
lfd. Nr.	Kurzzeichen	Definition	
5	PR	**"Physical Resistance"** Erhöhung der Widerstandsfähigkeit gegen physikalische und mechanische Beanspruchungen	5.1 Mörtelbeläge oder Beschichtungen 5.2 Festigende Imprägnierung
6	RC	**"Resistance to Chemicals"** Erhöhung der Widerstandsfähigkeit der Betonoberfläche gegen chemischen Angriff	6.1 Mörtelbeläge oder Beschichtungen 6.2 Porenfüllende Imprägnierungen

Tabelle 10: Methoden für Instandsetzungsprinzip PR

Prinzip			Methoden zur Realisierung des Prinzips
lfd. Nr.	**Kurzzeichen**	**Definition**	
7	PR	**"Preserving or Restoring Passivity"** Erzeugung chemischer Bedingungen, unter denen die Bewehrung durch Passivität geschützt ist	7.1 Erhöhung der Betondeckung 7.2 Ersatz karbonatisierten oder schadstoffhaltigen Betons 7.3 Elektrochemische Realkalisation karbonatisierten Betons 7.4 Realkalisation karbonatisierten Betons durch Diffusion aus alkalischen Bereichen 7.5 Elektrochemische Chloridextraktion

Tabelle 11: Methoden für Instandsetzungsprinzipien IR und CC

Prinzip			Methoden zur Realisierung des Prinzips
lfd. Nr.	**Kurzzeichen**	**Definition**	
8	IR	**"Increasing Resistivity"** Erhöhung des elektrischen Widerstandes des Betons	8.1 Absenkung des Feuchtigkeitsgehaltes des Betons (durch Beschichten oder Verkleiden)
9	CC	**"Cathodic Control"** Herstellung von Bedingungen, unter denen potentiell kathodische Bereiche der Bewehrung gehindert werden, eine anodische Reaktion hervorzurufen	9.1 Begrenzung des Sauerstoffgehaltes in den potentiellen Kathodenbereichen auf ein unschädliches Maß (durch Wassersättigung oder durch Beschichtung)

Tabelle 12: Methoden für Instandsetzungsprinzipien CP und CA

Prinzip			Methoden zur Realisierung des Prinzips	
lfd. Nr.	Kurzzeichen	Definition		
10	CP	"Cathodic Protection"	10. 1	Erzeugung einer geeigneten elektrischen Potentialdifferenz im Bauteil
11	CA	"Control of Anodic Areas" Erzeugung von Bedingungen, unter denen potentiell anodische Bereiche der Bewehrung gehindert werden, korrosionsaktiv zu werden	11. 1	Beschichtung der Bewehrung mit aktiv pigmentierten Anstrichen
			11. 2	Beschichtung der Bewehrung mit isolierenden Anstrichen
			11.3	Anwendung von Inhibitoren im Beton

Die Tabellen 5-12 zeigen die Vielfalt möglicher Instandsetzungskonzepte sehr eindrucksvoll. Der kathodische Korrosionsschutz von Stahl im Beton ist in DIN-EN 12696 geregelt, während für die elektrochemische Realkalisierung und Chloridextraktionsbehandlung für Stahlbeton ein Entwurf der EN 14038 vorliegt, die voraussichtlich in zwei Teilen erscheinen wird.

4 Elektrochemische Methoden als Beispiele für innovative Instandsetzungslöungen für Brückentragwerke

Speziell für die Instandsetzung von Brückentragwerken sind die elektrochemischen Verfahren als besonders innovativ einzustufen, da derzeit unterschiedliche Anodensysteme entwickelt werden, die insbesondere für den Brückenbau interessant sind.

Die elektrochemischen Methoden, die zur Instandsetzung von Korrosionsschäden an der Bewehrung zur Verfügung stehen, sind:
– kathodischer Korrosionsschutz (s. z. B. [2] und [3])
– elektrochemische Chloridextraktion
– elektrochemische Realkalisierung

Alle drei Methoden benutzen dieselben elektrochemischen Prinzipien: Eine oder mehrere Anoden bzw. Anodensysteme werden zunächst am Bauteil angebracht. Zum kathodischen Schutz von Bauteilen, die nicht mit einem Elektrolyten vollständig in Kontakt stehen, wie dies z. B. bei Meerwasserbauteilen oder erdberührten Bauteilen der Fall ist, müssen die Anoden die gesamte Betonoberfläche bedecken oder Stab- bzw. Drahtanoden müssen gleichmäßig über die Bauteiloberfläche einbetoniert werden. Für die Chloridextraktion und die Realkalisierung müssen Anoden temporär an der Betonoberfläche in ein ionenleitendes Medium eingebettet werden, das in Kontakt mit der Betonoberfläche steht.

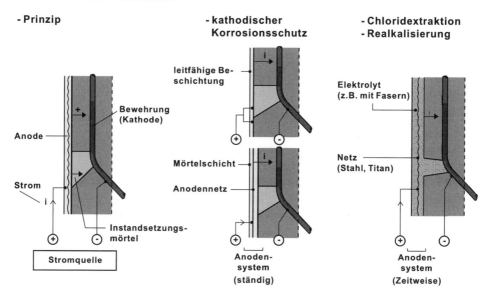

Bild 2: Funktionsweise der elektrochemischen Verfahren

Die Anoden werden mit dem positiven Pol einer Niederspannungsquelle verbunden, wobei der negative Pol an die Bewehrung angeschlossen wird, so dass die Bewehrung als Kathode einer elektrochemischen Zelle wirkt. Die Porenflüssigkeit des Betons wirkt als Elektrolyt und ermöglicht den Stromfluss zwischen Anoden und Kathoden.

Der aufgebrachte Strom hat positive, aber auch einige negative Auswirkungen. Zu den positiven Wirkungen gehören:

– Das elektrochemische Potential des Stahls wird zu negativen Werten hin verschoben. Dadurch wird die Korrosionsgeschwindigkeit reduziert oder Korrosion ganz unterbunden. Dieser Effekt ist das vorrangige Ziel des kathodischen Korrosionsschutzes.

– Alle negativ geladenen Ionen, also auch Chloridionen, wandern im elektrischen Feld zwischen Kathode und Anode in Richtung Anode und damit weg von der Bewehrung. Im Fall der Chloridextraktion wandern die Chloridionen somit in den auf der Betonoberfläche aufgebrachten Elektrolyten (üblicherweise eine wässrige Lösung oder Paste) und können dann zusammen mit dem Elektrolyten nach der Behandlung entfernt werden. Dieser Effekt wird bei der elektrochemischen Chloridextraktion vornehmlich genutzt, tritt aber auch beim kathodischen Korrosionsschutz auf.

- Entsprechend der elektrochemischen Reaktionen werden an der Kathode, also der Grenzschicht zwischen Bewehrung und Beton, Hydroxylionen gebildet. Diese wandern wie die Chloridionen durch die Betondeckung Richtung Anode. Dies ist ein wesentlicher Effekt, der bei der elektrochemischen Realkalisierung genutzt wird.
- Die möglichen negativen Effekte der elektrochemischen Methoden hängen sehr stark von den angewandten Stromdichten ab.

Zu den negativen Effekten gehören:

- Wanderung von Alkalien (Natrium und Kalium) zur Stahloberfläche mit dem möglichen negativen Effekt einer Alkali-Zuschlagreaktion durch Anhebung des pH-Wertes in Umgebung der Bewehrung
- Wasserstoffentwicklung an der Stahloberfläche, wenn zu stark polarisiert wird, das heißt, wenn die Ströme zu hoch werden und dadurch sehr stark negative Potentiale an der Bewehrung auftreten. Die Wasserstoffentwicklung kann sowohl zu Spröd-brüchen bei entsprechend empfindlichen Spannstählen als auch bei extrem hohen Stromdichten zu Sprengdrücken auf die Betondeckung führen.
- Extrem hohe Stromdichten können Aufheizungen und Rissbildungen verursachen
- Säureentwicklung an den Anoden können örtliche Beschädigungen des Betons er-zeugen

Tabelle 13: Relevante Parameter der elektrochemischen Methoden

Methode	Typische Stromdichten [1] mA/m²	Anwendungs-dauer	Anoden- und Elektrolytsysteme
Kathodischer Korrosionsschutz	10	dauernd (für die Restnutzung)	Inertanoden mit unterschiedlicher Zusammensetzung (z. B. platiniertes Titan), in Zementmörtel, leitfähige Beschichtungen, Zink
Chlorid-extraktion	1000	2...8 Wochen	Stahl oder inertes Anodengitter; (Elek-rolyt: Wasser oder Faserpasten (z. B. Pappmaché)
Realkalisierung	1000	2...20 Tage	Stahl oder inertes Anodengitter; (Elek-trolyt: Wasser oder Faserpasten (z. B. Pappmaché)

[1] Die Stromdichte wird in der Praxis häufig auf die Betonoberfläche bezogen; elektrochemisch ist es jedoch richtiger, sie auf die Stahloberfläche zu beziehen. Die Stromdichten beziehen sich auf Mittelwerte, gleichmäßige Stromverteilung über die Betonfläche vorausgesetzt; dies ist bei ungleichmäßiger Bewehrungsverteilung aber nicht der Fall.

Bei der elektrochemischen Realkalisierung wird dem Elektrolyten auf der Betonober-fläche in der Regel Soda (Natriumkarbonat) zugesetzt. Von Systemanbietern wird ar-gumentiert, dass durch das elektrische Feld die Sodalösung in den Beton in Richtung Bewehrung eindringt. Soda hat im Gleichgewicht mit dem CO_2-Partialdruck der Luft einen pH-Wert in wässriger Lösung von etwa 10,5. Bei diesen pH-Werten kann blan-ker Stahl passiviert werden, es fehlt aber nach wie vor der Nachweis, ob korrodierte Bewehrung jeglicher Art repassiviert werden kann.

Versuche zeigen, dass das Eindringen von Soda infolge des elektrischen Feldes gering ist, Wanderungsvorgänge finden lediglich aufgrund des Konzentrationsgefälles statt. Die Versuche zeigen auch, dass der wesentliche Effekt der Realkalisierung durch Hydrolyse Reaktionen an der Stahloberfläche hervorgerufen wird.

Da eine dauerhafte Anhebung des pH-Wertes durch die Hydrolyse wegen der fehlenden Pufferkapazität des realkalisierten Betons in Kontakt mit Luft nicht sichergestellt ist, muss nach der Realkalisierung eine Oberflächenbeschichtung aufgebracht werden, die ein Eindringen von CO_2 in den Beton verhindert.

Die Wirksamkeit und Dauerhaftigkeit dieser elektrochemischen Realkalisierung wird derzeit in einem Verbund-Forschungsvorhaben mit der Fa. CITEC, Dresden, im ibac untersucht.

Bei der elektrochemischen Chloridextraktion ist zu beachten, dass nach einer bestimmten Zeit der Behandlung ein Stillstand im Chloridionentransport eintritt, spätestens wenn der gesamte Ladungstransport über die bei der Hydrolyse erzeugten Hydroxylionen bewerkstelligt wird. Als Folge davon kann nicht das gesamte Chlorid entzogen werden. Praktische Erfahrungen zeigen, dass der verbleibende, nicht extrahierbare Chloridgehalt um so höher ist, je höher der Ausgangschloridgehalt war.

In jedem Fall sind Vorversuche anzuraten, um für die speziellen Gegebenheiten des instandzusetzenden Bauwerkes nachzuweisen, ob in einer vernünftigen Zeit auch ein ausreichender Erfolg erzielt werden kann. Der Erfolg der Maßnahme ist durch Chloridprofile vor und nach der Maßnahme zu überprüfen. Bei Planung der Entnahmestellen für die Chloridprofile ist zu beachten, dass die Chloridverteilung in Abhängigkeit von der Bewehrungslage sowohl über die Tiefe als auch über die Fläche des Betonquerschnitts stark variieren wird. Deshalb ist ein ausreichend dichtes Raster für die Chloridprofile anzulegen.

Der kathodische Korrosionsschutz ist sowohl außerhalb des Betonbaus (Schutz erdverlegter Stahlrohre, von Schiffen, von Behältern und Maschinenbauteilen, die mit aggressiven Medien beaufschlagt werden, usw.) als auch im Betonbau (Offshore-Bauten, Brückendecks in den USA) eine seit vielen Jahren bewährte Schutzmethode (s. z. B. [3]).

Das Prinzip des kathodischen Schutzes beruht darauf, dass die zu schützende Bewehrung in einem geschlossenen Regelkreis gezwungen wird, kathodisch zu wirken. Die Rolle der Anoden übernehmen eigens dafür angeordnete Elektroden, die sowohl elektrisch als auch elektrolytisch mit der zu schützenden Bewehrung verbunden sein müssen. Als Systeme kommen sowohl Opferanodensysteme (Offshore- und sonstige Meerwasserbauten) als auch Fremdstromsysteme mit Inertanoden (alle übrigen Stahlbetonbauten, die nicht in unmittelbarem Kontakt mit dem Elektrolyten, z. B. Meerwasser oder leitfähigem Beton stehen) in Betracht. Während in den letzten Jahren überwiegend ein in Spritzmörtel eingebettetes Streckmetall aus aktiviertem Titan als Anode eingesetzt wurde, wurden inzwischen leitfähige Beschichtungen, Carbonanoden und verschiedene Opferanodensysteme auf Zinkbasis entwickelt.

5 Anwendungsbeispiele für elektrochemische Instand-setzungsverfahren

5.1 Feldversuche an einem neuentwickelten KKS-System mit befahrbarer Kohlefasernetz-Anode

Seit Mai 2003 wird auf einem freibewittertem Parkdeck in Aachen eine neuentwickelte KKS-Anode auf Basis eines in Mörtel einlaminierten Kohlefasernetzes vom ibac geprüft. Das Anodensystem besteht aus einem in einen speziellen Kontaktmörtel eingebetteten Kohlefasernetz als Fremdstromanode und einer darüber liegenden kunststoffmodifizierten, zementgebundenen Oberflächenbeschichtung ([4]). In den Bildern 3 bis 5 sind Fotos des Arbeitsablaufes mit den wesentlichen Installationsschritten dargestellt.

Zunächst wurde die primäre Stromverteilerleitung in der Mitte der Testfläche verlegt und daraufhin auf die vorgenässte Betonoberfläche das Anodensystem aufgebracht. Hierzu wurde das Kohlefasernetz in den Kontaktmörtel eingebettet und mit dem primären Stromverteiler verbunden. Nach Aufbringen einer Haftbrücke wurde dann eine zementgebundene kunststoffmodifizierte Oberflächenbeschichtung appliziert.

Bild 3: *links: Aufbringen der ersten Kontaktmörtellage auf die vorgenässte Betonoberfläche nach Installation der primären Stromverteilerleitung.*
rechts: Auflegen des Karbonnetzes

Bild 4:   links: Verbindung zum primären Stromverteiler
rechts: Einbettung des Anodennetzes in die zweite Kontaktmörtelschicht

Bild 5:   links: Aufbringen der Oberflächenbeschichtung
rechts: Fertiggestellte Testfläche

Neben der Wirksamkeit des kathodischen Korrosionsschutzes wird im Rahmen dieses Feldversuches unter Praxisbedingungen untersucht, in welchem Maß durch das aufgebrachte Schutzsystem eine Reduktion der Betonfeuchte erreicht werden kann und wie diese Trocknung den kathodischen Korrosionsschutz beeinflusst. Zur Beobachtung der Feuchteentwicklung des Betons wurden die drei Multiring-Elektroden über die gesamte bisherige Versuchszeit in Intervallen von 30 Minuten automatisiert gemessen und die Daten aufgezeichnet.

Zwischen der Karbonnetzanode und der Bewehrung wurden über den Versuchszeitraum in 12 Schritten verschiedene konstante Treibspannungen zwischen 600 und 1200 mV aufgebracht. Ziel dieses Vorgehens war es einerseits, die Polarisationseigenschaften des KKS Systems näher zu untersuchen und andererseits, die für einen ausreichenden kathodischen Schutz der Bewehrung erforderliche Treibspannung festzustellen.

Um das Polarisationsverhalten des KKS Systems zu untersuchen, wurden die resultierenden Schutzströme zwischen der Anode und der Bewehrung über die gesamte Versuchszeit automatisch alle 3 Stunden gemessen. Weiterhin wurden am Ende eines jeden Polarisationszyklus zur Beurteilung des kathodischen Schutzes sogenannte Depolarisationsmessungen durchgeführt.

Die ersten Untersuchungsergebnisse an diesem neuen System lassen folgende Schlussfolgerungen zu:

– Die Oberflächenbeschichtung scheint zu einem leichten Austrocknen der Betondeckung mit der Zeit zu führen.
– Bei konstanten Treibspannungen scheint der Gesamtschutzstrom des KKS-Systems derzeit vorwiegend durch die Temperatur beeinflusst zu werden. Ein wesentlicher Einfluss aus dem leicht angestiegenen Betonwiderstand kann derzeit nicht festgestellt werden.
– In halb-logarithmischem Maßstab liegt derzeit ein linearer Zusammenhang zwischen der aufgebrachten Treibspannung und dem Schutzstrom vor, wenn die Temperatureinflüsse kompensiert werden.
– Um einen ausreichenden kathodischen Schutz nach EN 12696 zu erreichen, wird derzeit eine Treibspannung von nur 1200 mV benötigt.

5.2 Feldversuche zur elektrochemischen Chloridextraktion in einem Hohlkasten einer Spannbetonbrücke

In einer Spannbetonbrücke bei Fulda (s. Bild 6) sind durch Leckagen im Hohlkasten auf den Betoninnenflächen des Bodens und der Stege hohe Chloridgehalte aufgetreten. Im Rahmen eines Pilotversuchs wurde eine elektrochemische Entsalzung der chloridgeschädigten Bereiche durchgeführt (s. Bild 7). Dabei wurde eine neuentwickelte, modular aufgebaute Anode eingesetzt die sich insbesondere dadurch auszeichnet, dass sich die aus dem Beton gewanderten Chloride in Vliesen sammeln, die einzeln entnommen und ausgewaschen werden können. Ferner kommt eine speziell entwickelte Elektronik zum Einsatz, die die Entsalzung feldweise steuert und überwacht (s. z. B. [5]). Durch dieses innovative Instandsetzungskonzept konnte bisher ein Entfernen des Betons vermieden werden, was unter den gegebenen Voraussetzungen am Bauwerk sehr problematisch gewesen wäre.

Derzeit wird dort auch der kathodische Korrosionsschutz als alternatives Verfahren untersucht.

Bild 6: Ansicht der Spannbetonbrücke mit chloridgeschädigtem Hohlkasten

Bild 7: Innenbereich des Hohlkastens (vgl. Bild 6) während der elektrochemischen Entsalzung der Bodenplatte

6 Zusammenfassung

Im Zuge der Umstellung der Regelwerke für Schutz und Instandsetzung von Betonbauteilen ist mit keinen Einschränkungen bezüglich der möglichen Instandsetzungskonzepte zu rechnen, sondern es wird sogar im Gegenteil eine umfassende Palette an z. T. neuen Konzepten ermöglicht.

Derzeit gibt es speziell für den Brückenbau interessante, innovative Konzepte zur Instandsetzung, wie die neuen hier vorgestellten elektrochemischen Verfahren. Darüber hinaus gibt es zahlreiche weitere Innovationen, wie z. B. im Bereich der Verstärkungen, auf die in diesem Beitrag nicht eingegangen wurde.

Literatur

[1] Raupach, M.: Zur chloridinduzierten Makroelementkorrosion von Stahl in Beton. Berlin : Beuth. - In: Schriftenreihe des deutschen Ausschusses für Stahlbeton (1992), Nr. 433.

[2] Raupach, M.: Kathodischer Korrosionsschutz im Stahlbetonbau. In: Beton 42 (1992), Nr. 12, S. 674-676.

[3] Baeckmann von, W. ; Schwenk, W.: Handbuch des kathodischen Korrosionschutzes. 3. Aufl. Weinheim : VCH Verlagsgesellschaft, 1989 4. Aufl. Weinheim : VCH Verlagsgesellschaft, 1999.

[4] Bruns, M. ; Raupach, M.: Innovative Systeme für den kathodischen Korrosionsschutz von Stahlbetonbauteilen. Ostfildern : Technische Akademie Esslingen, 2004. In: Verkehrsbauten : Schwerpunkt Parkhäuser, 1. Kolloquium, Ostfildern, 27. und 28. Januar 2004, (Gieler-Breßmer, S. (Ed.)), S. 345-352.

[5] Schneck, U.; Grünzig, H.; Winkler, T.; Mucke, S.: Raising the Efficiency of Electrochemical Chloride Extraction from Reinforced Concrete: Results and Benefits of a Practical Application. Granada: Ministry of Science and Technology, 2002. - In: 15th International Corrosion Congress, Frontiers in Corrosion Science and Technology, Granada, Sept. 22 to 27, 2002, Art. 675, 8 Seiten.

Instandsetzung älterer Spannbetonbauwerke

Tilman Zichner

1 Einleitung

Notwendige Instandsetzungen an Bauwerken, insbesondere an Brücken, sollen auch zu einer Erweiterung der Erfahrungen über die die Schäden auslösenden Ursachen beitragen.

Grundsätzlich können folgende Kategorien für Schadensursachen benannt werden:

- Schäden infolge von Planungs- und Ausführungsfehlern
- Schäden infolge von Fehlern in der Unterhaltung
- Schäden infolge des Anstiegs von Verkehrs- und Umweltbelastung
- Schäden infolge unplanmäßiger Einwirkungen (Anprall, Brand)
- Schäden infolge zu geringer Erfahrungen bei der Weiterentwicklung von Bauverfahren und Baustoffen.

Betroffen sind von diesen Auflistungen verstärkt natürlich ältere Bauwerke, allein schon wegen ihrer längeren Standzeit. Eingegangen werden soll nachfolgend allerdings hauptsächlich auf den letzten Punkt mit Schwerpunkt auf Spannbetonbrücken.

Neben schon eingetretenen Schäden können auch vorausschauend Verstärkungsmaßnahmen vorgesehen werden. Folgende Gründe lassen sich hierfür angeben:

- Schäden an Überbauten, die die Tragfähigkeit und Gebrauchstauglichkeit einschränken
- Erhöhung der Tragfähigkeit, Ausgleich von Bemessungsdefiziten
- Systemänderungen

Aus der "Frühphase" des Spannbetonbrückenbaus sind noch zahlreiche Bauwerke in Benutzung, die der heutigen Sicherheitsphilosophie und Bemessungspraxis nicht entsprechen. Darüber hinaus gibt es noch viele Spannbetonüberbauten, bei denen hinsichtlich der Zuverlässigkeit und Dauerhaftigkeit des eingebauten Spannstahls berechtigte Zweifel bestehen.

Dr.-Ing. Tilman Zichner, König, Heunisch & Partner, Berlin

In diesem Kontext soll nachfolgend auf folgende Probleme bei älteren Spannbeton-bauwerken eingegangen werden:

2 Schubtragfähigkeit

Beim Nachweis der Schubtragfähigkeit hatte man während der Gültigkeit von DIN 4227 (10/1953) zu den Materialeigenschaften des Betons und damit auch zu der Qualität der Ausführung ein solches Vertrauen, dass man bis zu einer bestimmten Größe der Hauptzugspannungen unter Bruchlasten keine Schubbewehrung für erforderlich hielt. Es wurde unterstellt, dass die Betonzugfestigkeit bis zu dieser Größe zuverlässig vorhanden ist.

Dies war z.B. für

$\quad$ B 300 (= B 25 bzw. C20/25)$\qquad \sigma_{I,U} = 1{,}6$ MN/m²
$\quad$ B 450 (= B 40 bzw. C30/37)$\qquad \sigma_{I,U} = 2{,}0$ MN/m²

Solange dieser Wert nicht erreicht wurde, brauchte außer einer konstruktiven Bewehrung keine Schubbewehrung angeordnet zu werden. Erst wenn die Hauptzugspannungen an einer Stelle den vorgegebenen Grenzwert überschritten, musste für die Bereiche, in denen die Hauptzugspannungen größer als 75 % der Tafelwerte waren, die Schubbewehrung nachgewiesen werden.

Da die Hauptzugspannungen unter Bruchlasten für den ungerissenen Querschnitt (Zustand I) nur im Bereich von Längsdruck zu bestimmen sind, basiert das gesamte Verfahren darauf, daß keine Schubrisse auftreten. Da aber für den Biegebruchsicherheits-nachweis realistisch von einem Ausfall der Betonzugzone ausgegangen wird, ist die Grundlage für die Schubtragfähigkeit nach DIN 4227 (10/1953) nicht vorhanden. Durch entsprechende Dimensionierung des Betonquerschnitts bestand in vielen Fällen die Möglichkeit des "Hinrechnens", nämlich des geringfügigen Unterschreitens der Nachweisgrenze.

Diese Gefahr wurde auch damals erkannt und zumindest für den Zuständigkeitsbereich des Bundesverkehrsministeriums durch die 1966 herausgegebenen "Zusätzlichen Bestimmungen zu DIN 4227" behoben.

Grundsätzlich war danach ein Nachweis der Schubbewehrung erforderlich, der weiterhin auf den nach Zustand I ermittelten Hauptzugspannungen beruhte, allerdings durfte eine verminderte Schubdeckung berücksichtigt werden:

$$\text{red } \sigma_I = \frac{\sigma_I^2}{\max \sigma_I}$$

Zudem war eine Mindestschubbewehrung verbindlich anzuordnen, die bei Verwendung von Stahl III folgenden Bewehrungsgrad aufweisen musste:

B 300 $\rho = 0,14\,\%$ (0,12 %)
B 450 $\rho = 0,18\,\%$ (0,15 %)

Die in Klammern angegebenen Werte ergeben sich für BSt 500 mit einer Umrechnung von 420/500.

Die derzeit gültige DIN 4227-1/A1 (12/95) schreibt mit Stahl IV vor:

B 25 $\rho = 0,16\,\%$
B 35 $\rho = 0,18\,\%$
B 45 $\rho = 0,20\,\%$

Nach dem neuen DIN-Fachbericht 102 muss als Mindestbewehrung bei gegliederten Querschnitten angeordnet werden:

C20/25 $\rho = 0,11\,\%$
C30/37 $\rho = 0,15\,\%$

Für die Brücken, bei deren Ausführung die "Zusätzlichen Bestimmungen zu DIN 4227" noch nicht Vertragsbestandteil waren und daher auch nicht angewendet worden sind, besteht ein nennenswertes Defizit hinsichtlich der Zuverlässigkeit der Standsicherheit. Sie beruht nämlich wesentlich auf der Nutzbarkeit der Betonzugfestigkeit, was nach den heute gültigen Bemessungsgrundsätzen nicht üblich ist. Treten aufgrund außergewöhnlicher Belastungen oder durch mögliche Ermüdungserscheinungen infolge häufiger Lastwechsel Risse auf, kann ein Schubbruchversagen auftreten, da die vorhandene Schubbewehrung zu gering dimensioniert ist.

Bei Ausnutzung der Nachweisgrenzen wären bei Stahl III die folgenden Bewehrungsgrade zur Aufnahme der Querkraft erforderlich. Dabei wird durch eine entsprechend flache Neigung der Druckstrebe eine auf 40 % verminderte Schubdeckung berücksichtigt.

$$\text{B 300:}\quad \rho = \frac{0,4 \cdot 0,16}{42} = 0,15\,\%$$

$$\text{B 450:}\quad \rho = \frac{0,4 \cdot 0,20}{42} = 0,19\,\%$$

Da bis 1966 auch häufig noch BSt I verwendet wurde, erhöhen sich für diese Stahlgüte die Bewehrungsgrade um den Faktor 42/22 = 1,9.

Die erforderlichen Bewehrungsgrade zur Abdeckung der Nachweisgrenzen entsprechen ziemlich genau den Mindestwerten nach den "Zusätzlichen Bestimmungen zu DIN 4227", so dass eine derartige Überlegung möglicherweise zur damaligen Festlegung geführt hat.

Es muss unterstellt werden - und ist bei zahlreichen älteren Bauwerken aus dieser Zeit auch festgestellt worden -, dass dieser Schubbewehrungsgrad im Bauwerk nicht vorhanden ist. Ein Nachweis nach den heute gültigen Bemessungsgrundsätzen - Nichtberücksichtigung der Betonzugfestigkeit - ist damit nicht möglich. Konsequenterweise müssten alle derartigen Bauwerke verstärkt werden, was jedoch offensichtlich bei den Eigentümern, den Straßenbauverwaltungen, nicht auf die entsprechende Bereitschaft stößt. Andererseits darf man aber auch nicht wegen des noch einwandfreien äußeren Zustandes der Bauwerke - keine Rissbildung und damit Zustand I - der möglicherweise verhängnisvollen Einschätzung unterliegen, die Tragfähigkeit sei ohne Einschränkung vorhanden. Mit einem Ausfall der Betonzugfestigkeit muss man, wie bereits oben erwähnt, rechnen. Dann muss aber die vorhandene Bewehrung ausreichen, um einen Kollaps mit vollständigem Versagen zu vermeiden. Ein Ansatz für eine derartige Betrachtung wäre zum Beispiel, dass die vorhandene Bewehrung unter β_s, möglicherweise sogar unter $\beta_u/1,1$ in der Lage ist, die Einwirkungen unter Gebrauchslasten aufzunehmen.

Unter der vereinfachenden Annahme, dass die Querkraftbeanspruchung im Bruchzustand 1,75-mal so groß ist wie im Gebrauchszustand, erhält man - wiederum für Ausnutzung der Nachweisgrenzen - folgende Bewehrungsgrade (BSt III):

	β_s	$\beta_u/1,1$
B 300	0,086 %	0,079 %
B 450	0,109 %	0,100 %

Eine weitere Reduzierung des Schubbewehrungsgrades, z.B. durch Umlagerungen, erscheint nicht möglich, da bei dieser Betrachtung vom Gebrauchszustand und nicht vom Bruchzustand ausgegangen wird, so dass Systemänderungen nicht zu unterstellen sind.

Sollte auch diese - schon äußerst exzessive - Sicherheitsbetrachtung nicht positiv abgeschlossen werden können, so sollte man sich doch zu einer Verstärkungsmaßnahme entschließen oder die Verkehrsbelastung beschränken.

3 Zugspannungen in Arbeitsfugen, Dauerschwingbeanspruchung von Spanngliedkopplungen

An Arbeitsfugen von Spannbetonbrücken wurden und werden häufig Risse festgestellt, obwohl z.B. nach DIN 4277 (10/1953) in Abschnitt 11.3 gefordert wurde

$$\sigma_{g + p/2 + v + k+s} < 0$$

$$\sigma_{g + p + v + k+s} < \frac{\sigma_{zul}}{2}$$

Dennoch traten Risse mit z.T. beträchtlichen Rissbreiten von $w \geq 2$ mm auf. Die Gründe für diese Mängel sind u.a. in folgenden Ursachen zu suchen:

– Eigenspannungen und Zwängungsspannungen bei statisch unbestimmter Lagerung infolge Temperaturunterschied, der damals nach den Einwirkungsvorgaben nicht zu berücksichtigen war und dessen Einfluss aufgrund der im Stahlbetonbau günstigen Erfahrungen im Spannbetonbau völlig unterschätzt wurde.
– Erhöhte Spannkraftverluste infolge von Kriechen und Schwinden in den Koppelbereichen wegen der zur Kopplung eingesetzten erheblich größeren Stahlquerschnitte.
– Nichtlinearer Spannungsverlauf bei abschnittsweisem Vorspannen.
– Eigenspannungen infolge Abfließens der Hydratationswärme.

Aufgrund dieser Einflüsse ergibt sich im Arbeitsfugenquerschnitt eine Spannungsverteilung, die mit der Navier'schen ebenen Spannungsverteilung, die den üblichen Spannungsnachweisen zugrunde liegt, nicht mehr viel gemeinsam hat. Dadurch gerät aber der Querschnitt früher in den Zustand II und die Spannglieder, die nun zusammen mit der schlaffen Bewehrung die Zugbeanspruchungen allein aufnehmen müssen, erhalten eine größere Schwingbeanspruchung aus den Verkehrslasten.

Wegen der Forderung $\sigma_{g + p/2 + v + k+s} < 0$ und der Nichtbeachtung der weiteren oben aufgezählten rissfördernden Einwirkungen gelang der Nachweis der Sicherheit unter Dauerschwingbeanspruchung in der Regel. Dieser Nachweis war nämlich unter ± p/2 zu führen und musste bestätigen, dass $\Delta\sigma \leq 0,7$ ertr $\Delta\sigma$ war. Der letzte Wert konnte der Zulassung des Spannverfahrens entnommen werden.

Dies stand jedoch im Widerspruch zu den festgestellten Rissen in den Koppelfugen und den beobachteten Schäden. Veranlasst durch die Forschungsergebnisse auf diesem Gebiet wurde deshalb in DIN 4227-1 (7/88) ein Temperaturunterschied und ein additives Zusatzmoment eingeführt, was zu einem rechnerisch frühzeitigen Aufreißen des Querschnitts führt. Zur Einhaltung des Grenzwertes für die Dauerschwingbeanspruchung war nun häufig die Zulage von schlaffer Bewehrung notwendig.

Für die älteren Spannbetonbrücken, die in der Regel nur mit einer sehr geringen schlaffen Bewehrung ausgestattet sind, ist der Nachweis in dieser Form nur selten erfolgreich zu führen. Um sich aber über das vorhandene Sicherheitsniveau dieser Bauwerke ein Bild machen zu können, wurde vom BMVBW eine "Handlungsanweisung zur Beurteilung der Dauerhaftigkeit vorgespannter Bewehrung von älteren Spannbetonüberbauten" herausgegeben. Diese sieht ein dreistufiges Verfahren vor, das mit dem einfachen und auf der sicheren Seite liegenden Nachweis im ausgeprägten Zustand II beginnt (s. Bild 1). Bei dieser Stufe und auch bei den beiden weiteren möglichen ist als Basis alternativ die 1,0-fache rechnerische Vorspannkraft und die 0,7-fache einzusetzen.

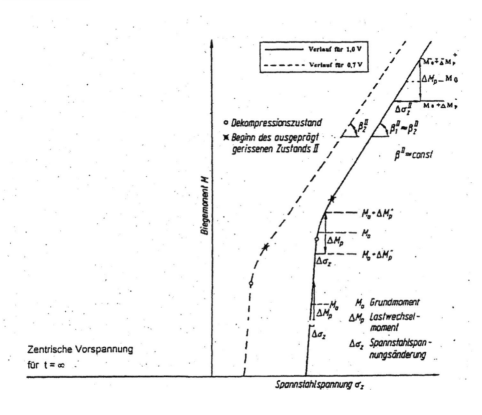

Bild 1: M-σ_Z-Diagramm

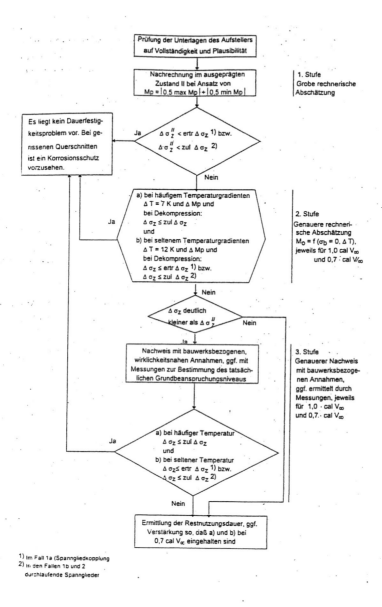

Bild 2: Flussdiagramm

Bei der zweiten Stufe (s. Bild 2) wird ausgehend vom Moment, das gerade Dekompression am Querschnittsrand erzeugt, durch Addition des Momentes aus Temperaturunterschied das Grundmoment festgelegt, von dem aus die Schwingbreite im Stahl ermittelt wird. Die letzte Stufe erlaubt die Festlegung des Grundmomentes, indem wirklichkeitsnahe, bauwerksbezogene Annahmen zugrunde gelegt werden. Diese sind ggf. mit Hilfe von Messungen zu gewinnen.

Sofern über diese Methodik eine Spanngliedgefährdung durch Dauerschwingbeanspruchung nicht ausgeschlossen werden kann, ist das Bauwerk zu verstärken. Hierfür kommen in Frage:

– Örtliche Verstärkung bei Überbeanspruchung von nur vereinzelten Fugen z.T. durch aufbetonierte Betonlaschen, aufgeklebte Stahl- oder CFK-Laschen oder externe Vorspannung.
– Externe Vorspannung über die gesamte Bauwerkslänge bei Überbeanspruchung von mehr als etwa 1/3 der Koppelfugen. Ggf. kann die zusätzliche Vorspannung auch im Verbund mit zusätzlicher schlaffer Bewehrung geführt werden.

4   Spannglieder mit St 145/160, Ankündigungsverhalten

In der jüngeren Vergangenheit sind Schäden an Spannbetonbauteilen mit Spanngliedern in nachträglichem Verbund beobachtet worden, die in den Jahren 1959 bis 1964 errichtet worden sind. Die Bauteile waren alle mit dem ölschlußvergüteten Spannstahl N 40 (St 145/160) vorgespannt. Die Hüllrohre waren ordnungsgemäß verpresst, lagen in trockener Umgebung und enthielten keine korrosionsfördernden Bestandteile. Dennoch kam es nach über 30-jähriger Standzeit zu Schäden.

Aus mehreren, zu dieser Problematik durchgeführten Forschungsvorhaben konnten folgende Schlüsse gezogen werden:

– Neue Anrisse treten im vollständig mit alkalischem, chloridfreiem Mörtel verpressten Hüllrohren nicht auf.
– Spannstähle mit Anrissen neigen bei hoher Empfindlichkeit gegenüber Spannungsrißkorrosion auch im alkalischen Medium zu weiterer Rißausbreitung, insbesondere bei schwellender Belastung.
– Die gefundenen Anrisse sind auf Vorschädigungen vor dem Verpressen der Hüllrohre zurückzuführen. Je höher die Spannungsrißkorrosionsempfindlichkeit des Stahls ist, um so größer ist die Gefahr einer Vorschädigung. Einzelne Chargen der gleichen Stahlsorte können hierbei erhebliche Unterschiede aufweisen.

Durch einen kürzlich aufgetretenen Schadensfall an einem Bauwerk aus dem Jahr 1965 mit Spannstahl St 145/160 Sigma oval der neuen Generation ist das Gefährdungspotential wieder erheblich vergrößert worden. Bisher galten nämlich die Stähle der neuen Generation (ab 1965) und insbesondere auch der Sigma-Stahl aus der oben genannten Produktionszeit als weniger gefährdet.

Das größte Problem bei derartigen Spannstahlbrüchen besteht darin, dass sie häufig nicht durch äußere Anzeichen, z.B. durch örtlich auftretende Rissbildung, erkannt werden können, selbst dann nicht, wenn ein großer Prozentsatz gebrochen ist. Denn erst wenn durch den Ausfall von Spannstahlkraft die Randzugspannung die Betonzugfestigkeit überschreitet, kommt es zur Rissbildung. Reicht der dann noch verbliebene Spannstahlquerschnitt gemeinsam mit der vorhandenen Betonstahlbewehrung nicht mehr aus, unter Volllast eine Biegebruchsicherheit von $\gamma > 1$ zu gewährleisten, kann es zu einem unangekündigten Bruchversagen kommen.

Zur Einschätzung der Gefährdung solcher Bauwerke wurden im Auftrag des BMVBW "Empfehlungen zur Überprüfung und Beurteilung von Brückenbauwerken, die mit vergütetem Spannstahl St 145/160 Neptun N40 bis 1965 erstellt wurden" erarbeitet, mit denen der Nachweis des Vorankündigungsverhaltens geführt werden soll. Ein ausreichendes Ankündigungsverhalten ist danach gegeben, wenn erst Risse entstehen müssen, bevor es durch möglicherweise fortschreitendes Spannstahlversagen zum Bruch kommt.

Folgendes Nachweiskonzept wurde festgelegt:

- Das statisch bestimmte Moment aus Vorspannung ist durch entsprechenden Ausfall von Spannstahl so weit zu reduzieren, dass unter häufigen Verkehrslasten $(0,4 \cdot p)$ die Randspannung die zentrische Betonzugfestigkeit β_{bz} erreicht.
- Der verbleibende Restquerschnitt der Spannbewehrung zusammen mit der vorhandenen Betonstahlbewehrung muss unter Volllast eine Biegebruchsicherheit von $\gamma > 1,0$ gewährleisten.
- Bei statisch unbestimmten Systemen darf von der Möglichkeit von Umlagerungen Gebrauch gemacht werden.

Das Ergebnis einer solchen Untersuchung ist beispielhaft in Bild 3 dargestellt.

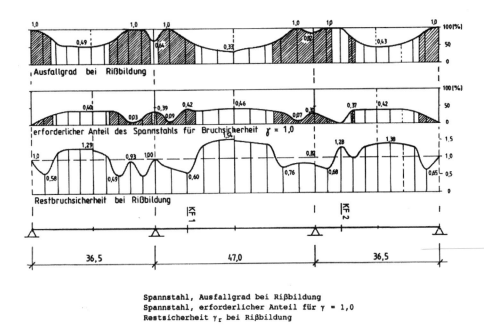

Spannstahl, Ausfallgrad bei Rißbildung
Spannstahl, erforderlicher Anteil für γ = 1,0
Restsicherheit γ_r bei Rißbildung

Bild 3: Restbruchsicherheit für Ankündigungsverhalten

Liegt ein ausreichendes Ankündigungsverhalten vor, so ist das Bauwerk auf Risse hin zu untersuchen. Sind Risse vorhanden, muß überprüft werden, ob sie ggf. auf eine Spannstahlschädigung zurückgeführt werden müssen.

Bei fehlendem Ankündigungsverhalten muß am Bauwerk der Spannstahl überprüft werden, indem Drahtproben entnommen werden, die auf Anrisse, ihre metallurgische Zusammensetzung und ihre Festigkeitseigenschaften zu untersuchen sind. Fallen die Ergebnisse ungünstig aus, sind Abstufungen, Teilsperrungen oder Verstärkungsmaßnahmen durchzuführen.

5 Verstärkungsmaßnahmen

Als Möglichkeiten zur Verstärkung stehen zur Verfügung:

– Bewehrter Ergänzungsbeton (Betonlaschen)
– Bewehrter Spritzbeton
– Angeklebte Stahllamellen
– Angeklebte CFK-Lamellen
  • schlaff
  • vorgespannt
– Externe Vorspannung
  • ohne Verbund
  • mit Verbund

Insbesondere bei Talbrücken besteht häufig in mehreren Feldern das Erfordernis einer Verstärkung, so dass statt lokaler Maßnahmen dann eine Ertüchtigung für das gesamte Bauwerk vorgenommen wird. Vorwiegend wird dafür – falls gleichzeitig ein Defizit der Schubtragfähigkeit behoben werden soll – eine externe Vorspannung ohne Verbund mit Umlenkungen (s. Bild 4) gewählt. Erleichtert wird dieses Verfahren, wenn der vorhandene Brückenquerschnitt bereits Feldquerträger zur Umlenkung besitzt, die ggf. nur noch verstärkt werden müssen. Sofern es sich um eine Verstärkung ohne Schubproblematik handelt, wird einer zusätzlichen Vorspannung ohne vertikale Umlenkung der Vorzug gegeben. Liegt diese Vorspannung im Verbund (s. Bild 5) mit dem Überbauquerschnitt, so trägt sie auch noch erheblich zur Verbesserung der Biegebruchsicherheit bei.

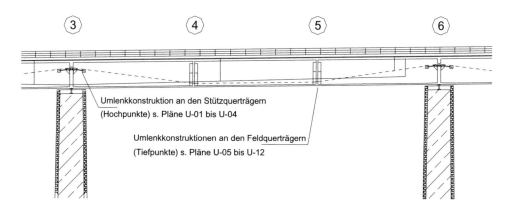

Bild 4: Externe Vorspannung ohne Verbund mit Umlenkung

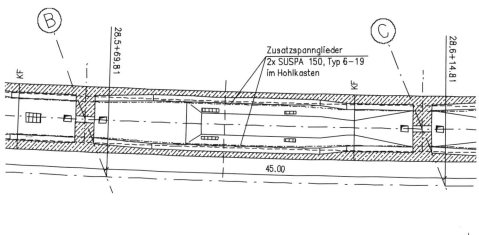

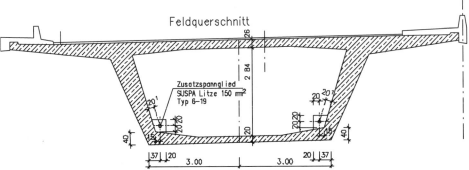

Bild 5: Externe Vorspannung mit Verbund ohne Umlenkung

Anwendung innovativer Technologien bei der Verstärkung und Sanierung von Brückenbauwerken – Konzepte, Umsetzung, Beispiele

Oliver Fischer

1 Einleitung

Die Sanierung und Verstärkung bestehender Bausubstanz, insbesondere auch von Brücken in Spannbetonbauweise, gewinnt derzeit einen stetig zunehmenden Stellenwert. Neben einer reinen Betonsanierung, der Erneuerung von Kappen, Abdichtungen und Belägen sowie dem Austausch von ‚Verschleißteilen' wie Brückenlagern oder Übergangskonstruktionen tritt dabei immer häufiger auch die Verstärkung des eigentlichen Tragsystems – in Längs- und / oder Querrichtung – in den Vordergrund. Hierfür werden aktuelle Verfahren grundsätzlich vorgestellt und dann anhand eines ausgeführten Beispiels einer umfassenden Brückenverstärkung (Talbrücke Röslau bei Schirnding) aufgezeigt, wie eine solche Maßnahme durch den Einsatz von neuartigen Materialien und Bauweisen (u.a. in Schlitze geklebte CFK-Lamellen, selbstverdichtender Beton, externe Vorspannung) effektiv, bauwerksschonend und wirtschaftlich durchgeführt werden kann. Darüber hinaus wird über aktuelle Neuentwicklungen berichtet und dabei insbesondere auf die Anwendung von vorgespannten CFK-Lamellen eingegangen, ein Verfahren, das sich vor allem auch für die gezielte und schonende Sanierung von Koppelfugen anbietet.

2 Verfahren zur Brückensanierung und -verstärkung

Der vorliegende Aufsatz beschäftigt sich ausschließlich mit der Sanierung und Verstärkung der Brückentragsysteme; weitergehende Bereiche der Sanierung im Hinblick auf die Dauerhaftigkeit wie Betonsanierung und Rissverpressung oder die Erneuerung von Verschleißteilen der Bauwerksausrüstung werden hier nicht behandelt. Als Ursachen für eine erforderliche Verstärkung können zwei Hauptaspekte angegeben werden, a) das Vorliegen einer geschädigten Bausubstanz (= die ursprünglich geplante Tragwirkung der Konstruktion ist aufgrund des Schädigungszustandes nicht mehr sicher gestellt, entweder als Folge eines kontinuierlichen ‚Alterungsprozesses' oder aufgrund mechanischer Beschädigung durch äußere Einwirkung, z.B. Fahrzeuganprall, Erdbeben) oder b) eine angestiegene Verkehrsbelastung (= eine unplanmäßige, im Zuge der

Dr.-Ing. Oliver Fischer, Bilfinger Berger AG

Dimensionierung der Brücke nicht berücksichtigte Erhöhung des Belastungsniveaus führt zur Überlastung der Konstruktion, entweder aufgrund konkret angestiegener Lasten, z.B. bei Anhebung der zulässigen Achslast, oder begingt durch eine Nutzungsänderung, die beispielsweise eine Verbreiterung der befahrbaren Fläche zur Folge hat).

Zur Durchführung einer Verstärkungsmaßnahme stehen eine Reihe von Verfahren und Materialien zur Verfügung, die individuell für den jeweiligen Anwendungsfall sinnvoll auszuwählen und zu planen sind. Abhängig von der Art der erforderlichen Verstärkung lassen sich im Wesentlichen drei Hauptgruppen wie folgt unterscheiden.

a) Betonergänzung

Eine Betonergänzung kann erforderlich werden

– zur Vergrößerung der Konstruktionshöhe,
– als zusätzlicher Querschnitt für die Einbettung einer ergänzenden Bewehrung oder Vorspannung,
– und als Bauteilergänzung wie beispielsweise bei der Herstellung nachträglich einbetonierter Querträger und Umlenkstellen.

Als Verfahren können dabei zur Anwendung kommen a1) ein klassischer Ortbeton (als Normal- oder Leichtbeton), a2) ein Spritzbeton und – vor allem bei nachträglich ergänzten Bauteilen – a3) ein selbstverdichtender Beton (SVB);

b) Ergänzung von (schlaffer) „Bewehrung"

Zur nachträglichen Bewehrungsergänzung bieten sich folgende Möglichkeiten an

– Einbetonieren zusätzlicher Bewehrungsstäbe (in Ort- oder Spritzbeton),
– Aufkleben von Stahllaschen (auf Bauteiloberfläche),
– Ergänzen von CFK-Lamellen (oberflächig oder in Schlitze eingeklebt); derzeit setzt sich immer mehr das Verfahren der in Schlitze eingeklebten CFK-Lamellen durch. Dies gilt insbesondere für die Anwendung im Brückenbau und begründet sich durch eine Reihe entscheidender Vorteile wie z.B.
  • Wirtschaftliches Verfahren, hohe Lamellenausnutzung möglich (keine Beschränkung des Verstärkungsgrades)
  • Hohe Verbundtragkraft, sehr günstige Verankerungseigenschaften
  • Eignung für dynamische, nicht ruhende Beanspruchung
  • Keine Verbundentkopplung an Einzelrissen (wesentlicher Vorteil im Vergleich zu oberflächig aufgeklebten CFK-Lamellen)
  • Günstige Mitwirkung zur Rissbreitenbegrenzung
  • Keine Bauteile auf Fahrbahnplattenoberfläche
– Ergänzung von textiler Bewehrung (derzeit verschiedene theoretische und experimentelle Untersuchungen zum Einsatz in der Bauwerksverstärkung; weitergehende Ausführungen finden sich z.B. in [5]).

c) Ergänzung von Vorspannung

Die Ergänzung von Vorspannung kann aus folgenden Gründen erforderlich sein

– zur Verstärkung der Haupttragwirkung in Brückenlängsrichtung,

- zur Erhöhung des Tragwiderstandes in Querrichtung (Fahrbahnplatte),
- oder zur örtlichen Sanierung von Bereichen mit nicht ausreichender Überdrückung, z.B. von Koppelfugen.

Zur Anwendung kommen für die Längsrichtung im Regelfall verbundlose Spannglieder (extern oder eingebettet in eine Betonergänzung) oder – aufgrund der fehlenden Austauschbarkeit derzeit seltener – eine eingebettete interne Vorspannung mit nachträglichem Verbund. Für die Querrichtung werden meist verbundlose einbetonierte Monolitzen verwendet; derzeit laufen jedoch auch vielfältige Entwicklungen in Richtung vorgespannte CFK-Lamellen als nachträglich ergänzte Quervorspannung, siehe 4.2. Die Sanierung von Koppelfugen erfolgte bisher meist mit durchgängigen, langen Spanngliedeinheiten und Eintragung einer auf den gesamten Überbauquerschnitt wirksamen zusätzlichen Normaldruckkraft; auch für diese Anwendung zeichnet heute sich eine Entwicklungstendenz hin zu vorgespannten CFK-Lamellen ab (Vorteile: direkte örtlich eingetragene Normalspannung, deutlich geringerer Gesamtaufwand im Vergleich zu den bisherigen Verfahren).

3 Anwendungsbeispiel ‚Talbrücke Röslau'

3.1 Projektvorstellung, Randbedingungen

Die Talbrücke Röslau bei Schirnding führt die Bundesstraße B 303 (E 48) in unmittelbarer Nähe zur tschechischen Grenze über das Röslautal. Das Bauwerk wurde zwischen den Jahren 1992 und 1995 im Taktschiebeverfahren als Spannbetonhohlkastenbrücke errichtet und durch eine ‚klassische' interne Längsvorspannung mit nachträglichem Verbund beschränkt vorgespannt.

Bild 1: Die Talbrücke Röslau bei Schirnding im unmittelbaren Grenzbereich zu Tschechien

Der parallelgurtige Überbau besitzt eine konstante Bauhöhe von 3,40 m und hat eine Gesamtlänge von 270 m (Einzelstützweiten [m]: 56 - 68 - 78 - 68). Das Brückenbauwerk nimmt zwei Fahrspuren mit je 3,75 m und Randstreifen mit je 1,05 m auf (befahrbare Breite 9,60 m; Gesamtbreite des Überbaus mit Gesims 13,60 m).

Die B 303 bildet für den Individualverkehr eine wichtige Verbindung zwischen Oberfranken und Tschechien (Bayreuth - Eger - Karlsbad - Prag) und bindet den grenzüberschreitenden Verkehr an die A 9 und die A 93 an. Aufgrund der Grenzkontrollen am Übergang Schirnding ergaben sich für Lkw in den letzten Jahren lange Wartezeiten und regelmäßig Rückstaus, die sich bis über das Brückenbauwerk erstrecken. Ursache hierfür ist der ganz extrem angestiegene Güterverkehr über die Grenze (kontinuierlicher Anstieg des Lkw-Aufkommens seit 1989 nahezu um den Faktor 6 auf jährlich etwa 450.000 Lkw). Zudem führen Überholmanöver von Pkw entlang der auf der einspurigen Richtungsfahrbahn zur Grenze dicht an dicht gestauten Lkw, siehe auch Bild 2, immer häufiger zu teilweise schweren Unfällen. Nach der am 01.05.2004 erfolgten EU-Osterweiterung gehört das Land Tschechien nun zwar der EU an, es sind aber auch zukünftig Passkontrollen vorgesehen und auf deutscher Seite wurde ein Binnenzollamt eingerichtet. Eine wesentliche Entspannung der Situation und damit eine deutliche Entlastung für das Brückenbauwerk war daher nicht zwingend zu erwarten. Diese Einschätzung hat sich bisher in den ersten Monaten nach dem EU-Beitritt bestätigt.

Bild 2:   Charakteristische Stausituation auf der B 303 in Fahrtrichtung tschechische Grenze

Aus diesen Gründen hat das Straßenbauamt Bayreuth beschlossen, die vorhandene Brücke mit zwei Fahrspuren Richtung Grenze auf insgesamt drei Spuren zu erweitern. Die Gesamtbreite der Fahrbahn wird damit von 9,60 m um 1,08 m auf 10,68 m verbreitert (Reduktion Gesimsbreite um je 54 cm). Um der auftretenden Belastungssituation aus dem Schwerverkehr Rechnung zu tragen, wurde in den Ausschreibungsunterlagen ein besonderes Lastbild aus 44 to Fahrzeugen vorgegeben, die auf der gesamten Brückenfläche dicht an dicht anzuordnen sind [2]. Dieser Ansatz erhöht die bisherige rechnerische Beanspruchung in Brückenlängsrichtung deutlich und erfordert eine entsprechende Verstärkung des Längssystems. Aufgrund der Verbreiterung der befahrbaren Brückenfläche ergibt sich zudem auch eine erhöhte Momentenbeanspruchung der Fahrbahnplatte in Querrichtung (Kragbereich) und damit die Erfordernis der zusätzlichen Verstärkung des Quersystems.

3.2   Verstärkung der Längstragwirkung

Die rechnerische Zunahme der maßgebenden Biegemomente für das Längstragsystem liegt bei maximal etwa 46% aus dem Verkehrslastanteil und ergibt mit der Momentenerhöhung aus Eigenlast und Ausbau (u.a. zusätzliche Querträger, Änderung Querneigung) eine mittlere Erhöhung der Gesamtmomente von bis zu 15%.

Die Verstärkung der Längstragwirkung erfolgte durch Aufbringung einer zusätzlichen Vorspannung in Form externer Spannglieder (zwei Spannstränge je Steg), die im Inneren des Hohlkastens in umgelenkter Führung verlegt werden. Die Bemessung erfolgte nach der ‚Richtlinie für Betonkastenbrücken mit externer Vorspannung' und entsprechend der ursprünglichen Auslegung für beschränkte Vorspannung nach der bisherigen DIN 4227. Zusätzlich war es im Bereich der an das größte Feld angrenzenden Stütze (Bauwerksachse 400) erforderlich, eine Schubverstärkung einzubauen; diese wurde durch vertikale Einzelspannglieder Typ McAlloy, Ø 32 und 26,5 mm realisiert.

3.2.1   Nachträglicher Einbau externer Spannglieder

Zur Ausführung kommt das allgemein bauaufsichtlich zugelassene Spannsystem EMR der Bilfinger Berger Vorspanntechnik bbv mit 17 Litzen (á 1,4 cm^2) je Spannglied (EMR 17, St 1570 / 1770) und einer maximal zulässigen Spannkraft von 2.948 kN.

Bild 3:   Einbau von externen Spanngliedern EMR 17 in den Hohlkasten der Talbrücke Röslau

Die Spannglieder EMR (Extern-Monolitze-Rund) haben einen zweischaligen Aufbau und schützen die gefetteten Litzen durch PE Röhrchen (Monolitzen) und ein äußeres HDPE Hüllrohr; die Spannglieder können nachspannbar ausgeführt werden a) durch entsprechend langen Litzenüberstand oder b) durch spezielle Lochscheiben mit Außengewinde. Die zusätzlichen Spannglieder der Brücke Röslau werden jeweils an den

Stützquerträgern und je zweifach im Feldbereich umgelenkt. Zur Herstellung der trompetenförmigen Aussparungen für die Umlenkung kamen im Feldbereich spezielle rotationssymmetrische Aussparungskörper (sog. Diabolos) zum Einsatz. Im Hinblick auf ein möglichst geringes Aussparungsvolumen wurde die Hauptumlenkung an den Stützen (gegenüber Feld doppelter Umlenkwinkel) durch einbetonierte, vorgebogene Stahlrohre und kurze Diabolos am Spanngliedaustritt ausgeführt.

Die Vorspannung erfolgte an nachträglich einzubauenden Verankerungen an den Endquerträgern. Um dort den erforderlichen Platz für das Vorspannen zu erhalten, war in der Ausschreibung ursprünglich vorgesehen, ein Widerlager unter Verbreiterung des Wartungsganges relativ großräumig umzubauen. Durch den Einsatz einer eigens für beengte Verhältnisse konzipierten Presse der bbv war es möglich, beide Widerlager in der ursprünglichen Form zu erhalten und auf ein aufwändiges Umbauen zu verzichten. Die Vorspannung der Spannglieder erfolgte jeweils an beiden Endquerträgern des Überbaus. Zur Spannkrafteinleitung in den Bestandsbeton der Endquerträger wurden zur Reduktion von Spaltzugkräften Lasteinleitungsplatten vorgesehen, siehe auch Bild 4.

Bild 4: Spannen der externen Spannglieder mit kompakten Pressen; Spanngliedverankerung

Um eine spätere Auswechselbarkeit der externen Spannglieder zu verbessern, wurde im Zuge der Maßnahme gleichzeitig die bisher vorhandene Bodenplattenöffnung von nur 1,0 x 1,0 m auf 1,0 x 2,5 m entsprechend der ‚Richtlinie für Betonkastenbrücken mit externer Vorspannung' vergrößert. Hierzu wurde die Öffnung durch Hochdruckwasserstrahlschneiden zunächst vergrößert und anschließend die Bodenplatte im Öffnungsbereich mit schubfest verbundenem Aufbeton ergänzt.

3.2.2   Umlenkstellen und Querträgerverstärkung

Zur Führung und Verankerung der nachträglich eingebauten externen Spannglieder war es erforderlich, in den Brückenfeldern zusätzliche Querträger einzubauen (Umlenkstellen) und die vorhandenen Querträger an den Stützen und den Überbauenden umzubauen und zu verstärken. Die Ausführung aller dieser Bauteile und Verstärkungen erfolgte in selbstverdichtendem Beton B 55. Die kraftschlüssige Verbindung der neuen Konstruktionselemente mit dem vorhandene Bauwerk erfolgte über eingeklebte, schlaffe Bewehrung (nach Verfahren HIT-HY 150), GEWI-Stäbe und (zum Teil) kurzen Einzelspanngliedern; so wurden im Bereich der Umlenkquerträger jeweils zusätzliche Spannglieder mit jeweils 600 kN Vorspannkraft eingebaut um die in der Fahrbahnplatte entstehenden Querzugkräfte aus der Spanngliedumlenkung zu kompensieren. Bilder 3 und 5 zeigen eine solche Umlenkstelle im Feldbereich; man erkennt dabei auch das Querzugband unterhalb der Fahrbahnplatte. Die Vorbereitung und entsprechende Profilierung der Betonoberflächen im Bestandsbeton erfolgte jeweils durch Hochdruckwasserstahlen. Die sichere Einleitung aller Verankerungs- und Umlenkkräfte bei gleichzeitiger Gewährleistung eines effektiven Bauablaufes wurde beim Projekt der Talbrücke Röslau durch eine detaillierte und baustellennahe Planung erreicht.

Bild 5:   Herstellung von Feldquerträgern (Umlenkung) in selbstverdichtendem Beton B 55

Der Bauherr [2] entschied sich bei den nachträglich einbetonierten Bauteilen vor allem aus Qualitätsgründen für die Verwendung von selbstverdichtendem Beton, insbesondere wegen a) der ungünstigen Geometrie der Querträger und Querträgerergänzungen und der Forderung eines gesicherten kraftschlüssigen Anschlusses an den Altbeton, b) dem teilweise sehr hohen Bewehrungsgehalt der Querträger (Sicherstellung eines homogenen, verdichteten Betons im gesamten Querträgerbereich), insbesondere auch im Bereich der Endquerträger mit Verankerung der Spannglieder, siehe hierzu auch Bild 6 (Bewehrungsgehalt Endquerträgerergänzung über 400 kg/m^3), und c) um die Betonage über nur wenige kleine Betonieröffnungen in der Fahrbahnplatte ausführen zu können (Ziel: geringfügige Eingriffe für die Betonage unter Berücksichtigung von vorhandenen Spanngliedern mit Verbund in der Fahrbahnplatte). Zudem war die Querträgerherstellung mit selbstverdichtendem Beton in einem Guss möglich.

Die Ausführung der Querträger in SVB erforderte für das Brückenbauwerk eine Zustimmung im Einzelfall, die in enger Zusammenarbeit mit der bayerischen Straßenbauverwaltung erfolgte. Die hierzu erforderliche wissenschaftliche Betreuung erfolgte durch die Technische Universität München, die baupraktische und die labortechnische Betreuung sowie die Eigenüberwachung vor Ort durch das Zentrale Labor der Bilfinger Berger AG. Als wesentliches Fazit aus der Anwendung des SVB kann festgehalten werden, dass a) mechanischen Eigenschaften vergleichbar mit einem Normalbeton erzielt werden konnten und dabei alle durch den Bauherrn geforderten Parameter erfüllt wurden (insbesondere auch im Hinblick auf die Fließfähigkeit und Frühfestigkeit), b) für den Anwendungsfall keine einschränkenden Forderungen in der Bemessung erforderlich waren und c) durch die Betonrezeptur eine einwandfreie Verarbeitbarkeit unter Baustellenbedingungen ermöglicht wurde. Die dichte und kraftschlüssige Verbindung zum Altbeton konnte an allen Stellen einwandfrei sichergestellt werden. Beim Einsatz von SVB ist jedoch grundsätzlich der deutlich erhöhte Aufwand für die Herstellung und Verarbeitung im Werk und auf der Baustelle zu beachten, so dass der Baustoff auf geeignete Sonderfälle beschränkt bleiben wird. Gerade beim Bauen im Bestand mit nachträglich zu ergänzenden Betonbauteilen besitzt SVB aber wesentliche Vorteile und ist auch im baustellenpraktischen Einsatz mittlerweile sicher einstell- und beherrschbar. Es sei an dieser Stelle jedoch darauf hingewiesen, dass die bemessungstechnischen und konstruktiven Randbedingungen für den SVB bisher nicht für sämtliche Anwendungen abschließend geklärt und derzeit noch Gegenstand der Forschung sind; dies betrifft allerdings nur wenige Sonderfälle wie beispielsweise die unmittelbare Lasteinleitung bei der Verankerung von Spanngliedern, siehe hierzu auch [6].

Bild 6: Verstärkung der Endquerträgern, Anschluss durch Klebearmierung und GEWI

3.3 Verstärkung der Quertragwirkung

Zur Verstärkung des Quersystems bieten sich zwei grundsätzliche Varianten an, a) die Unterstützung der Kragplatte durch eine außenliegende Konstruktion und b) die direkte Verstärkung der Quertragwirkung der Fahrbahnplatte durch zusätzliche Bewehrung, Quervorspannung oder CFK-Lamellen. Der Ausschreibungsentwurf für die Talbrücke Röslau sah die Variante a) vor, als Nebenangebot wurde jedoch das Verfahren der in Schlitze eingeklebten CFK-Lamelle ‚Carboplus®' der Bilfinger Berger AG ausdrücklich zugelassen. Verfahren mit Zusatzbewehrung oder ergänzender Quervorspannung schieden aufgrund der konstruktiven und logistischen Randbedingungen aus.

3.3.1 Ausschreibungsentwurf

Der Ausschreibungsentwurf sah für den Überbau vor, die Kragarmbereiche der Fahrbahnplatte durch Stahlstreben mit Rohrquerschnitt zu unterstützen (kraftschlüssiger Verbund mit der Fahrbahnplatte durch angedübelte Lasteinleitungskonstruktion). Zur Eintragung der Vertikalkräfte in die Stege war es vorgesehen, den Fußpunkt der Streben über außenliegende Stahlzugbänder hoch zu hängen. Die vertikale Fixierung der Bänder an die Stege erfolgte durch Riffelbleche, hochfesten Vergussmörtel und über vorgespannte Schrauben. Neben den ästhetischen Nachteilen ergäben sich bei einer derartigen Ausführung deutliche Erschwernisse in der Montage. Zudem ist über die gesamte Lebenszeit des Bauwerkes ein dauerhafter Korrosionsschutz der Stahlbauteile sicher zu stellen und der Überbau erfährt durch eine Vielzahl von erforderlichen Kernbohrungen eine unerwünschte zusätzliche Schwächung insbesondere im Stegbereich.

3.3.2 Beauftragtes Nebenangebot (CFK-Lamellen)

Bei dem an ein Tochterunternehmen der Bilfinger Berger Gruppe beauftragten Nebenangebot wird die Quertragwirkung der Fahrbahnplatte im Kragbereich durch in Schlitze eingeklebte CFK-Lamellen ‚Carboplus®' mit Querschnitt 20 x 2 mm verstärkt.

Bild 7: Querverstärkung der Talbrücke Röslau mit in Schlitze eingeklebten CFK-Lamellen

Dieses Nebenangebot besitzt den großen Vorteil, dass auf außenliegende Konstruktionselemente zur Stützung der Fahrbahnplatte vollständig verzichtet werden kann. Dadurch erfährt der Überbau hinsichtlich des äußeren Erscheinungsbildes keine störende Veränderung und es entfallen alle im Ausschreibungsentwurf erforderlichen Kernbohrungen und sonstigen Schwächungen der von internen Spanngliedern mit nachträglichem Verbund durchzogenen Stege. Das Verfahren besitzt einen sehr breiten Anwendungsbereich [3] und eignet sich wegen der guten Verbundeigenschaften – auch unter dynamischer Last – insbesondere für die Verstärkung von Brücken.

Konventionelle, oberflächig aufgeklebte CFK-Lamellen schieden für die Talbrücke Röslau aufgrund eines vorhandenen Knickes der Fahrbahnplatte, siehe auch Bild 8, aus konstruktiven Gründen aus. Zudem ist deren Verhalten unter erhöhten Temperaturen (Aufbringen des Asphalts, Erwärmung der Fahrbahnplatte bei längerer Sonneneinstrahlung) ungünstiger als bei der in Schlitze verklebten CFK-Lamelle und es ergeben sich wesentliche Nachteile im Hinblick auf die Verbundwirkung und die Verankerungslänge sowie deren dauerhafte Sicherstellung unter dynamischer Verkehrslast.

Bild 8: Einkleben der CFK-Lamellen ‚Carboplus®‘; Übergreifungsstoß im Knickbereich der Fahrbahnplatte (Quergefällewechsel)

Das Verfahren der in Schlitze geklebten CFK-Lamellen ‚Carboplus®‘ besitzt eine allgemeine bauaufsichtliche Zulassung [1]. Im vorliegenden Anwendungsfall haben sich jedoch in Teilbereichen besondere Fragestellungen ergeben, die eine Zustimmung im Einzelfall erforderlich machten und im Zuge der Ausführungsplanung (Bilfinger Berger AG, Tragwerksplanung Ingenieurbau, Büro München) und durch wissenschaftliche Begleitung mit einem Versuchs- und Messprogramm seitens des Lehrstuhls für Massivbau der Technischen Universität München gelöst wurden. Im Einzelnen sind

hier zu nennen: a) das Kurz- und Langzeitverhalten der Verklebung und der Verbundwirkung unter erhöhten Temperaturen (durch bauaufsichtliche Zulassung nur bis 45°
eindeutig geregelt) und b) die Ausbildung und Nachweisführung eines Übergreifungs-
stoßes der CFK-Lamellen im Bereich des Knickes der Fahrbahnplatte. Auch bei dieser
Zustimmung im Einzelfall für die Querrichtung erfolgte die Durchführung des Verfahrens in enger Zusammenarbeit mit der bayerischen Straßenbauverwaltung. Die durch
Theorie und Versuche hinterlegte Lösung der beiden Fragestellungen zeigte abschließend, dass die angewandte Verstärkungsmethode mit CFK auch unter erschwerten geometrischen oder klimatischen Randbedingungen ein ideales Verfahren zur dauerhaften Traglasterhöhung von Brückenbauwerken darstellt, siehe hierzu auch [4; Teil 2].

4   Aktuelle Entwicklungen

4.1   Allgemein

Beim Bauen im Bestand und insbesondere bei der Sanierung und der Verstärkung von
Brückenbauwerken stehen mittlerweile eine Reihe von neuartigen Verfahren und Baustoffen zur Verfügung. Wesentliche Entwicklungstendenzen zeichnen sich derzeit vor
allem noch in der Weiterentwicklung von Verstärkungskonzeptionen auf der Basis von
Kohlefaserwerkstoffen ab, beispielweise im Bereich der vorgespannten CFK-Lamellen, siehe auch Abschnitt 4.2. Daneben laufen bei dem in Schlitze eingeklebten Produkt auch intensive und erfolgversprechende Untersuchungen, um das zur Verklebung
erforderliche Expoxidharz durch einen zementgebundenem Klebstoff zu ersetzen.

4.2   Vorgespannte CFK Lamellen

Neben der ‚passiven' Verstärkung ist das Verfahren der in Schlitze eingeklebten CFK-
Lamelle aufgrund der guten Verbund- und Verankerungseigenschaften auch für eine
‚aktive' Verstärkungsmaßnahme (zusätzliches Aufbringen einer Vorspannung) prädestiniert und erschließt sich so eine Vielzahl weiterer Anwendungsmöglichkeiten. Ein
wesentlicher Vorteil ist dabei auch, dass die Vorspannung der Lamelle ohne zusätzliche Bauteile (z.B. mechanische Verankerung) dauerhaft wirksam ist. Zudem gelten die
vorne genannten allgemeinen Vorteile der nicht vorgespannten, in Schlitze eingeklebten Lamelle in gleicher Weise auch für die aktive Verstärkung mit CFK.

Derzeit werden an der TU München die Bauteilversuche zur Beantragung der bauaufsichtlichen Zulassung nach der neuen europäischen Richtlinie für Spannverfahren (E-
TAG 013) mit Lamellen 20 x 2 mm und 15 x 2,5 mm durchgeführt. Diese sind mittlerweile erfolgreich abgeschlossen. Als planmäßige Vorspannkraft wurden jeweils
50 % der Lamellenbruchlast aufgebracht, was bei der Lamelle mit Querschnitt 20 x 2
mm einer Grundlast von 5,7 to entspricht. In den Versuchen konnte im Bruchzustand
stets das gewünschte Lamellenversagen nachgewiesen werden (kein Verbundversa-
gen).

Durch die gezielt örtlich aufbringbare Vorspannung, die einfache Handhabung und den Verzicht auf mechanische Verankerungselemente erscheint die neue vorgespannte CFK-Lamelle ,Carboplus® aktiv' auch besonders geeignet für die wirtschaftliche, effektive und dauerhafte Sanierung von Koppelfugen.

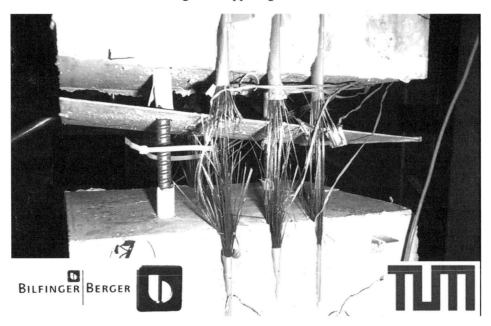

Bild 9: Zulassungsversuche ,vorgespannte, in Schlitze geklebte CFK-Lamellen', TU München

5 Zusammenfassung

Der Verstärkung und Sanierung von Brücken kommt eine immer stärkere Bedeutung zu. Aus diesem Grunde waren auf diesem Sektor in den vergangenen Jahren auch teilweise umfangreiche Forschungs- und Entwicklungstätigkeiten festzustellen. Mittlerweile gibt es eine ganze Reihe neuer und innovativer Verfahren zur effektiven Durchführung der erforderlichen Baumaßnahmen.

Anhand der Brücke Röslau kann beispielhaft der erfolgreiche Einsatz derartiger Verfahren bei der ,Komplettverstärkung' einer Spannbetonbrücke für die Längs- und Quertragwirkung aufgezeigt werden: nachträglicher Einbau von Umlenkstellen und Querträgerergänzung in selbstverdichtendem Beton, Ergänzung von externer Vorspannung sowie Erhöhung der Quertragfähigkeit der Fahrbahnplatte durch in Schlitze eingeklebte CFK-Lamellen. Insbesondere durch das Nebenangebot mit CFK-Lamellen konnte eine schonende Verstärkung der Quertragwirkung ohne Störung der Bauwerksgestaltung erreicht werden. Das Verfahren ,Carboplus®' der Bilfinger Berger AG ist aufgrund der ausgezeichneten Verbundeigenschaften und der Vorteile bei wechselnder oder dynamischer Beanspruchung gerade für den Brückenbau prädestiniert. Besondere Detailfragen (Übergreifungsstoß im Knickbereich der Fahrbahnplatte, Auswirkung erhöhter Temperaturen) wurden abschließend gelöst. Durch Aufbringen einer Vorspannung wird das Anwendungsspektrum der in Schlitze eingeklebten Lamelle wesentlich erweitert und die konzeptionellen Möglichkeiten abgerundet. Neben einer allgemeinen ‚aktiven' Verstärkung stellt die Koppelfugensanierung den idealen Anwendungsfall für das Verfahren im Brückenbau dar.

Literatur

[1]   Allgemeine bauaufsichtliche Zulassung, Nr. Z-36.12-60: Verstärken von Stahlbeton- und Spannbetonbauteilen durch in Schlitze eingeklebte CFK-Lamellen Bilfinger Berger Carboplus ®, 14. Januar 2004.

[2]   Straßenbauamt Bayreuth: Ausschreibungsunterlagen zur Verstärkung der Talbrücke Röslau bei Schirnding, 2003.

[3]   Blaschko, M.: Neue Sanierungsmethoden mit CFK. In: Massivbau 2003 - Forschung, Entwicklung und Anwendungen, Sonderpublikation zum 7. Münchner Massivbauseminar, Springer-Verlag, Düsseldorf 2003, S. 288-297.

[4]   Fischer, O., Borchert, K.: Moderne Verstärkungsverfahren für Spannbetonbrücken aufgezeigt am Beispiel der Talbrücke Röslau, Teil 1: Projektvorstellung und konstruktive Besonderheiten (Fischer), Teil 2: Spezielle theoretische Untersuchungen zur Querverstärkung mit CFK-Lamellen (Borchert). In: Massivbau 2004 - Forschung, Entwicklung und Anwendungen, Sonderpublikation zum 8. Münchner Massivbauseminar, Springer-Verlag, Düsseldorf 2004, S. 257-276.

[5]   Curbach, M.: Textilbeton – Eigenschaften und Anwendung. In: Festschrift zum 70. Geburtstag von Prof. G. König, Leipzig 2004, S. 105-122.

[6]   Gläser, C.: Verankerungsbereiche von Spannverfahren in selbstverdichtendem Beton. In: Massivbau 2004, Sonderpublikation zum 8. Münchner Massivbauseminar, Springer-Verlag, Düsseldorf 2004, S. 257-276.

Neue Entwicklungen in der Vorspanntechnik

Heinz Heiler

1 Einleitung

65 Jahre Spannbetonbrückenbau – von der Bahnhofsbrücke in Aue bis zur Strelasund-querung auf Rügen – führten in der Bundesrepublik zu einem derzeitigen Bestand von annähernd 30.000 vorgespannten Brücken. Tagtäglich rollt ein an Häufigkeit und Last ständig zunehmender Verkehr darüber. Die Spannbetonbauweise hat damit sicherlich ihre Leistungsfähigkeit bewiesen. Ständige Weiterentwicklungen verbessern Einsatz-möglichkeiten und Dauerhaftigkeit. Die nachfolgenden Ausführungen stellen den Stand der augenblicklich verfügbaren Technik dar und zeigen neueste Entwicklungen auf.

2 Bestandsaufnahme

2.1 Europäische Bauproduktenrichtlinie – ETAG 013

Im Zuge der europäischen Harmonisierung wurde im Bereich der Spannverfahren die European Technical Approval Guideline 013 kurz ETAG 013 geschaffen, die die eu-ropäische Prüfrichtlinie für alle Spannverfahrenszulassungen darstellt. Ab 01. März 2005 werden in den Mitgliedsländern keine nationalen Zulassungen mehr ausgestellt. Da alle bisherigen nationalen Zulassungsprüfungen nicht der ETAG 013 entsprechen, kommt auf die Spannverfahrensfirmen ein erheblicher Aufwand zu. Speziell in der Bundesrepublik ist durch das Anheben der zul. Spannung auf das europäische Niveau und der Einführung der Litze St 1670/1860 einiges an Reengineering notwendig.

2.2 Spannstahl

Die heute gängigen Spannstähle sind in der EN 10138 bauaufsichtlich geregelt. Die häufigsten Güten sind

Stäbe	St.	950/1050	Ø 26,5 mm – 40 mm
Litzen	St.	1570/1770	Ø 0,6" / 0,62"
	St.	1670/1860	Ø 0,6" / 0,62"
Drähte	St.	1470/1670	Ø 7 mm

Sie sind Bestandteil der nachfolgend beschriebenen Systeme.

Dipl.-Ing. Heinz Heiler, DSI GmbH, München

2.3   Vorspannsysteme mit nachträglichem Verbund

2.3.1   DYWIDAG Stabspannverfahren

Das DYWIDAG-Stabspannverfahren mit der neuen Güte St 950/1050 WR/WS (gerippt und glatt) wird heute vorzugsweise für Sondereinsatzgebiete wie Befestigung von Stahlbauteilen an Beton (z. B. Stützenfußverankerung, Bild 1) oder bei sehr kurzen Spanngliedlängen verwendet. Spannglieder zum Anspannen eines Vorbauschnabels bei Taktschiebebrücken oder das Anspannen von Betonkonsolen zur Aufnahme von Verankerungen für externe Spannglieder zur Tragwerksverstärkung sind Beispiele dazu.

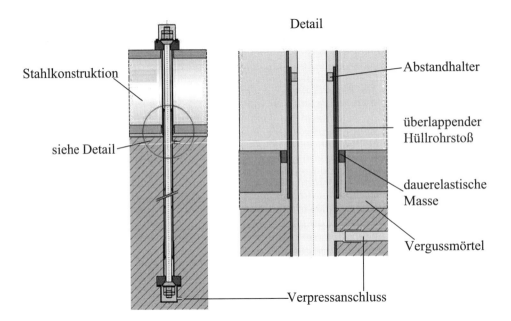

Bild 1:   *Verankerung einer Stahlkonstruktion im Beton*

Die zugehörige ETA-Zulassung für Spannglied mit nachträglichem und ohne Verbund wird hierzu im Frühjahr 2005 verfügbar sein.

2.3.2   DYWIDAG / SUSPA Litzenspannverfahren

Europäisch zugelassene Systeme verwenden in der Regel Litzen entsprechend EN 10138 und sind in den Größen 1 – 37 x 0,62" St 1860 entsprechend 209 kN bis 7.740 kN Vorspannkraft im Gebrauchszustand in Kürze verfügbar. Als Verankerungen haben sich Plattenverankerungen aus Stahl oder Mehrflächenverankerung aus Guss durchgesetzt, spezielle zwei- oder dreiteilige Keile übertragen die Kräfte von der Litze auf die Ankerplatte.

Spann-/Festanker Typ MA

Haftanker Typ ZR

Kopplung Typ R

SUSPA-Litzenspannverfahren,
Plattenverankerung

Bild 2: Verankerungselemente

Entsprechend feste und bewegliche Koppelstellen und spezielle Haftanker runden das Angebot an Systemkomponenten ab (Bild 2).

Als Verrohrung werden in der Regel spiralgewickelte Metallhüllrohre verwendet, vereinzelt sind auch Kunststoffhüllrohre bei höherer Umweltbelastung der Bauwerke im Einsatz. Einwandfreier Korrosionsschutz im Hüllrohr wird nur durch sorgfältiges Verpressen mit Einpressmörtel sichergestellt. Die europäische Normen EN 445 – 447 regeln Mörtelprüfung, Verarbeitung und zugehörige Gerätetechnik im Detail. Der Trend geht zu einem besonderen qualitätsüberwachten Spezialmörtel mit besten Verarbeitungseigenschaften. Aber auch die Qualifikation der ausführenden Firmen mit dem eingesetzten Baustellenpersonal sollte Bestandteil einer Gesamtbetrachtung sein. Ein CEN-Workshop hat sich mit diesem Thema befasst und hat in einem „CEN-Workshop agreement" entsprechende Leitlinien definiert, die in den Verfahrensbeschreibungen der europäischen Zulassungen eingehen.

2.4   Vorspannung ohne Verbund

Vorspannung ohne Verbund findet man hauptsächlich im Bereich des Hochbaues bei den sog. Flachdecken wieder, im Brückenbau werden vereinzelt Fahrbahnplatten in Querrichtung mit diesem System vorgespannt (Bild 3).

 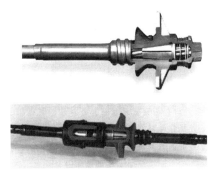

Bild 3: Monolitze in der Quervorspannung   *Bild 4: Verankerungselemente*

Hier hat sich das sog. Monolitzenspannverfahren mit Anordnungen von 1 bis 5 Litzen 0,6" bzw. 0,62" durchgesetzt. Werkseitig ausgeführter Korrosionsschutz der Einzellitze mit Fett und extrudiertem PE-Mantel gewährleisten hohe Ausführungsqualität, die Verankerungen folgen dem Muster der Vorspannung mit nachträglichem Verbund (Bild 4).

2.5   Externe Vorspannung

Ausgehend vom Wunsch des Bauherren, Spannglieder kontrollierbar und wenn möglich nachspannbar und austauschbar zu gestalten, wurden Mitte der 90er Jahre vermehrt externe Spannglieder entwickelt. Die o. g. Vorteile werden allerdings durch den Nachteil des verminderten Hebelarms der inneren Kräfte, also mit weniger Effizienz verkauft. Die heute gebräuchlichen Spanngliedquerschnitte zeigt nachfolgendes Bild 5.

Monolitzen   Blanke Litzen   Drähte   Litzenband

Bild 5: Spanngliedquerschnitte für externe Vorspannung

Externe Spannglieder kommen sowohl gerade als auch umgelenkt zum Einsatz; dem sog. Umlenksattel kommt damit besonderer Bedeutung zu. Da die Spannglieder der Bauwerksgeometrie folgen müssen und somit selten nur in einer Ebene gekrümmt sind, ist die Umlenkung und der zugehörige Sattel bautechnisch nicht ganz einfach zu bewerkstelligen. Spannglieder mit rundem Querschnitt sind hier besser geeignet, die unvermeidlichen Einbauungenauigkeiten auszugleichen. Die Verankerungen folgen dem bewährten Muster der Spannglieder mit nachträglichem Verbund, müssen aber die Austauschbarkeit und ggf. Nachspannbarkeit im vollen Umfang ermöglichen. In Deutschland hat das SUSPA-Draht EX Spannglied aus Drähten ∅ 7 mm und Vorspannkräften von 1350 bis 2970 auf Grund seiner einfachen Vorfertigungsmöglichkeit eine gewisse Marktführerschaft erreicht (Bild 6). Die zugehörige europäische Zulassung wird 2005 verfügbar sein.

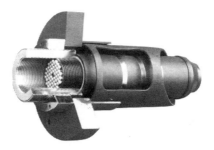

Bild 6: SUSPA-Draht EX, Fertigspannglied

Für die Baustellenmontage sind externe Spannglieder in zwei Grundversionen entwickelt. Einerseits ist die bereits erwähnte Monolitze Grundbestandteil als Zugelement (DYWIDAG Spannglied Typ W), andererseits wird auch blanke Litze (Typ MC, Bild 7) häufig verwendet. Gemeinsam werden beide Varianten in einem HDPE-Hüllrohr montiert und wahlweise mit Korrosionsschutzmasse oder Einpressmörtel in definierten Bereichen (z. B. Umlenkstellen) verfüllt.

Bild 7: DYWIDAG Spannglied Typ MC

Mit externen Spanngliedern kann in der Regel auch die Verstärkung bestehender Stahl- und Spannbetontragwerke einfach durchgeführt werden. Notwendige Durchgänge durch vorhandene Querträger sind mit Kernbohrungen machbar. Moderne Brückenkonstruktionen sehen dafür unter Umständen bereits die nötigen Aussparungen vor. Wenn beide Spanngliedenden mangels Platz nur mit festen Verankerungen ausgerüstet werden können, dann eignet sich als Spannanker die DYWIDAG Zwischenkopplung Typ M besonders gut.

Ursprünglich für den Behälterbau entwickelt, erlaubt sie im vorgenannten Fall das Spannen in Spanngliedmitte. Dabei „schwebt" die Verankerung, ohne Last auf das Bauwerk abzugeben (Bild 8).

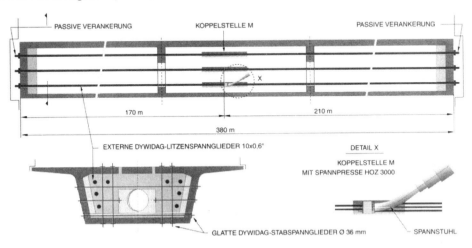

Bild 8: Externe Vorspannung mit Zwischenkopplung Typ M

3 Neuere Entwicklungen

3.1 Spannverfahren für LNG Tanks

Weltweit nimmt der Einsatz von Flüssiggas zu. Dazu sind im zunehmenden Maße entsprechende Tankbehälter zu bauen, die das Gas nach der Verflüssigung bei minus 160° einlagern. Der Lastfall „Leckage" bedeutet ein schockartiges Runterkühlen des äußeren vorgespannten Betonbehälters und damit der darin eingebauten Spannglieder. DSI hat in einer aufwendigen Reihe die Spannglieder 5 –27 x 0,6" bzw. 0,62" St 1860 auf „kryogene" Eignung getestet und kann diese Systeme in Kürze dem Markt zur Verfügung stellen (Bild 9 und 10).

Bild 9: Vereiste Verankerung

Bild 10: Snøhvit
Flüssiggasterminal Hammerfest

Die Prüfungen dazu erfolgen in Anlehnung an ETAG bzw. fib recommendations bei minus 196° C. Teilweise mussten spezielle Bauteile neu entwickelt werden.

3.2 Interne, verbundlose Vorspannung SUSPA-Draht EX ohne Verbund, DYWIDAG INTEX®

Wie schon bei der externen Vorspannung erwähnt bedeutet der geringe Hebelarm der inneren Kräfte einen gewissen wirtschaftlichen Nachteil dieser Bauweise.

Deshalb liegt es nahe, nach Möglichkeiten zu suchen, die Vorteile (Tabelle 1) der Vorspannung mit nachträglichem Verbund mit denen der externen Vorspannung zu verbinden.

Tabelle 1

Interne Vorspannung	Externe Vorspannung
im Betonquerschnitt geschützt gegen Feuer und Vandalismus	nachspannbar
volle Ausnutzung des Hebelarms der inneren Kräfte	auswechselbar
frühe Teilvorspannung	werkseitiger Korrosionsschutz

DSI bietet hierfür zwei Lösungen an:
- SUSPA-Draht EX ohne Verbund, Bild 11
- DSI INTEX®, Bild 12

In beiden Fällen wird das mit werkseitigem Korrosionsschutz hergestellte Zugglied im Betonquerschnitt angeordnet und ist somit neben der besseren Ausnutzung auch gegen Feuer und Vandalismus geschützt.

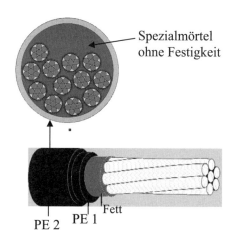

Spezialmörtel
ohne Festigkeit

PE 2   PE 1   Fett

Bild 11: Anwendung SUSPA-Draht EX als
internes, verbundloses Spannglied

Bild 12: Internes, verbundloses Spannglied Typ DYWIDAG INTEX®

Das SUSPA-Draht EX Spannglied ohne Verbund hat seine Eignung bei mehreren
Baustellen in Deutschland bereits bewiesen und ist in Deutschland bauaufsichtlich zugelassen, das DSI INTEX® Spannglied ist in der Endentwicklung.

3.3 DYWIDAG Schrägseilsysteme DYNA Grip® und DYNA Bond®

Eine Weiterentwicklung der externen Vorspannung stellt letztlich das Schrägseil dar.
Beim DYNA Grip® System kann an der Verankerung die einzelne Schrägseillitzen
(verzinkt, gewachst und PE-ummantelt) ausgewechselt werden; das DYNA Bond®
System hat eine höhere Ermüdungsfestigkeit wegen teilweiser Lastabtragung über
Verbund.

Spezielle Verrohrung reduzieren die wind- und regeninduzierten Vibrationen der Seile,
darüber hinaus existieren spezielle Dämpfungssysteme.

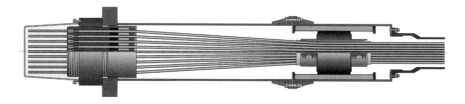

DYWIDAG Schrägseilverankerung, Typ DYNA Grip®

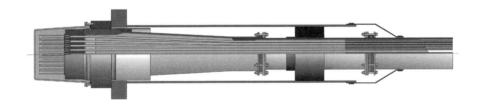

DYWIDAG Schrägseilverankerung, Typ DYNA Bond®

Bild 13: Schrägseilsysteme

3.4 Neue Zuggliedmaterialien z. B. Faserverbundwerkstoffe

Seit ca. 2 Jahrzehnten wird an der Entwicklung von vorgespannten Zuggliedern aus Faserverbundwerkstoffen gearbeitet, jedoch ohne durchgreifenden Erfolg. Das liegt zum einem an der besonderen Eigenschaft dieses Werkstoffes, nur in einer Richtung (Längsrichtung) hervorragende Festigkeitseigenschaften zu haben, in der Querrichtung dagegen sind sie dramatisch schlechter. Damit ist die Verankerungszone nur äußerst schwierig und aufwendig zu gestalten. Zum anderen ist der zurzeit gängige Preis für Faserverbundwerkstoffe bis zu 10fach über dem Stahlpreis, so dass sich eine wirtschaftliche Anwendung in der Regel verbietet. Alle bisherigen Einsätze kamen über den Erprobungscharakter nicht hinaus.

4 Zusammenfassung

Die gezeigten Spannsysteme haben einen hohen Reifungsgrad, die europäischen Zulassungsverfahren tun ein übriges, dies zu untermauern. Ob intern, mit nachträglichem Verbund, ob ohne Verbund mit werkseitigem Korrosionsschutz, ob extern – nachspann- und auswechselbar oder INTEX®, dem Anwender stehen heute Systeme auf höchstem Niveau zur Verfügung, um damit ästethisch anspruchsvolle robuste und dauerhafte Bauwerke ausführen zu können.

Stand der Entwicklung interner verbundloser Vorspannung – System und Anwendung

Konrad Zilch, Markus Hennecke, Christian Gläser

1 Veranlassung

Die Spannbetonbauweise ist im Brückenbau weltweit eine sehr erfolgreiche Bauweise. In Deutschland entstanden die ersten Spannbetonbrücken bereits vor dem zweiten Weltkrieg, so. z.B. 1938 in Aue (Sachsen), entwickelt von F. Dischinger, mit verbundloser externer Vorspannung [1]. Die industrielle Großanwendung des Spannbetonbaus begann in den 50er Jahren mit der Vorspannung mit nachträglichem Verbund. Der Anteil der Spannbetonbrücken am Gesamtbrückenbestand in Deutschland beträgt heute ca. 70 % bezogen auf die Brückenfläche.

Kennzeichnend für den Spannbetonbau ist der Einsatz hochfester Stähle in Form von Litzen, Drähten und Stäben zur Zugkraftaufnahme, die durch den umgebenden Betonquerschnitt effektiv vor Umwelteinflüssen geschützt sind.

Die sehr positiven Eigenschaften haben den Spannbetonbau zu seinem Siegeszug verholfen. Bei Brücken aus der Pionierzeit des Spannbetonbrückenbaus sind jedoch Schadensmechanismen bekannt, die sicherheitsrelevant sein können:

– Ermüdungsbruchgefährdete Koppelstellen,
– Wasserstoffinduzierte Spannungsrisskorrosion.

Ihre Ursachen waren eine heute durch die Normen ausgeschlossene ungenügende Erfassung der statischen Gegebenheiten sowie heute durch verschärfte Prüfbedingungen ausgeschlossene Material- bzw. Konstruktionsschwächen.

Für die ermüdungsbruchgefährdeten Koppelstellen ist im Brückenbau ein Schadensfall bekannt. Die Spannungsrisskorrosion hat metallurgische Ursachen und hat nur im Hochbau zu größeren Schäden geführt [2].

Auch wenn der Schadensumfang im Brückenbau äußerst gering ist, wurden intensive Forschungen zum Schadensverlauf, zur Erkennung und Sanierung sowie zu präventiven Maßnahmen für den Neubau durchgeführt. Die Maßnahmen, mit denen die Schäden verhindert werden können, sind seit langem Stand der Technik. Ein wichtiger Punkt ist die Verbesserung des Ankündigungsverhaltens im Bauwerk.

Prof. Dr.-Ing. Konrad Zilch, Dipl.-Ing. Christian Gläser, Lehrstuhl für Massivbau, TU München; Dr.-Ing. Markus Hennecke, Zilch + Müller Ingenieure GmbH, München

Moderne Bauwerke sind durch die Anordnung einer ausreichenden Mindestbewehrung (Robustheits- oder Duktilitätsbewehrung) so bemessen, dass Spanngliedschäden nicht zum schlagartigen Verlust der Standsicherheit führen können. Ein gutes Ankündigungsverhalten durch ein duktiles Verhalten der Gesamtkonstruktion ist gewährleistet [3]. Die metallurgischen Ursachen der Spannungsrisskorrosion wurden beseitigt und ein Testverfahren ist etabliert.

Heutige Spannbetonbauwerke mit nachträglichem Verbund sind sicher, haben aber keine Möglichkeit der direkten Kontrolle der Spannglieder. Denkbare Schäden treten im Bauwerk lokal auf. Veränderungen am Gesamttragsystem, die eine Diagnose erleichtern würden, können nicht erwartet werden. Für eine Beurteilung möglicher Schäden sind aufwendige rechnerischen Analysen oder Messungen am Bauwerk erforderlich, die spezielles Wissen voraussetzen [4], [5].

Brücken, bei denen mögliche Schäden einfach und mit hoher Genauigkeit erkannt werden können, sind daher nicht nur in Hinblick auf die Bauwerkssicherheit, sondern auch unter wirtschaftlichen Gesichtspunkten langfristig vorteilhaft. Brückenprüfungen lassen sich vereinfachen, da die genaue Erfassung und Dokumentation einzelner Risse als lokaler Indikator von Spanngliedschäden an Bedeutung verliert. Notwendige Sanierungen können zielgerichteter entworfen und zeitlich besser eingeordnet werden.

Diese Einschätzungen haben Ende der 80iger Jahre eine Entwicklung angestoßen, die den Spannbetonbrückenbau in Deutschland nachhaltig verändert hat. Die Forderung nach einer Kontrollierbarkeit der Spannglieder entstand [6]. Sie ist nur mit verbundlosen Spanngliedern – extern oder intern geführt – zu erfüllen.

Die Bedeutung der Brücken als elementare Bestandteile der Verkehrsinfrastruktur fördert diese Überlegungen. In hoch belasteten Verkehrsnetzen kann die Einschränkung des Verkehrsflusses oder die Behinderung des Verkehrsabflusses infolge möglicher Schäden an einer Brücke der „worst case" sein. Eine zweifelsfreie Schadensdiagnose und die Austauschbarkeit wesentlicher Tragelemente sind daher ein herausragendes Qualitätsmerkmal für Bauwerkskonstruktionen.

2 Pilotprojekte

2.1 1. Generation

Mit der Einführung der „Richtlinie für Betonbrücken mit externen Spanngliedern" [7] haben sich diese Erkenntnisse zum Stand der Technik bei Brücken mit Kastenquerschnitten etabliert. Die Masse der Spannbetonbrücken hat jedoch Spannweiten, bei denen ein Kastenquerschnitt, der Voraussetzung für die Verwendung von externen Spanngliedern ist, nicht sinnvoll ist. Hier werden Plattenbalken oder Vollplatten eingesetzt bisher mit Spanngliedern im nachträglichem Verbund. Der Stand der Technik bei den Materialien, den Spannsystemen und der Bemessung sorgt dabei zwar für sichere Tragsysteme, aber die Inspizierbarkeit der Spannglieder ist im Normalfall nicht möglich.

Eine Lösung wird in der für den Hochbau entwickelten Anwendung von verbundlosen internen Spanngliedern gesehen. Im Brückenbau wird diese Technik bereits für die Quervorspannung von Fahrbahnplatten eingesetzt. Es werden Monolitzen verwendet, die durch allgemeine bauaufsichtliche Zulassungen geregelt sind. In den Ankerelementen werden maximal vier Monolitzen zusammengefasst.

Erste Erfahrungen mit interner verbundloser Längsvorspannung im Brückenbau in Deutschland gibt es durch das Pilotprojekt Heidegrundweg, das der Landschaftsverband Westfalen-Lippe 1991 über die BAB A 33 errichtete. Der Überbau des Geh- und Radweges war mit 12 Monolitzen teilweise vorgespannt [8]. Zum eventuellen Nachspannen der Litzen sind in der Spannnische am Überbauende Überstände an den Spanngliedern belassen worden. Die Spannnische ist mit Beton verschlossen, der zum Nachspannen entfernt werden müsste.

Die Längsvorspannung von Straßenbrücken ist mit Monolitzen nicht realisierbar. Hierfür sind Großspannglieder erforderlich, wie sie aus der internen Vorspannung mit nachträglichem Verbund oder verbundlos extern geführten Vorspannung bekannt sind.

Zur Entwicklung der Bauweise mit verbundlosen internen Großspanngliedern sind Pilotprojekte durchgeführt worden.

2.1.1   Pilotprojekt Bad Griesbach

Das Straßenbauamt Passau realisierte 2000 eine Brücke im Zuge der Umfahrung Bad Griesbach [9]. Die Brücke überführt die Staatsstraße St 2116 über eine Kreisstraße in einem Winkel von 57,2 gon. Die Spannweite beträgt 28,74 m. Der 11,25 m breite Überbau setzt sich aus vier Fertigteilen zusammen (Bild 1). Die 1,30 m hohen Fertigteile aus hochfestem Beton B 85 sind mit jeweils zwei Spanngliedern des Typs VT-CMM 4x04-150D vorgespannt.

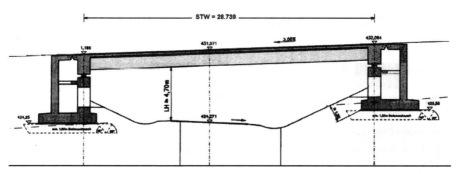

Bild 1:   Längsschnitt Projekt Griesbach

Die 0,25 m dicke Ortbetonergänzung und die Querträger sind in B 45 ausgeführt. Bei dem Brückenbauwerk wurde erstmalig in Deutschland hochfester Beton B 85 für Fertigteile eingesetzt. Die Widerlagerkammern sind für den Zweck der Zugänglichkeit zu den Spanngliedern begehbar ausgeführt. Die Breite der Kontrollgänge misst 1,50 m. Die Abmessung berücksichtigt den Arbeitsraum für die Spannpressen, die Überstände der Litzen und den Platzbedarf zum Einfädeln neuer Spannstahllitzen unter Berücksichtigung des zulässigen Krümmungshalbmesser beim Transport. Das Spannglied VT-CMM 4x04-150D setzt sich aus 16 Monolitzen zusammen, die in Viererpaketen unterteilt sind, die von einem PE-Mantel umschlossen sind. Die 16 Monolitzen werden im Normalfall gleichzeitig vorgespannt. Für den Fall des Nachspannens oder Austausch der Litzen werden zur Erleichterung der Handhabung die Litzen einzeln mit einer kleinen Presse vorgespannt (Bild 2).

Der Austausch einer Litze wurde vor Herstellung der Fertigteile an einem Versuchsträger erprobt. Der Versuchsträger wurde als Verarbeitungsversuch im Rahmen der Eignungsprüfung für den Beton B 85 erstellt. Zum Austausch einer Litze wird die Vorspannung abgelassen, eine neue Litze an einem Ende anschweißt und die alte Litze mit einer Winde herausgezogen. Nach vollständigem Einzug der neuen Litze wird diese vorgespannt.

Bild 2:   Vorspannen einer Einzellitze beim VT-Litzenspannverfahren CMM-D

Für die interne Verwendung der Spannglieder, die für den Anwendungsfall der externen Führung eine allgemeine bauaufsichtliche Zulassung haben, wurde von der Obersten Bayerischen Baubehörde eine Verwendungsgenehmigung im Einzelfall erteilt.

Die Bemessung erfolgte für besondere Bemessungskriterien für hochfesten Beton nach [10], der DAfStb-Richtlinie für hochfesten Beton [11], der Richtlinie für Betonbrücken mit externen Spanngliedern und der DIN 4227 Teil1 /A1 [12].

Die Spannglieder haben bedingt durch den Korrosionsschutz relativ große Abmessungen. Damit stören sie den Kraftfluss innerhalb des Querschnitts. Dies muss bei der Bemessung berücksichtigt werden.

2.1.2 Überführung Germering

2001 führte die Autobahndirektion Südbayern die Überführung B2 (alt) über die BAB A 99 westlich von München bei Germering aus [13]. Die vorgespannte Zweifeldplatte spannt über zwei Felder mit Einzelstützweiten von 24,60 m. Die Breite zwischen den Geländern misst 22,0 m. Die Querschnittshöhe in der Brückenachse beträgt am Widerlager 1,09 m und vergrößert sich zum Mittelpfeiler auf 1,49 m.

In den Widerlagern befinden sich begehbare Kammerwände mit einem Querschnitt von 2,0 m x 2,20 m. Die Zugänglichkeit erfolgt über Türen in den Flügeln. Die Abmessungen der Kammerwände ergeben sich aus dem Platzbedarf für Spannpressen und den Umlenkwinkeln beim Einziehen eines neuen Spanngliedes.

Die insgesamt 26 nebeneinander liegenden Spannglieder sind im Aufriss parabelförmig geführt. Die Fest- und Spannanker sind im Wechsel eingebaut.

Als Normenwerk für die Gebrauchs- und Bruchnachweise wurden die DIN 4227 Teil 1 [12] und 6 [14] und die Richtlinie des BMV für Brücken mit externer Vorspannung [7] herangezogen.

Die Festlegungen begründen sich in den bisher geringen Umfang an Erfahrungen mit internen verbundlosen Großspanngliedern.

Zum Austausch eines Spanngliedes wird die Vorspannung abgelassen und die Stauchköpfchen am Festanker abgetrennt. Das Spanndrahtbündel wird mittels einer Winde über den Spannanker herausgezogen. Dabei wird ein Draht mit einer Zugbefestigung mit eingezogen, an der das neue Spanndrahtbündel befestigt wird. Nach dem Reinigen des Hüllrohres wird das neue Spanndrahtbündel eingezogen. Der Grundkörper des Festankers ist noch nicht befestigt. Dies geschieht erst nach dem das Bündel eingezogen ist mit Hilfe einer kleinen Stauchpresse für die Köpfchen. Nach dem Vorspannen wird das Hüllrohr mit Korrosionsschutzfett injiziert. Das Fett wird auf 100 C° erhitzt um die Viskosität zu mindern. Zusätzlich wird im Hüllrohr ein Vakuum aufgebaut. Zum Nachweis der Austauschbarkeit der Spannglieder wurde ein Baustellenversuch durchgeführt. Für die Verwendung des Spannverfahrens erteilte die Oberste Bayerische Baubehörde eine Verwendungsgenehmigung im Einzelfall.

2.1.3 Anschlussstelle Großburgwedel

Im Zuge des Ausbaus der BAB A 7 wurde vom Straßenbauamt Hannover ein Zweifeldbauwerk bei Großburgwedel ausgeführt. Der zweistegige Plattenbalken spannt über 48,0 m und 52,0 m. Der 2,63 m hohe Querschnitt ist mit 2 x 12 Spanngliedern der Firma SUSPA – DSI vorgespannt.

2.2   2. Generation

2.2.1   Konzeption

Die hohe Qualitätsanforderung, die Spannglieder ohne Einschränkung des Verkehrs austauschen zu können, verteuert die Widerlager. Angesichts des hohen Anteils der Widerlager an den Gesamtkosten bei Bauwerken mit kurzen und mittleren Längen ist die verbundlose interne Längsvorspannung bei der bisher vorgestellten Konzeption derzeit nicht wettbewerbsfähig gegenüber der Vorspannung mit nachträglichem Verbund. So ergeben sich bei einem typischen Widerlager mit ca. 6 m Höhe und einem Regelquerschnitt RQ 10,5 Mehrkosten für die Ausbildung eines zugänglichen Widerlagers mit ausreichendem Platzangebot im Innern von ca. 25 % gegenüber einem Widerlager ohne Wartungsgang. Die Anforderungen an die Kontrollierbarkeit und Austauschbarkeit wurde hinterfragt und neu definiert.

Unter den vorhersehbaren Randbedingungen kann davon ausgegangen werden, dass ein Austausch der Spannglieder bei einem Bauwerk nicht notwendig sein wird. Die verbundlosen Spannglieder haben einen hochwertigen, werkseitig erstellten Korrosionsschutz. Ermüdungsrelevante Spannungsamplituden treten wegen des fehlenden Verbundes nicht auf. Mit Schäden an den Spanngliedern ist also nicht zu rechnen.

Sollte es aber trotzdem zu einem Schaden an einem Spannglied kommen, wird dieser sich bei der verbundlosen Vorspannung äußerlich durch Zunahme der Verformungen und progressiver Rissbildung zeigen. Da die Spannkraft im Bereich der Schadensstelle nicht mehr in den Beton eingeleitet wird, werden sich Veränderungen (Risse) an Stellen mit großen Biegemomenten zeigen. Der Grundsatz Riss vor Bruch wird nicht lokal, sondern global eingehalten. Damit werden bei einem Spanngliedausfall in jedem Fall Bereiche involviert, die ein günstiges Ankündigungsverhalten haben. Im Falle eines Verdachtes auf einen Spanngliedschaden sollen die Spannglieder außerdem möglichst einfach, einzeln kontrolliert werden können. Erweist sich der Spanngliedaustausch dann als notwendig, soll dieser grundsätzlich möglich sein.

2.2.2   Streiflacher Weg (BW 92/1)

Die Überführung des Streiflacher Wegs – ein öffentlicher Feld- und Waldweg - kreuzt die BAB A99 mit einem Winkel von 52,1 gon [15]. Der Straßenquerschnitt für das BW 92/1 hat eine Breite zwischen den Geländern von 6,0 m (Bild 3). Das Zweifeldbauwerk spannt über 33,21 m und 33,75 m. Der Querschnitt ist ein einstegiger Plattenbalken mit einer Konstruktionshöhe von 1,4 m bei den Widerlagern bzw. von 1,7 m über dem Pfeiler. Der Überbau wird mit der Betonfestigkeitsklasse C35/45 hergestellt.

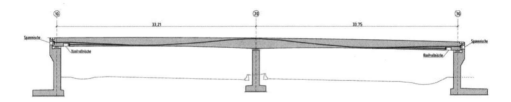

Bild 3: Längsschnitt Projekt Streiflacher Weg

Das Bauwerk ist bemessen für die Anforderungsklasse C nach DIN-Fachbericht 102 [16]. Die Vorspannung wird entsprechend den Bestimmungen des DIN-Fachberichtes 102 für interne verbundlose Vorspannung behandelt. Im Überbau liegen acht Spannglieder vom Typ SUSPA-Draht intern CD-66. Das Spannverfahren hat eine allgemeine bauaufsichtliche Zulassung.

Die Spannglieder verlaufen jeweils vom Überbauende bis in eine Kontrollnische an der Überbauunterseite unmittelbar vor dem anderen Widerlager. Spannanker befinden sich sowohl am Überbauende als auch in den Kontrollnischen. Die Abmessungen sind so festgelegt, dass eine Spannpresse zum Anheben des Ankerkopfes eingesetzt werden kann (Bild 4). Damit kann die Spannkraft kontrolliert werden. Auf zusätzlichen Platz zum Anspannen wurde verzichtet, da die Schwächung des Überbaus auf einen kurzen Bereich beschränkt werden sollte. Die Nischen sind mit einem Hubsteiger von unten zu erreichen und inspizierbar. Das Fahrzeug kann hierbei auf dem Randstreifen der BAB A99 ohne weitere Verkehrsbehinderung stehen. Die Abdeckung der Spannnischen erfolgt mit nichtrostenden Stahlteilen, die gegen unbefugtes Öffnen mit Schlössern gesichert werden.

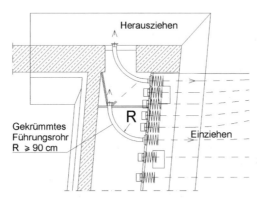

Bild 4: Szenario Spanngliedaustausch

Die Widerlager werden kastenförmig ohne begehbare Kammer ausgeführt, da für die einprofiligen Übergangskonstruktionen kein Wartungsgang notwendig ist. Mit den in der Kammerwand vorhandenen Aussparungen und abnehmbaren Abdeckungen aus Edelstahl ist die Zugänglichkeit der Spanngliedanker im Falle eines erforderlichen Spanngliedaustausches von der Rückseite des Widerlagers hergegeben. Die

Abdeckungen werden mit einer elastischen Dichtung versehen. Je Widerlager sind zwei Aussparungen vorhanden. Die Stärke der Kammerwand beträgt 0,40 m.

Für den außergewöhnlichen Fall eines Spanngliedaustausches wird die Hinterfüllung ausgebaut.

Bei der Konstruktion der Endquerträger und der Kammerwand müssen die Randbedingungen für die Vorspannarbeiten sorgfältig beachten werden. Diese Forderung konkurriert mit den statisch konstruktiven Bedingungen an die Kammerwand und den Endquerträger. Für den Überbau bedeutet die kleine Kammer für den Zugang zum Anker von der Unterseite eine Schwächung in einem Bereich, der durch Querkräfte und Torsion belastet wird. In der Dimensionierung muss der Kraftfluss sorgfältig beachtet werden.

2.2.3 Neue Konzepte

In den oben beschriebenen Projekten wurde die verbundlose interne Vorspannung in Vollquerschnitten eingesetzt. Für Brücken mit Kastenquerschnitten realisiert das Straßenbauamt Schweinfurt in 2005 ein Pilotprojekt im Umfeld des Neubaus der BAB A 71, bei dem die Mischbauweise – mit internen und externen Spanngliedern – neu definiert wird. Die internen Spannglieder des Dreifeldbauwerks werden intern verbundlos ausgeführt. Der Überbau mit den Spannweiten 40,0 m - 50,0 m - 40,0 m wird auf einem bodenständigen Traggerüst erstellt. Interne verbundlose Spannglieder werden als Zulagen über der Stütze und im Feld in der Fahrbahn- bzw. Bodenplatte geführt. Die Spannglieder werden über Lisenen angespannt. Maximal 45% der Vorspannung wird intern ausgeführt.

3   Ankündigungsverhalten und Verfahrensanweisung

Der Ausfall von Spanngliedern wird sich bei Bauwerken mit verbundloser Vorspannung durch Rissbildung zum Beispiel an der Überbauunterseite in den Feldbereichen zeigen. Die Rissbildung als „Warnsystem" für einen Spanngliedausfall kann numerisch gut erfasst werden. Am Beispiel der Brücke Streiflacher Weg wird dies hier veranschaulicht. In der rechnerischen Untersuchung wird die Anzahl der Spannglieder sukzessiv reduziert. Der rechnerische Nachweis der Rissbildung wird geführt, indem die Betonrandspannung am unteren Querschnittsrand im Feld unter der häufigen Lastfallkombination mit dem charakteristischen Wert der Vorspannung zum Zeitpunkt $t = \infty$ der Zugfestigkeit des Betons gegenübergestellt wird. In Bild 5 ist der Anteil der ausgefallenen Vorspannung dem prozentualen Längenanteil der Spannweite gegenübergestellt, in dem Risse erwartet werden können. Die Zugfestigkeit wird in der Untersuchung mit dem 5%-Fraktilwert angesetzt. Dies entspricht der Regelung des DIN-Fachberichtes 102 zur Robustheitsbewehrung. Der Ansatz des 5%-Fraktils der Zugfestigkeit ($f_{ctk,0,05}$=2,2 N/mm²) kann damit begründet werden, dass die Betonzugspannungen im Fall des Ausfalls der Vorspannung länger andauern und die Dauerfestigkeit damit abgeschätzt wird.

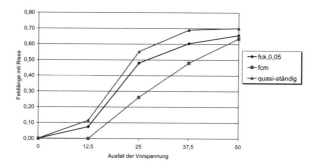

Bild 5: Länge mit Rissen in Abhängigkeit vom Anteil ausgefallener Spannglieder im Feldbereich

Zum Vergleich sind im Bild 5 zusätzlich die Ergebnisse bei Ansatz der mittleren Zugfestigkeit (f_{ctm}=2,2 N/mm²) dargestellt. Bei beiden Ansätzen sind vor dem Versagen größere Bereiche der Unterseite durch Risse gekennzeichnet. Da zum Zeitpunkt einer Inspektion des Bauwerks nicht erwartet werden kann, dass die häufige Lastkombination einwirkt, wird weiterhin untersucht, auf welcher Feldlänge der Querschnittsrand unter quasi-ständiger Last gezogen ist. Die Risse, die durch eine Einwirkung in der Größenordnung der häufigen Lastfallkombination entstanden sind, bleiben in diesem Bereich erkennbar. Die Bereichslängen sind bei dem jeweiligen Ausfall der Vorspannung länger als die Bereiche, die als gerissen angesehen werden können (Bild 5).

Für jeden Schritt der Ausfallbetrachtungen wird der Traglastfaktor für die äußeren Einwirkungen in der seltenen Lastfallkombination berechnet. Auf der Materialseite ist $\gamma_M = 1,0$ gesetzt. Die Berechnung ist iterativ durchzuführen.

Ab einem Ausfall von 25% der Vorspannung werden aus einer häufigen Lastfallkombination signifikant Risse entstehen, unter einer quasi-ständigen Beanspruchung bleiben diese Risse über den gesamten Bereich sichtbar. Die Tragsicherheit $\gamma > 1,0$ ist bis zum Ausfall von etwas mehr als 40% der Vorspannung gegeben (Bild 6).

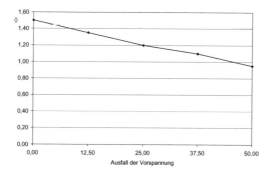

Bild 6: Tragsicherheit in Abhängigkeit vom Anteil ausgefallener Spannglieder

Die Rissbildung wird mit dem Ausfall des zweiten Spanngliedes stark zunehmen. Die Darstellung über die Bereichslänge ist gewählt, weil Bereiche mit Rissen einfacher vorherzusagen sind als konkrete Rissbreiten. Bei der Prüfung des Bauwerks können diese auch leichter erkannt werden.

Bild 7 und Bild 8 geben die entsprechenden Untersuchungen für den Stützbereich wieder. Die verbleibenden Tragsicherheiten sind über der Stütze größer als im Feld. Dies ist wesentlich, da das Feststellen der Risse über der Stütze schwieriger ist als im Feld. Hierfür gibt es zwei Gründe. Zum Einen ist die Länge des gerissenen Bereichs bedingt durch den steileren Abfall der Biegemomentenlinie kürzer als im Feld und zum Anderen sind die Risse auf der Oberseite des Belags nicht sichtbar.

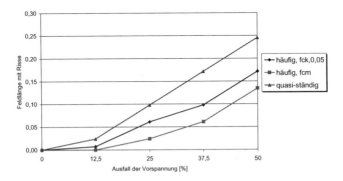

Bild 7: Länge mit Rissen in Abhängigkeit vom Anteil ausgefallener Spannglieder im Stützbereich

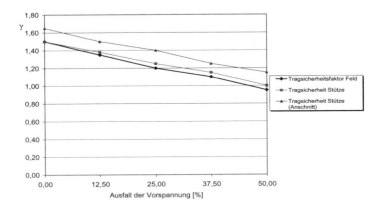

Bild 8: Tragsicherheitsfaktor bei Ausfall von Spanngliedern im Feld- und Stützbereich

4 Zulassungen von intern verbundlosen Spanngliedern

4.1 Existierende Zulassungen für intern verbundlose Vorspannung

Schon seit vielen Jahren bestehen für intern verbundlose Spannglieder, die im Gültigkeitsbereich von DIN V 4227, Teil 5 [17] liegen, Zulassungen. Die Spannglieder werden hauptsächlich zur Behältervorspannung und zur Vorspannung von Flachdecken verwendet. Diese Spannglieder verwenden Monolitzen (z.B. NEDRIMONO, Goliat, ACOR2, UTIFOR, KARO-STRAND), bei denen der Spannstahl mit einem PE-Mantel mit einer Stärke von ca. 1,5 mm überzogen ist (vgl. Bild 9). Der Zwischenraum zwischen den Spannstahldrähten und dem PE-Mantel ist mit einer Korrosionsschutzmasse (z.B. Gel oder Fett) verfüllt. Dabei werden bis zu sechs Monolitzen in jeweils einer Verankerung zusammengefasst. Der Korrosionsschutz im Übergangsbereich zwischen Verankerung und Monolitzen wird dabei mittels Übergangsrohre hergestellt.

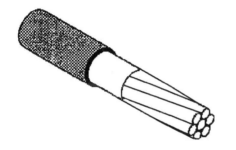 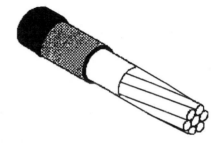

Bild 9:   Monolitze mit einem PE-Mantel   *Bild 10: Monolitze mit zwei PE-Mänteln*

4.2 Notwendigkeit eigener Spannglieder für den Brückenbau

Im Gegensatz zum allgemeinen Hochbau wird im Brückenbau großer Wert auf die Auswechselbarkeit der Spannglieder gesetzt. Bei den für den Hochbau zugelassenen verbundlosen Spanngliedern ist insbesondere bei öfter wechselnden Krümmungen dies nicht immer so möglich, dass ein problemloser Einbau des neuen Zugelements erfolgen kann. Ferner hat sich im Brückenbau (z.B. bei externen Spanngliedern) der Trend zum doppelten Korrosionsschutz durchgesetzt, der beispielsweise in Form zweier unabhängiger PE-Mäntel (vgl. z.B. Bild 10) oder in Form von Fett und PE-Rohr ausgebildet werden kann. Des Weiteren ist es im Verankerungsbereich, aber auch im Bereich außerhalb der Verankerungen schwierig, die Mindestabstände der Spannglieder untereinander bei Verwendung entsprechend vieler kleiner Spannglieder einzuhalten und Großspannglieder mit höheren zulässigen Vorspannkräften sind erforderlich.

4.3 Verwendungsvoraussetzungen für Spannverfahren

Alle in Deutschland verwendeten Spannglieder müssen über eine Zulassung verfügen. Im Moment werden diese Zulassungen national durch das Deutsche Institut für Bautechnik erteilt. Mit Einführung einer Richtlinie [18] der EOTA (European Organisation for Technical Approvals) ist es seit 2002 möglich, europäische technische Zulassungen für Spannverfahren zu erwerben. Ab März 2005 dürfen keine nationalen bauaufsichtlichen Zulassungen mehr erteilt werden (Ende der Koexistenzperiode: Februar 2005). Bestehende Zulassungen gelten bis zum Ende ihrer Gültigkeit weiter.

Bei den Projekten Griesbach und Überführung der B2 im Zuge der A99/West bei Germering lag für kein Spannverfahren mit ausreichend hoher Vorspannkraft eine allgemeine bauaufsichtliche Zulassung vor. Deshalb wurde die Verwendbarkeit je eines allgemein bauaufsichtlich zugelassenen Spannglieds für Vorspannung mit externen Spanngliedern im Rahmen von Verwendungsgenehmigungen im Einzelfall als interne verbundlose Spannglieder ermöglicht.

Diese Verwendungsgenehmigungen wurden durch die Oberste Baubehörde im Bayerischen Staatsministerium des Innern herausgegeben. Sie basierte auf gutachterlichen Stellungnahmen, in denen die Eignung der verwendeten Spannverfahren (VT-CMM D mit 16 Litzen [19] für Projekt Griesbach und SUSPA Draht – Ex mit 66 Drähten [20] für Projekt Germering) für die veränderten Anforderungen untersucht wurde und insbesondere das Szenario des Spanngliedaustauschs beschrieben und bewertet wurde. Beim Litzenspannverfahren VT-CMM D werden je vier Litzen mit einem zusammenhängenden PE-Mantel extrudiert, der von einem zweiten PE-Mantel umgeben ist. Die Verankerung der Spannglieder in den Ringkörpern erfolgt mit Verankerungskeilen.

Beim in Germering verwendeten SUSPA-Spannverfahren Draht – Ex werden Spanndrähte in einem mit Korrosionsschutzfett verpressten PE-Hüllrohr geführt. Die Spanndrähte sind durch aufgestauchte Köpfchen in einem Grundkörper befestigt, der über eine Stützmutter die Vorspannkraft auf die Verankerung absetzt. Dabei wurde besonders berücksichtigt, dass sich im Gegensatz zu externen Spanngliedern die Reibungsverhältnisse umkehren. Bei dem externen Spanngliedtyp ist das Hüllrohr an dem Grundkörper befestigt, so dass es beim Vorspannen in gleichem Maße gedehnt wird wie die Spanndrähte. Relativverschiebungen zwischen dem Draht und dem Hüllrohr, die als innere Gleitung bezeichnet werden, treten theoretisch nicht auf. Beim internen Spanngliedtyp ist die Dehnung des Hüllrohres durch das Einbetonieren behindert. Die Drähte gleiten innerhalb des Hüllrohrs und werden am Ende herausgezogen. Am Anker entsteht ein Hohlraum ohne Korrosionsschutzmasse, der nachträglich verpresst wird.

Bei dem Projekt „Streiflacher Weg" lag bereits eine allgemeine bauaufsichtliche Zulassung für das SUSPA-Spannglied vor [21], die aus den Erfahrungen mit dem Projekt Germering entstanden ist. In der Zulassung sind Spannglieder mit 36 Drähten (CD 36 mit einer zulässigen Vorspannkraft 1620 kN) bis 66 Drähten (CD 66 mit einer zulässigen Vorspannkraft 2970 kN) enthalten. Das Spannverfahren SUSPA-Draht intern CD wird gemäß der allgemeinen bauaufsichtlichen Zulassung [21] innerhalb des Betonquerschnitts geführt. Damit unzulässige Eindrückungen des PE-Mantels an den Umlenkstellen ausgeschlossen werden können, ist in der allgemeinen bauaufsichtlichen Zulassung ein Mindestradius für das Spannglied von 15,0 m festgelegt.

Der Spanngliedaustausch ist in der allgemeinen bauaufsichtlichen Zulassung geregelt. Beim Spanngliedaustausch werden einzelne Fertigungsschritte vom Werk auf die Baustelle verlegt. Da der Grundkörper nicht durch das Hüllrohr gezogen werden kann, wird der Grundkörper auf der Seite des Festankers nach dem Einziehen des ausgetauschten Spanndrahtbündels aufgefädelt und die Köpfchen gestaucht. Das Verpressen des Hüllrohres mit Korrosionsschutzfett erfolgt nach dem Vorspannen mittels Erhitzung des Fettes und einer Vakuumpumpe. Die Arbeitsschritte sind in [21] detailliert beschrieben.

Bild 11: Drahtbündel mit Einziehvorrichtung

4.4   Weg zu einer europäischen technischen Zulassung

Technische Zulassungen auf europäischer Ebene, vergleichbar den nationalen allgemeinen bauaufsichtlichen Zulassungen durch das Deutsche Institut für Bautechnik (DIBt), können für Produkte (wie z.B. Spannverfahren) erteilt werden, für die weder eine harmonisierte europäische Produktnorm noch ein EU-Mandat für eine harmonisierte Norm vorliegt. Zur organisatorischen Abwicklung europäischer technischer Zulassungen wurde 1991 ein übergreifendes Gremium, die EOTA (European Organisation for Technical Approvals) mit Sitz in Brüssel geschaffen, dem die nationalen Zulassungsstellen – für Deutschland das DIBt – als Mitglieder angehören. In den 25 Mitgliedsnationen der EOTA gibt es derzeit 40 Zulassungsbehörden.

ETAs (European Technical Approvals) werden auf der Grundlage von Leitlinien – den ETAG's (ETA Guidelines) – erteilt, die sowohl konkrete Anforderungen an das Produkt und die zugehörigen Prüfverfahren, als auch Methoden zur Auswertung und Beurteilung der Prüfergebnisse enthalten. Die ETAG 013 „Spannverfahren zur Vorspannung von Tragwerken" [18] wurde 2002 verbindlich für die Erteilung von ETAs für Spannverfahren zur Vorspannung von Tragwerken, nachdem sie von der Europäischen Kommission nach Befassung im Ständigen Ausschuss für das Bauwesen angenommen wurde.

Nach Vorliegen aller Untersuchungs- und Bewertungsunterlagen erstellt die Zulassungsbehörde, bei der die Zulassung beantragt wurde, einen Zulassungsentwurf und einen Evaluation Report, der an alle Zulassungsbehörden versandt wird. Einsprüche sind innerhalb kurzer Zeit (zwei Monate) zu formulieren und werden – ggf. unter Einbeziehung des Antragstellers - diskutiert. Dabei ist unter den Zulassungsstellen Konsens anzustreben. Anschließend wird die Endfassung der Zulassung erarbeitet und diese an alle Zulassungsstellen und die EOTA übersandt. Die EOTA leitet diese Endfassung weiter an die EG – Kommission (Ständiger Ausschuss für das Bauwesen), die die Zulassung dann annimmt.

4.5 Anforderungsprofil an Spannverfahren mit intern verbundlosen Spanngliedern

Das Anforderungsprofil an ein Spannverfahren – und damit die Akzeptanzkriterien für die Zulassung eines Spannverfahrens – ist in der ETAG 013 beschrieben. Dabei werden zunächst Anforderungen beschrieben, die alle Vorspannkonzepte erfüllen müssen, und durch darüber hinausgehende Anforderungen für optionale Verwendungskategorien und für innovative Vorspannverfahren ergänzt [22].

4.5.1 Nachweis des Widerstands gegen statische und dynamische Beanspruchung

Die erforderlichen Nachweise für Widerstand gegen statische und dynamische Beanspruchung werden großteils experimentell geführt. Dabei ist im Vorfeld zu überprüfen, inwieweit die zu einem Spannverfahren gehörigen Spannglieder ähnlich sind. Aus dieser definierten Reihe ist dann ein maßgebendes kleines, mittleres und großes Spannglied auszuwählen und in Zugversuchen zu untersuchen. In den Versuchen müssen alle Verankerungs- und Kopplungselemente unter den üblichen Geometrieverhältnissen eingebaut werden. Inwieweit sich bei intern verbundlosen Spanngliedern wie bei der Vorspannung mit externen Spanngliedern überwiegend Muffenkopplungen durchsetzen werden, wird sich insbesondere unter dem Aspekt der großen Diskontinuität, die eine solche Muffe im Koppelfugenbereich darstellt, zeigen.

Bei den statischen Zugversuchen wird die Last im Versuch kontinuierlich gesteigert. Unabhängig von verwendeter Norm, die ein zulässiges Spannungsniveau vorgibt, muss mindestens eine Maximallast von mehr als 95% der Istbruchlast des Spannglieds bei einer Dehnung von mehr als 2% erreicht werden. Dieser Nachweis ist zu führen, auch wenn bei intern verbundlosen Spanngliedern auch im Grenzzustand der Tragfähigkeit kaum die Streckgrenze des Spannstahls erreicht wird.

Ähnlich wie bei externen Spanngliedern treten bei intern verbundlosen Spanngliedern nur geringe Spannungszuwächse aus Verkehrs- und Temperaturlasten auf, da sich auf Grund des nicht vorhandenen Verbunds Längenänderungen nur aus Verformungen am Gesamtsystem und nicht lokal ergeben. Dennoch ist der Widerstand gegen dynamische Beanspruchung mit einer Schwingbreite von 80 N/mm^2 bei einer Lastwechselzahl von $2 \cdot 10^6$ zu führen. Diese Gleichstellung lässt sich damit begründen, dass im DIN Fachbericht 102 „Betonbrücken" [16] nur eine Wöhlerlinie unabhängig vom gewählten Vorspannkonzept enthalten ist, die dann den Betriebsfestigkeitsnachweisen zu Grunde gelegt wird.

4.5.2 Lastübertragung der Vorspannkraft auf den Beton

Die Lastübertragung auf das Bauwerk wird in Versuchen unter Druckschwellbelastung untersucht. Dabei wird ein Versuchskörper betoniert, dessen Außenabmessungen den Achsabständen des Spannglieds entsprechen. Sämtliche Verankerungskomponenten sowie das Hüllrohr werden originalgetreu verwendet. Die Prüfung findet bei der Betonfestigkeit statt, bei der im Bauwerk das Vorspannen erfolgen soll. Im Versuch muss mindestens die 1,1-fache Nennbruchlast des Spannglieds erreicht werden. Definierte Rissbreiten bei den einzelnen Laststufen bzw. Zyklen müssen eingehalten werden. In ETAG 013 wird der Korrosionsschutz des Spannglieds für die zulässigen Werte der Rissbreiten nicht berücksichtigt, so dass unabhängig vom verwendeten Vorspannkonzept identische Rissbreitenkriterien zu erfüllen sind, was unter dem Dauerhaftigkeitsaspekt für den Verankerungsbereich (insbesondere für den Wendelstahl) gerechtfertigt ist.

4.5.3 Reibungsverhalten und Ausführbarkeit

Da sich das Reibungsverhalten signifikant von Spanngliedern mit nachträglichem Verbund unterscheidet und auch Unterschiede zu externen Spanngliedern vorhanden sind – bei externen Spanngliedern gleitet beim Vorspannen das Spannglied über den Umlenksattel, bei intern verbundlosen Spanngliedern rutschen die Litzen bzw. Drähte im Hüllrohr – muss der Reibungskoeffizent experimentell ermittelt werden. Hierzu wird bei bekannten planmäßigen Umlenkverhältnissen das Spannglied stufenweise vorgespannt, an Fest- und Spannanker die Kraft gemessen und daraus der Reibungskoeffizent berechnet. Für intern verbundlose Spanngliedern liegt dieser bei ca. 0,06 und beträgt damit weniger als ein Drittel des Werts bei Vorspannung mit nachträglichem Verbund. In Abhängigkeit von der Steifigkeit der Hüllrohre wird ein Unterstützungsabstand von ca. 1,50 m bis 1,80 m vorgeschlagen, was zu einem unplanmäßigen Umlenkwinkel von ca. $\beta = 0,3$ °/m (ähnlich wie bei herkömmlichen Systemen mit Vorspannung im nachträglichem Verbund) führt. Für interne Spannglieder sieht die ETAG 013 eine Zusammenbau-/Montage-/Spannprüfung vor, bei der das Nachspannen und ein Spanngliedaustausch simuliert wird. Wird der Versuch zum Reibungsverhalten an einem Versuchsträger durchgeführt, kann ebenfalls das Nachspannen und Austauschen simuliert werden.

4.5.4 Dauerhaftigkeit

Für intern verbundlose Spannglieder müssen zusätzliche Nachweise für den Korrosionsschutz erbracht werden. Wesentlicher Bestandteil des Korrosionsschutzsystems ist die mindestens einfache PE-Ummantelung der Litzen bzw. Drähte. Beim Vorspannen gleitet der Spannstahl innerhalb des Hüllrohrs bzw. der PE-Umhüllung bei Bandspanngliedern. Durch die Umlenkpressungen schneidet sich der Spannstahl in das PE-Material ein und führt zu einer Reduzierung der Wandstärken. Nach ETAG 013 muss ein Versuch durchgeführt werden, bei dem eine Spanngliedumlenkung von $\alpha \geq 14°$ mit dem minimalen Umlenkradius (bei einer Lage übereinanderliegender Litzen ungefähr 2,50 m) nachgebildet wird. Die maximale Vorspannkraft muss für die Prüfung bei 70 % der Nennbruchlast des Spannglieds liegen (Prüfung der Kurzzeitfestigkeit). Nach Erreichen der Höchstlast ist das Spannglied unter dieser Last mindestens 800 mm durch den Versuchsträger zu bewegen. Nach Erreichen der Gesamtverschiebung ist die Belastung über 21 Tage zu halten (Untersuchung des Kriecheinflusses). Dabei hat sich gezeigt, dass die in der Versuchsrichtlinie geforderte Standzeit von 21 Tagen eine realistische Forderung darstellt, da innerhalb dieses Zeitraums ein Großteil der Eindrückung ins PE-Material abgeschlossen ist. Anschließend wird das Spannglied entspannt und auf einer Länge zerlegt, die mindestens der aufgebrachten Spanngliedverschiebung entspricht. Der Versuch gilt als Nachweis für die Eignung des Korrosionsschutzes, wenn

- die Ummantelung des Zugelements nicht durchschnitten oder aufgerissen ist
- aus dem Hüllrohr keine Korrosionsschutzmasse austritt
- das mit den Zugelementen in Berührung stehende Spanngliedhüllrohr nicht von Zugelementen durchschnitten ist
- die nach der Prüfung gemessenen Mindestrestwanddicken des Hüllrohrs bzw. die Mindestrestummantelungsdicken nicht weniger als 50 % der ursprünglichen Dicke betragen, auf keinen Fall jedoch kleiner als 0,8 mm sind.

Grundsätzlich bleibt dabei zu überdenken, ob wie bei den externen Spanngliedern zum Nachweis der Dauerhaftigkeit des Korrosionsschutzes ein Dehnweg von 800 mm relevant ist, da das Hauptanwendungsgebiet von intern verbundlosen Spanngliedern im Brückenbau bei Brücken mit Plattenbalkenquerschnitt liegen wird und dabei wohl Spanngliedlängen von über 100 m, die zu einem Dehnweg von 800 mm führen, selten auftreten werden. Ob Forderungen, dass – um ein Auswechseln des Spannglieds planmäßig vorzusehen – der Gleitweg bei Einhaltung der Mindestrestwandstärken zweimal aufzubringen sein muss, sinnvoll sind, bleibt unter dem Aspekt zu überdenken, dass die Auswechselbarkeit nicht die vordergründige Entscheidung für das Vorspannkonzept „intern verbundlos" darstellt.

Für etwaige Beschädigungen des Korrosionsschutzes beim Einbau müssen entsprechende Reparaturen möglich sein. Die reparierten Stellen müssen DIN 30672 [23] (Anforderungsklasse B bei Betriebstemperaturen von 30°C) entsprechen.

Um eine gleichbleibende Qualität der Korrosionsschutzmasse zu erreichen, muss diese genau spezifiziert sein und im Rahmen von Fremd- und Eigenüberwachung wesentliche Werte wie Wärmestandfestigkeit, Tropfpunkt, Viskosität und Wasseraufnahme untersucht werden.

4.6 Konstruktive Sicherstellung des Korrosionsschutzes im Verankerungsbereich

Die Funktionstüchtigkeit des Korrosionsschutzes muss über die gesamte Spanngliedlänge beginnend bei dem Festanker über Kopplungen bis zum Spannanker eingehalten sein. Die Endverankerungen werden üblicherweise mit PE - Stutzen, Korrosionsschutzgehäusen oder Kappen geschützt. Diese müssen – wenn die Nachspannbarkeit bzw. Auswechselbarkeit gewünscht ist – evtl. so lang sein, dass entsprechende Litzenüberstände zum Aufsetzen einer Spannpresse darunter Platz finden.

Besondere Überlegungen müssen auch für den Übergangsbereich zwischen Verankerung und freier Spanngliedlage durchgeführt werden. Die Abdichtung der Übergänge erfolgt meistens mit Übergangsrohren, die mit PE-Klebeband abgedichtet werden. Evtl. erforderliche Beschichtungen werden üblicherweise mit Denso-Jet-Masse ausgeführt. In den Zulassungen wird meistens eine Mindestübergreifunglänge zwischen PE-Verrohrung im Verankerungsbereich und PE-Mänteln/Hüllrohren vorgeschreiben. Bei Festlegung der Mindesteinbindelänge des Übergangsrohrs in das Hüllrohr müssen Temperatureinflüsse und Bautoleranzen berücksichtigt werden.

Bisher war es gängige Praxis, dass ein Aufstauchen der Monolitzenmäntel vor den Verankerungen (Keilen) zu vermeiden ist. Inwieweit ein Aufstauchen von PE-Mänteln vor dem Keil innerhalb des Betonquerschnitts ohne Aufplatzen des PE-Mantels möglich ist, werden künftige Untersuchungen zeigen.

4.7 Weitere Konstruktionsdetails bei intern verbundlosen Spanngliedern

Anders als bei Vorspannung mit nachträglichem Verbund, wo ein Drahtbruch in den seltensten Fällen zum Herausschießen von Drähten bzw. Litzen führen wird, sind bei verbundlosen Spanngliedern Schutzmaßnahmen gegen das Herausschießen von Zugelementen vorzusehen. Hierzu werden hinter den Endverankerungen Sicherungsbleche, Stahlkappen oder Vorsatzbetonstreifen angebracht.

5 Zusammenfassung

Die verbundlose interne Längsvorspannung ist eine aktuelle Entwicklung im Brückenbau mit dem Ziel unterhaltsfreundliche Bauwerke zu erstellen. Der Vorteil der verbundlosen Vorspannung liegt nicht nur in der besseren Kontrollierbarkeit und Austauschbarkeit der Spannglieder, sondern auch in dem besseren Ankündigungsverhalten eines Spanngliedausfalles durch eine progressive, gut erkennbare Rissbildung im Bauwerk. Dieser Effekt stellt eine deutliche Erleichterung bei der Brückenprüfung dar, da der Einzelriss für die Tragsicherheit an Bedeutung verliert.

Für die interne verbundlose Vorspannung werden Spannglieder verwendet, die ähnlich aufgebaut sind wie die externen Spannglieder. Das Verhalten der Spannglieder beim Vorspannen weicht zum Teil jedoch erheblich von der externen Vorspannung ab. Es sind daher bei der Entwicklung der internen Spannglieder Anpassungen notwendig gewesen.

Gerade die Schaffung europäisch technischer Zulassungen für intern verbundlose Spannglieder ermöglicht den Zulassungsinhabern eine Marktausweitung über die deutschen Grenzen hinaus und bietet Einsatzpotential in Ländern, in der dieses Vorspannkonzept bisher noch nie eingesetzt wurde.

In der Konstruktion der Bauwerke ist zu beachten, dass die verbundlosen internen Spannglieder größerer Abmessungen haben als solche mit nachträglichem Verbund. Der Betonquerschnitt wird teilweise erheblich geschwächt, was bei Konstruktion der zu beachten ist.

Literatur

[1]   Eibl, J.; Iványi, G.; Buschmeyer, W.; Kobler, G.: Vorspannung ohne Verbund, Technik und Anwendung. Betonkalender 1995, Teil II. Berlin: Ernst & Sohn Verlag.

[2]   König, G. et al.: Schadensverlauf bei Korrosion des Spannbewehrung, Deutscher Ausschuss für Stahlbeton, Heft 469. Berlin: Beuth – Verlag 1996.

[3]   König, G.; Schießl, P.; Zilch, K.: Sicherheit im Spannbetonbau, Münchener Massivbau – Seminar, München. Tagungsband München: Lehrstuhl für Massivbau 1998.

[4]   Zilch, K.; Penka, E.: Long term measurements for fatigue loading of prestressed concrete bridges: In: Bridge Management 4 - Inspection Maintenance Assessment and Repair, Herausgeber: M J Ryall, G A R Parke, J E Harding, Thomas Telford 2000.

[5]   Fédération International Du Béton (fib): Monitoring and safety evaluation of existing concrete structures, State-of-art report prepared by Task Group 5.1, Springer-Digital-Druck, Stuttgart, 2003.

[6]   Zilch, K.; Hennecke, M.: Ausführungsbeispiel aus Deutschland. In: Österreichische Vereinigung für Beton und Baitechnik (Hrsg.) : Externe Vorspannung, Heft 45, Wien, 2000.

[7]   Bundesministerium für Verkehr, Bau- und Wohnungswesen: Richtlinie für Betonbrücken mit externen Spanngliedern, August 1999.

[8]   Iványi, G.; Voß, W.; Buschmeyer, W.: Fußgängerbrücke Heidegrundweg, Beton und Stahlbeton 88, 1993, Heft 6, S.167 – 169.

[9]   Zilch, K.; Göger, G.; Roos, F.; Gläser, Ch.: Fertigteilbrückenbauwerk mit Hochleistungsbeton B 85 und verbundloser interner Längsvorspannung (Ortsumgehung Bad Griesbach St 2116). Bauingenieur 76 (2001), S. 157 – 161.

[10]   Zilch, K.; Hennecke, M.: Anwendung von hochfestem Beton im Brückenbau. Deutscher Ausschuß für Stahlbeton (DAfStb) Heft 522. Beuth-Verlag Berlin. August 1995.

[11]   Deutscher Ausschuss für Stahlbeton (DAfStb): Richtlinie für hochfesten Beton. Ergänzung zu DIN 1045/07.88 für die Festigkeitsklassen B 65 bis B 115. Beuth-Verlag Berlin. August 1995.

[12]   Deutsches Institut für Normung: DIN 4227-Teil 1: „Spannbeton - Bauteile aus Normalbeton mit beschränkter oder voller Vorspannung". Berlin, 1988.

[13]   Pfisterer, H.; Fritsche, L.; Scheibe, M.; Zilch, K.; Hennecke, M.; Leonhardt, G.: Innovatives Bauobjekt – Brücke mit interner Vorspannung ohne Verbund als Pilotprojekt im Zuge der BAB A 99 West Autobahnring München. Bauingenieur 78 (2003), S. 165 – 171.

[14]   Deutsches Institut für Normung: DIN 4227-Teil 6: „Spannbeton; Bauteile mit Vorspannung ohne Verbund". Berlin, 1982.

[15]   Fritsche, F.; Hennecke, M.; Pfisterer, H.; Willberg, U.: Die verbundlose interne Vorspannung, Das Pilotprojekt Streiflacher Weg, Beton und Stahlbeton 99, 2004, Heft 8, S 634 – 640.

[16]   DIN Fachbericht 102: Betonbrücken. Berlin – Wien – Zürich, Beuth – Verlag, 2003.

[17]   Deutsches Institut für Normung: DIN V 4227-Teil 5: „Spannbeton; Bauteile mit Vorspannung ohne Verbund". Berlin, 1991.

[18]   EOTA: ETAG 013: Guideline for Europcan technical approval of post-tensioning kits for prestressing of structures. Ausgabe Juni 2002.

[19]   Deutsches Institut für Bautechnik: Allgemeine Bauaufsichtliche Zulassung für das Litzenspannverfahren „VT-CMM D für externe Vorspannung", Zulassungsnummer Z-13.1-78 der Fa. Vorspann-Technik GmbH & Co KG. Berlin 2003.

[20]   Deutsches Institut für Bautechnik: Allgemeine Bauaufsichtliche Zulassung für das Spannverfahren „SUSPA Draht-Ex für externe Vorspannung", Zulassungsnummer Z-13.3-85 der Fa. SUSPA-DSI GmbH. Berlin April 2003.

[21]   Deutsches Institut für Bautechnik: Allgemeine Bauaufsichtliche Zulassung für das Spannverfahren „SUSPA-Draht intern ohne Verbund", Zulassungsnummer Z-13.2-109 der Fa. SUSPA-DSI GmbH. Berlin März 2004.

[22]   Gläser, Ch.: Spannverfahren im 21. Jahrhundert - gewandelte Anforderungen an ein dauerhaftes Produkt. In: Festschrift 60. Geburtstag Professor Zilch. Springer-VDI-Verlag. Düsseldorf 2004.

[23]   Deutsches Institut für Normung: DIN 30672 „Organische Umhüllungen für den Korrosionsschutz von in Böden und Wässern verlegten Rohrleitungen für Dauerbetriebstemperaturen bis 50 °C ohne kathodischen Korrosionsschutz - Bänder und schrumpfende Materialien". Berlin, Dezember 2000.

6 Projekttabelle

	Bauherr	Amt	Baujahr	Spannweiten [m]	Querschnitt	Spannverfahren	Entwurf und Ausschreibung	Konzeptberatung	Ausführungsplanung	Prüfingenieur
Heidegrund	Landschaftsverband West-falen - Lippe	SBA Detmold	1991	12,15 – 15,20 – 15,20 – 12,50	Plattenbalken	SUSPA	Prof. Dr.-Ing. G. Iványi		Dipl.-Ing. R. Menke und Dipl.-Ing. H. Köhler, Münster/ Dortmund	Prof. Dr.-Ing. G. Iványi
Bad Griesbach	Freistaat Bayern	SBA Passau	2000	28, 74	Fertigteile mit Ortbeton-ergänzung	VT, Salzburg	Ingenieurbüro Prof. Bulicek, Passau	Prof. Dr.-Ing. K. Zilch	Ingenieurbüro Prof. Bulicek, Passau	Prof. Dr.-Ing. K. Zilch
Germering	Bundesrepublik Deutschland	ABD Südbayern	2001	24,60 – 24,60	Platte	SUSPA	Dipl.-Ing. Placht + Partner, München	Prof. Dr.-Ing. K. Zilch	Fritsche Ingenieure, Deggendorf	Prof. Dr.-Ing. K. Zilch
Streiflacher Weg	Bundesrepublik Deutschland	ABD Südbayern	2004	33,21 – 33,75	Plattenbalken	SUSPA – DSI	Zilch + Müller Ingenieure GmbH, München		Zilch + Müller Ingenieure GmbH, München	Dipl.-Ing. L. Fritsche
Roßriether-grabenbrücke	Bundesrepublik Deutschland	SBA Schweinfurt	2005	40,0 – 50,0 – 40,0	Kasten-querschnitt		Prof. Eibl SBA Schweinfurt	Zilch – Müller – Hennecke		Prof. Dr.-Ing. K. Zilch
Großburgwedel	Bundesrepublik Deutschland	SBA Hannover	2004	48,0 – 52,0	Plattenbalken	SUSPA – DSI	Lindschulte, Nordhorn		Eurovia, Oebisfelde	Prof. Dr.-Ing. Grünberg

Besonderheiten bei der Bemessung integraler Betonbrücken

Carl-Alexander Graubner, Eberhard Pelke, Martin Zink

1   Einleitung

In der Praxis kommen vermehrt integrale Straßenbrücken zur Ausführung, bei denen auf Lager und Übergangskonstruktionen gänzlich verzichtet wird. Die zyklisch auftretenden Verformungen der Tragwerksenden infolge Temperatureinwirkung beanspruchen bei integralen Tragwerken die Hinterfüllung und die Gründung der Widerlager. Die so entstehende Wechselwirkung zwischen Bauwerk, Baugrund und Hinterfüllung gehört zu den wesentlichen Merkmalen der integralen Bauweise. Ihre Erfassung bei der Tragwerksberechnung und der konstruktiven Durchbildung des Übergangs vom Bauwerk auf die Hinterfüllung werden bislang in Deutschland trotz klarer Vorgaben des Bauherrn sehr unterschiedlich berücksichtigt.

Die Hessische Straßen- und Verkehrsverwaltung (HSVV) als Auftragsverwaltung der Bauherrn Bund, Land Hessen und der Hessischen Kreise trägt die Verantwortung für eine Straßeninfrastruktur von rund 15.300 km Straßen in deren Zuge ca. 7.000 Brücken liegen. Oberstes Leitziel der HSVV ist die Sicherstellung der Mobilität der Bürger bei effizientem Mitteleinsatz ohne dabei die erreichte Baukultur im deutschen Straßenverkehrswegebau zu vernachlässigen.

Aus Sicht des Bauherrn ist eine neue Bauweise dann erfolgreich, wenn sie bei definierter Produktqualität und moderaten Baukosten einen minimalen Aufwand bei Erhaltung und Unterhaltung während der Nutzungsdauer bietet.

Integrale Brücken kommen gänzlich ohne Lager und Dehnfugen aus. Der Überbau ist monolithisch mit den Widerlagern und Mittelstützungen verbunden. Das gesamte Bauwerk ist in Baugrund und Hinterfüllung eingebettet. Die integrale Bauweise bietet Einsparungen bei Wartung und Unterhaltung. Sorgfältig geplant, führt die einfache Konstruktion der integralen Brücken zu reduzierten Baumassen und verkürzten Bauzeiten. Die monolithische Verbindung von Überbau und Widerlager erlaubt ästhetisch sehr ansprechende Lösungen, die auch aus statischer Sicht, z. B. durch Nutzung der Rahmenwirkung, überzeugen. Die Rahmenwirkung erschließt Systemreserven durch mögliche Schnittgrößenumlagerungen und führt zu einem robusten Tragverhalten. Die

Univ.-Prof. Dr.-Ing. Carl-Alexander Graubner, Dr.-Ing. Martin Zink, König, Heunisch und Partner, Beratende Ingenieure für Bauwesen, Frankfurt am Main, Dipl.-Ing. Eberhard Pelke, Hessisches Landesamt für Straßen- und Verkehrswesen, Wiesbaden

Besonderheiten von integralen Brücken wurden ausführlich in [3], [6] und [11] u. a. von *Schlaich* et al. erläutert. Zusammenfassend können folgende Vorteile aufgeführt werden [9]:

– Verminderung der Herstellkosten

– Verminderung der Instandsetzungskosten durch Wegfall wartungsintensiver Bauteile

– Vereinfachter und schnellerer Bauablauf durch den Wegfall von Lagern und Dehnfugen mit ihren geringen Toleranzen und ihrer Einbauabfolge

– Höherer Fahrkomfort

– Dauerhafte und wartungsunabhängige Vermeidung von direktem Taumittelzutritt zu Konstruktionsteilen unterhalb der Fahrbahn

– Verringerung der Gefahr von ungleichmäßigen Setzungen und Pfeilerschiefstellung

– Ausgleich möglicher abhebender Kräfte aus dem Überbau durch das Eigengewicht der Widerlager

– Kürzere Endfelder erlauben bei 3-feldrigen Überbauten eine größere Mittelöffnung

– Größere Traglastreserven durch Umlagerungsmöglichkeiten für die Schnittgrößen im Grenzzustand der Tragfähigkeit

Die genannten technischen Vorteile verknüpfen sich mit den oben aufgeführten Leitzielen der Hessischen Straßen- und Verkehrsverwaltung und werden zu einem verstärkten Einsatz der integralen Bauweise für Brücken mit kleinen und mittleren Gesamtlängen führen. Einzelne ausgeführte Bauwerke erreichen Längen über 100 m (Bild 1). Integrale Brücken zur Überführung von Wirtschaftswegen waren vom BMVBW bis zur Einführung der DIN-Fachberichte in Musterentwürfen aufbereitet [1]. Bei der statischen Berechnung integraler Brücken sind einige Besonderheiten zu beachten, die insbesondere das Zusammenwirken von Baugrund und Bauwerk betreffen.

Bild 1: Südbrücke Berching - Integrales Tragwerk mit ca. 107 m Länge

2 Tragverhalten

Integrale Brücken sind den gleichen klimatischen Temperatureinwirkungen unterworfen wie herkömmliche Brücken (Bild 2). Bei üblichen Abmessungen werden nur geringe Anteile der freien Überbauverformung durch Zwang behindert. Vereinfachend kann i. d. R. angenommen werden, dass die Längenänderungen des Überbaus infolge Temperaturschwankung ΔT_N (Bild 3) weitgehend unbehindert auftreten können. Die Verschiebungen und Verdrehungen infolge Temperaturschwankung wirken dann auf Baugrund und Hinterfüllung, in welche die Brücke eingebettet ist (Bild 4). Im Jahreszyklus mit seinen Extremwerten treten zahlreiche Zyklen mit kleineren Temperaturschwankungen auf.

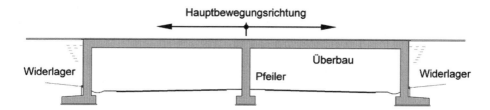

Bild 2: *Integrale Brücke ohne Lager und Dehnfugen*

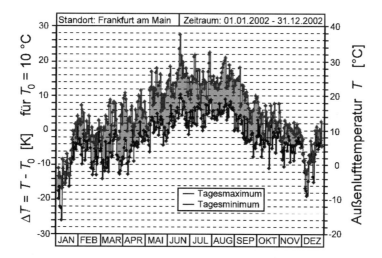

Bild 3: *Jahresverlauf der Temperatureinwirkungen für Frankfurt am Main nach Daten aus [14]*

Infolge der behinderten Verformung entstehen unter Temperaturbeanspruchung oder ungleichmäßiger Stützensenkung Zwangbeanspruchungen, die das Verhalten des Gesamttragwerks insbesondere im Grenzzustand der Gebrauchstauglichkeit (GZG) beeinflussen. In der jeweils maßgebenden Einwirkungskombination sind die Zwangschnittgrößen nach DIN-Fachbericht 102 zu berücksichtigen.

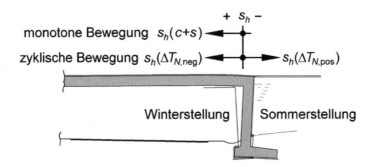

Bild 4:   Zyklische und monotone Wandverschiebungen s_h bei integralen Brücken

Die Anforderungen an den Baugrund sind bei integralen Brücken dabei zunächst gegensätzlich. Wie bei herkömmlichen Brücken sollte die Gründung einerseits setzungsarm, also steif ausgebildet werden. Zur Beherrschung der Zwangschnittgrößen im Bauwerk ist jedoch eine gewisse Nachgiebigkeit von Gründung, Hinterfüllung und Unterbauten erforderlich. Diese konkurrierenden Anforderungen stellen bei integralen Brücken eine zusätzliche Optimierungsaufgabe an den entwerfenden Ingenieur.

Die Größe der auftretenden Zwangbeanspruchungen hängt deutlich von der Bauwerksgeometrie, den Steifigkeitsverhältnissen zwischen Überbau und Unterbauten sowie von der Steifigkeit des Baugrundes ab. Die wirklichkeitsnahe Modellierung der Bauwerks- und Baugrundsteifigkeiten ist von entscheidender Bedeutung, um mit dem Rechenmodell die tatsächlichen Beanspruchungen erfassen zu können. Bei der Abbildung des Baugrundes liegt der Ansatz „ungünstiger" Bodenkennwerte – wie sie vom Bodengutachter üblicherweise angegeben werden – nicht auf der sicheren Seite. Wird die Baugrundsteifigkeit zu niedrig angesetzt, so werden die infolge Temperatureinwirkung und Vorspannung entstehenden Zwangschnittgrößen unterschätzt. Bei integralen Brücken ist es deshalb i. d. R. notwendig, getrennte Berechnungen der auftretenden Zwangschnittgrößen unter Berücksichtigung von oberen und unteren Grenzen der Bodenkennwerte durchzuführen.

Im Grenzzustand der Tragfähigkeit (GZT) werden die aus Zwang entstehenden Schnittgrößen in Betonbauteilen wegen des Steifigkeitsabfalls infolge Rissbildung deutlich vermindert. Bislang durften die Zwangschnittkräfte deshalb nach DIN 1075, Abschnitt 7.1.2 bei monolithischen Straßenbrücken bis 20 m Länge vernachlässigt werden. Das neue Bemessungskonzept der DIN-Fachberichte lässt diese Vereinfachung nicht mehr zu. Der Abbau der Zwangschnittkräfte darf gemäß ARS 11/2003 durch die pauschale Abminderung der Steifigkeit auf 60 % des Zustandes I berücksichtigt werden. Auch für eine genauere Berechnung, bei welcher der Steifigkeitsabfall mit Hilfe nichtlinearer Verfahren ermittelt wird, müssen mindestens 40 % der Steifigkeiten des ungerissenen Zustandes angesetzt werden.

Ausführliche Empfehlungen für den Entwurf und die Bemessung integraler Brücken haben *Schlaich* et al. in [3] zusammengestellt. Weitere Hinweise und Beispiele sind in [9] enthalten. Wesentlich sind die wirklichkeitsnahe Ermittlung und Beherrschung der

Zwangschnittgrößen im Tragwerk sowie die konstruktive Gestaltung des Übergangs zwischen Bauwerk und Hinterfüllung (siehe Abschnitt 4). Durch sorgfältige Wahl der Geometrie und der Werkstoffe sind die Zwangschnittgrößen so zu begrenzen, dass sie nicht bestimmend für die Bemessung werden [9]. Bei vorgespannten Tragwerken ist zu beachten, dass ein Teil der Vorspannkraft nicht im Überbau wirksam wird, sondern über die Unterbauten direkt in den Baugrund abfließt.

Die Zwangschnittgrößen unter einer gegebenen Einwirkung hängen von der Steifigkeit des Bauwerks und des Baugrundes ab. Auf die Berücksichtigung von Baugrund und Hinterfüllung wird im Folgenden noch genauer eingegangen. Die Steifigkeit des Bauwerks wird neben der Geometrie vor allem durch den Elastizitätsmodul des Betons bestimmt. Da der E-Modul erheblich von den tabellierten Erwartungswerten E_{c0m} der Norm abweichen kann, ist die Berechnung mit einem durch Werkstoffprüfungen abgesicherten E-Modul durchzuführen. Das Ergebnis der E-Modulprüfungen entspricht dabei dem Tangentenmodul E_{c0} nach DIN-Fachbericht 102 [2], [9]. *Schlaich* et al. empfehlen zusätzlich die Ermittlung der Wärmedehnzahl α_T [3].

3 Boden-Bauwerk-Interaktion

3.1 Erddruck aus der Hinterfüllung

Der im ungestörten Zustand theoretisch vorhandene Erdruhedruck E_0 wird schon bei kleinen positiven Wandverschiebungen s_h auf den aktiven Erddruck abgebaut. Bci integralen Brücken werden infolge Temperaturänderung $\Delta T_{N,pos}$ negative Wandverschiebungen $s_h < 0$ erzwungen. Über den Erdruhedruck E_0 hinaus können deshalb insbesondere in den oberen Bodenschichten Teile des passiven Erddrucks geweckt werden (Bild 5). In DIN 4085 sind nur für den Grenzfall des vollen passiven Erddrucks Spannungsverteilungen angegeben (Bild 5).

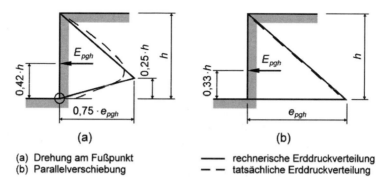

(a) Drehung am Fußpunkt   ——— rechnerische Erddruckverteilung
(b) Parallelverschiebung   – – – tatsächliche Erddruckverteilung

Bild 5: *Passiver Erddruck aus Bodeneigenlast bei verschiedenen negativen Wandbewegungen [DIN 4085, Beiblatt 1, Auszug Bild 4]*

Die Größe des geweckten Erdwiderstandes hängt von der aufgezwungen, horizontalen Widerlagerverschiebung s_h ab. Für hohe Widerlager kann i. d. R. eine Fußpunktverdrehung angenommen werden. Die Größe des Erddrucks bei monotoner Verschiebung kann dabei entsprechend dem Merkblatt über den Einfluss der Hinterfüllung auf Bauwerke [5] abgeschätzt werden. Im Grenzzustand der Gebrauchstauglichkeit (GZG) sollte dabei der Wendepunkt im Erddruckbeiwert-Weg-Diagramm (Bild 6) nicht überschritten werden. Dies wird erreicht, wenn die maximale Kopfverschiebung der Widerlagerwand erdseitig den Betrag von ca. $5 \cdot s_{h,a}$ bzw. 1 % der Wandhöhe h nicht überschreitet.

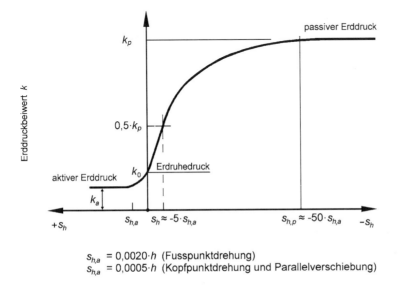

$s_{h,a}$ = 0,0020·h (Fusspunktdrehung)
$s_{h,a}$ = 0,0005·h (Kopfpunktdrehung und Parallelverschiebung)

Bild 6:   Erddruckbeiwert-Weg-Diagramm nach [5]

Durch die zyklische Wiederholung der Bewegung infolge Temperaturschwankung ΔT_N (vgl. Bild 3) wird eine fortschreitende Verdichtung der Hinterfüllung ausgelöst, wie sie von Schleusenwänden bekannt ist [4], [13]. Diese Verdichtungswirkung muss nach den derzeit gültigen Regelungen berücksichtigt werden [5]. Neben einer Erhöhung des Erddrucks in den unteren Schichten hat diese Verdichtung Setzungen im Hinterfüllbereich zur Folge. Bild 7 zeigt die in Versuchen von *England* und *Tsang* beobachteten Setzungen, die anschaulich die Verdichtung der Hinterfüllung belegen [4]. Weitere Setzungen werden durch die monotone positive Wandbewegung s_h aus Kriechen und Schwinden verursacht. Sofern die Setzungen eine für den Fahrkomfort kritische Größenordnung erreicht, müssen Gegenmaßnahmen z. B. durch die Anordnung einer Schlepp-Platte vorgesehen werden.

Als Ergebnis der Auswertung von großmaßstäblichen Modellversuchen hat *Vogt* [13] eine empirische Beziehung aufgestellt, welche die Abhängigkeit zwischen dem mobilisierten Erddruckbeiwert K_{mob} und den Verschiebungen $s_h(z)$ für jede Stelle einer Wand mit der Tiefe z beschreibt [5].

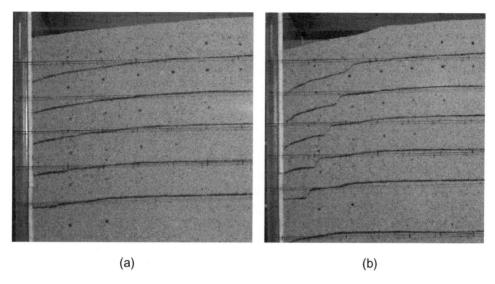

(a)   (b)

Bild 7:   Setzung der Hinterfüllung in Versuchen von England und Tsang mit $s_h/h = 0,005$
nach (a) 25 Jahreszyklen und (b) 55 Jahreszyklen [4]

Für die aktive Mobilisierung gilt ausgehend vom Erdruhedruck nach *Vogt* [13]:

$$K_{a,mob}(z) \;=\; K_0 - (K_0 - K_{ah}) \cdot \frac{s_h/z}{b + s_h/z} \tag{1}$$

Für die passive Mobilisierung gilt entsprechend:

$$K_{ph,mob}(z) \;=\; K_0 + (K_{ph} - K_0) \cdot \frac{s_h/z}{a + s_h/z} \tag{2}$$

Nach [5] liegt der Parameter a der passiven Mobilisierung für dichten bis lockeren Sand zwischen $0,01 \le a \le 0,1$. Für den Hinterfüllbereich kann demnach $a = 0,01$ angesetzt werden. Der Beiwert b liegt bei $b = a/10$ [5]. Für die näherungsweise unbehinderte Verschiebung des Überbaus aus der Temperaturschwankung $\Delta T_{N,pos}$ kann die Verteilung des mobilisierten passiven Erddrucks über die Wandhöhe nach Gl. (3) berechnet werden. Die Wandverschiebung s_h hängt dabei von der Tiefe z ab.

$$e_{ph,mob}(z) \;=\; K_{ph,mob}(s_h/z) \cdot \gamma \cdot z \tag{3}$$

Die Bodenkennwerte sind für jedes Bauwerk im Einzelfall zu bestimmen. Die Hinterfüllung der Widerlager wird bei Straßen- und Wegebrücken jedoch einheitlich nach Richtzeichnung Was 7 des Bundes ausgebildet. Im Grenzzustand der Tragfähigkeit (GZT) wird horizontaler Erddruck mit dem Teilsicherheitsbeiwert $\gamma_{Ginf} = 1,0$ bzw. $\gamma_{Gsup} = 1,5$ belegt (DIN-Fachbericht 101, Tabelle C.1). Unter diesen Voraussetzungen können für die Ermittlung des Erddrucks aus der Hinterfüllung die Baugrundannahmen gemäß Tabelle 1 verwendet werden. Wegen der hohen Druckspannungen bei negativen Wandverschiebungen wird für die passive Mobilisierung ein Wandreibungswinkel $\delta_a = 2/3 \cdot \varphi'$ angenommen. Sofern der mobilisierte Erddruck ungünstig wirkt, darf er auch für $\varphi' = 35°$ unter Annahme einer ebenen Gleitfläche nach *Culmann* berechnet werden. Für eine kohäsionslose Hinterfüllung nach Richtzeichnung WAS 7 mit einem inneren Reibungswinkel von $\varphi' = 35°$ ergeben sich die Grenzwerte des Erddrucks nach Tabelle 2.

Tabelle 1: Baugrundannahmen nach E DIN 1054 [12.2000]

	γ [kN/m³]	φ' [°]	δ_a [°]	$\tan \delta_{S,k}$ [−]	E_a, E_0, E_p [−]	σ_{zul} [kN/m²]	c' [kN/m²]
Hinterfüllung nach Was 7	19	35	0	0 −0,43	$E_{mob}(s_h)$ $k_h(s_h)$	–	0

Tabelle 2: Grenzwerte des Erddruckbeiwertes für drainierte Hinterfüllung mit $\varphi' = 35°$

$\varphi' = 35°$		δ_a [°]	$\tan \delta_{S,k}$ [−]	K [−]	Gleitfläche
Aktiver Erddruck	K_a	0	0	0,27	eben nach *Culmann*
Erdruhedruck	K_0	0	0	0,43	eben nach *Culmann*
Passiver Erddruck	K_{ph}	$-2/3 \cdot \varphi'$	−0,43	7,59 9,15 9,23	gekrümmt nach *Caquot / Kérisel* eben nach *Blum* eben nach *Culmann*

Normiert man die Erddruckverteilung $e_{ph,mob}(z)$ auf die Wandhöhe h des Widerlagers, so kann die Verteilung der Erdruckbeiwerte $K_{ph,mob}$ über die Wandhöhe in Abhängigkeit von der Wandkopfverschiebung anschaulich dargestellt werden. Die Bilder 8 bis 10 zeigen solche Verteilungen für verschieden große Drehungen s_h/h der Wand um den Fußpunkt.

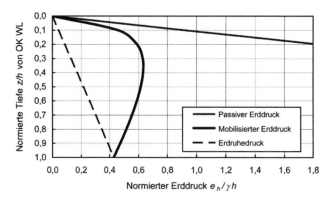

Bild 8: Verteilung des normierten Erddrucks $e_h / \gamma h = K_{ph,mob} \cdot z / h$ über die Wandhöhe für eine relative Kopfverschiebung von $s_h / h = 0,001$

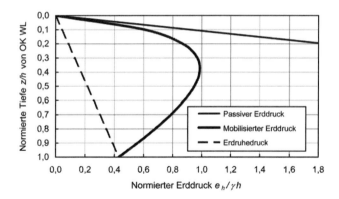

Bild 9:   Verteilung des normierten Erddrucks $e_h / \gamma h = K_{ph,mob} \cdot z / h$ über die Wandhöhe für eine relative Kopfverschiebung von $s_h / h = 0,002$

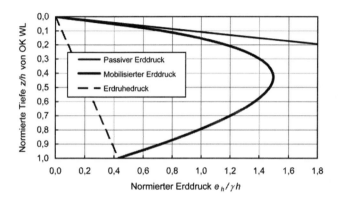

Bild 10: Verteilung des normierten Erddrucks $e_h / \gamma h = K_{ph,mob} \cdot z / h$ über die Wandhöhe für eine relative Kopfverschiebung von $s_h / h = 0,004$

Bei einer Abkühlung des Überbaus kann i. d. R. auch bei unsymmetrischen Bauwerken der aktive Erddruck als Untergrenze für die Reaktion der Hinterfüllung angesetzt werden. Die dafür erforderliche Verschiebung der Widerlager sollte zumindest überschlägig kontrolliert werden.

3.2   Erddruck aus Hinterfüllung bei symmetrischen Bauwerken

Bei symmetrischen Tragwerken ist die Lage des Verschiebungsruhepunktes bekannt. Damit können die Verschiebung der Widerlagerwände und der horizontale Erddruck für die Sommer- und Winterstellung direkt ermittelt werden. Der Erdruhedruck E_0 aus der Hinterfüllung kann als Ausgangswert mit den ständigen Einwirkungen kombiniert werden. Die Temperaturlastfälle $\Delta T_{N,neg}$ und $\Delta T_{N,pos}$ mobilisieren den Erddruck $E_{ah,mob}$ bzw. $E_{ph,mob}$. Diese voneinander abhängigen Lastfälle können in der Berechnung als gemeinsamer Lastfall berücksichtigt werden. Zusammen mit $\Delta T_{N,pos}$ wirkt also $(E_{ph,mob} - E_0)$, während $\Delta T_{N,neg}$ mit $(E_{ah,mob} - E_0)$ überlagert wird. Im GZT ist der Sicherheitsbeiwert für den Erddruck gemäß DIN-Fachbericht 101, Anhang IV-C, Tabelle C.1 mit den Grenzen $\gamma_{G,inf} = 1,0$ bzw. $\gamma_{G,sup} = 1,5$ anzusetzen.

3.3 Erddruck aus Hinterfüllung bei unsymmetrischen Bauwerken

Bei unsymmetrischen Tragwerken hat die Steifigkeit des Tragwerks, der Gründung und der Hinterfüllungen Einfluss auf die Lage des Verschiebungsruhepunktes. Die Verformungen der Widerlager bei Erwärmung $\Delta T_{N,pos}$ des Überbaus können deshalb nur im Rahmen einer genauen Berechnung mit horizontaler Bettung ermittelt werden. Die horizontale Bettung k_h der Widerlagerwände kann dabei aus der Verteilung des mobilisierten Erddrucks über die Höhe nach Gl. (4) ermittelt werden. Die Größe der Wandverschiebung muss zunächst abgeschätzt und nachträglich verifiziert werden.

$$k_h = \frac{e_{ph,mob}(z)}{s_h(z)} \tag{4}$$

Insgesamt kann die horizontale Bettung also in folgenden Schritten bestimmt werden:

– Ermittlung bzw. Abschätzung der Verschiebewege s_h an den Überbauenden aus der positiven Temperaturschwankung $\Delta T_{N,pos}$

– Abschätzung der Verformungsfigur für das Widerlager $s_h(z)$ in der Sommerstellung

– Ermittlung der Beiwerte $K_{ph,mob}$ nach Gl. (2) über die Wandhöhe

– Ermittlung des wirksamen Erddrucks für die Sommerstellung Gl. (3)

– Ermittlung der horizontalen Bettung nach Gl. (4)

Bei der Berechnung ist zu beachten, dass die horizontale Bettung in der Winterstellung keine Zugkräfte bekommt. Für die Bestimmung der Verschiebungen in der Winterstellung sollte die Bettung im statischen System so abgebildet werden, dass der aktive Erddruck als Mindestwert über eine Fließbedingung garantiert wird (vgl. Bild 6).

Die Berechnung mit Bettung liefert die Verschiebungen und damit auch den Verschiebungsruhepunkt. Mit den bekannten Verschiebungen kann der Erddruck zu den Temperaturschwankungen $\Delta T_{N,pos}$ und $\Delta T_{N,neg}$ wieder direkt ermittelt werden. Werden diese Erddruckkräfte als äußere Lasten zusammen mit den zugehörigen Temperaturlastfällen erfasst, so kann für die weitere Berechnung des Gesamtsystems auf die Berücksichtigung der Bettung der Widerlagerwände verzichtet werden.

3.4 Gründung

Wegen der beschriebenen Wechselwirkung muss die Nachgiebigkeit der Gründungssohle in der Berechnung realitätsnah abgebildet werden. Ausgehend von den unter ständigen Einwirkungen vorhandenen Spannungen ist die Setzung für ein gegebenes Fundament in Abhängigkeit vom Steifemodul E_s des Untergrundes zu ermitteln. Neben den vertikalen Verschiebungen sind insbesondere die Verdrehungen der Gründung zu erfassen. Auch die horizontale Bettung von Pfählen ist in Abhängigkeit vom Steifemodul zu ermitteln. Die zyklische Horizontalbewegung kann am besten von vertikalen Pfählen aufgenommen werden. Die Mantelreibung wird durch zyklische Bewegungen des Pfahls im Baugrund nachteilig beeinflusst. Pfähle, die aus Temperatureinwirkungen Verformungen quer zur Pfahlachse erfahren, sind deshalb vorwiegend auf Lastabtragung über Spitzendruck zu bemessen.

Der Steifemodul E_s des Baugrundes kann sehr stark streuen. Da die Zwangschnittgrößen maßgeblich vom Widerstand der Gründungssohle gegen Verdrehen oder von der horizontalen Bettung einer Tiefgründung abhängen, ist bei integralen Bauwerken i. d. R. mit einer oberen und einer unteren Grenze für den Steifemodul E_s zu rechnen. Sofern die Gründungsverhältnisse im Bauwerksbereich weitgehend einheitlich sind, kann für das gesamte Bauwerk jeweils mit der oberen oder unteren Grenze der Verformungsfähigkeit des Baugrundes gerechnet werden. Die oberen und unteren Grenzwerte für die Setzung und den Steifemodul sind vom Baugrundgutachter zu bestätigen. Da die erforderlichen Nachweise am Bauwerk für beide Grenzfälle geführt werden müssen, sollte der obere charakteristische Wert für den Steifemodul höchstens das 5-fache des unteren charakteristischen Wertes betragen. Bei der Festlegung der Werte ist zu beachten, dass die maßgebenden Verformungen nur langsam über mehrere Stunden oder Tage bzw. bei Kriech- und Schwindverformungen über mehrere Jahre entstehen.

4 Übergang Brücke – Hinterfüllung

Bei den meisten integralen Brücken wird die freie Bewegung der Überbauenden unter den klimatischen Temperatureinwirkungen und den zeitabhängigen Überbauverkürzungen nur zu einem geringen Teil behindert. Die verbleibenden Verformungen beanspruchen nicht nur die Hinterfüllung und die Gründung der Widerlager, sie müssen auch in der Fahrbahn aufgenommen bzw. ausgeglichen werden. Neuere Konzepte sehen hier den Einsatz von bewehrten Fahrbahnbelägen oder von Geotextilien im Bereich der Hinterfüllung vor, die eine gleichmäßige Verformung des Hinterfüllbereiches sicherstellen sollen. Es gibt jedoch auch eine Reihe von bewährten Lösungen für den Übergang Brücke – Hinterfüllung, die bei zahlreichen Bauwerken mit Erfolg eingesetzt wurden.

Für Gesamtlängen bis 15 m ist nach Richtzeichnung (RiZ) Abs 1 stets ein Anschluss an die Hinterfüllung ohne besondere Fugenausbildung möglich (Tabelle 4). Anstelle der in RiZ Abs 1 dargestellten Verbindung zwischen Überbau und Widerlager mittels

Betongelenk wird bei integralen Brücken ein vollständiger, z. B. rahmenartiger Anschluss vorgesehen. Ein einfacher Überbauabschluss nach RiZ Abs 3 ist bis zu einem Abstand von 15 m zwischen Verschiebungsruhepunkt und Hinterkante Widerlager zulässig.

Das BMVBW hat in ARS 23/1999 bereits Musterentwürfe für einfeldrige, integrale Verbundüberbauten zur Anwendung empfohlen. Bei einer Gesamtlänge von bis zu 44 m werden die Verformungen zum Damm dort mit einem Fahrbahnübergang aus Asphalt nach ZTV-ING, Abschnitt 8.2 ausgeglichen (Tabelle 4). Mit diesen Übergängen ist ein Dehnweg von 25 mm sowie einen Stauchweg von 12,5 mm möglich. Die Übergänge nach ZTV-ING, Abschnitt 8.2 ruhen im Bereich der Hinterfüllung auf einem Auflagerbalken. Bewegungen, die nicht gleichmäßig über den Hinterfüllbereich auftreten, sollen damit auf den geschützten Fugenspalt unter dem Fahrbahnübergang konzentriert werden. Damit es gelingt, das geringe vertikale Verformungsvermögen der Fahrbahnübergänge aus Asphalt einzuhalten, dürfen nur geringe Setzungen des Auflagerbalkens auftreten. Eine Mindestauflagerbreite von 0,80 m sowie eine frostfreie Gründung in einer Tiefe von ca. 1,10 m sollten eingehalten werden.

Bei Gesamtverformungen s_h > 20 mm ist möglichen Setzungen im Bereich der Hinterfüllung durch die Anordnung einer Schlepp-Platte zu begegnen. Ihre Länge sollte gleich der Höhe der setzungsfähigen Hinterfüllung sein (Gl. 5). Hinweise zur Durchbildung der Schlepp-Platten und zur Größe des setzungsfähigen Bereichs sind u. a. in [4], [11] und [13] zu finden. Weiterhin liegen im Bereich der Straßenbauverwaltung langjährige Erfahrungen mit der Anwendung von Schlepp-Platten vor. In der Hinterfüllung von flach gegründeten Widerlagern treten die größten Setzungen, insbesondere diejenigen aus zyklischen Bewegung, in den oberen 70 % der Wandhöhe auf (siehe auch Bild 7). Pfahlkopfbalken können dagegen insgesamt vorschoben werden, so dass dort mindestens die Bauhöhe als setzungsfähige Höhe der Hinterfüllung anzusetzen ist. Eine Mindestlänge von 3,6 m sollte nicht unterschritten werden (Tabelle 4). Die Schlepp-Platte ist als Einfeldsystem ohne Bettung durch die Hinterfüllung zu bemessen. Der Abtrag der Verkehrslasten in Hinterfüllung und Bauwerk ist nachzuweisen [11].

$$l_{\text{Schlepp-Platte}} \geq h_w + \text{erf } l_{\text{Auflager}} \geq 3,60 \text{ m} \tag{5}$$

mit:

h_w Höhe der setzungswirksamen Hinterfüllung
     $\geq h_{\text{Widerlager}}$ bei verschieblichen Widerlagern, z. B. Pfahlkopfbalken
     $\approx 0,6 \cdot h_{\text{Widerlager}}$ bei näherungsweise unverschieblicher Flachgründung

erf l_{Auflager} Erforderliche Auflagerlänge der Schlepp-Platte
     $\approx 0,2 \cdot h_w$

Sofern die zulässigen Verformungen für Übergänge nach ZTV-ING, Abschnitt 8.2 überschritten werden, sollte die Fahrbahn im Übergangsbereich Brücke – Damm eine Dehnfuge nach RiZ Übe 1 erhalten. Risse im Fahrbahnbelag auf der Hinterfüllung werden wieder durch die Anordnung einer Schlepp-Platte vermieden. Sie gleicht die Setzungen der Hinterfüllung aus und konzentriert die Bewegungen auf den Übergang (Tabelle 4). Die Länge der Schlepp-Platte kann wie zuvor nach Gl. (5) ermittelt werden.

Als Alternative zu einer monolithischen Verbindung zwischen Überbau und Pfeiler ist auch die herkömmliche Ausbildung mit Fuge und Lagern möglich (Tabelle 4). Ein Verzicht auf die monolithische Verbindung zwischen Überbau und Widerlager bietet sich an, wenn die Zwangschnittkräfte infolge des mobilisierten Erddrucks und einer sehr steifen Gründung schwer zu beherrschen sind. Werden nur die Mittelstützungen monolithisch mit dem Überbau verbunden, so spricht man auch von einer semi-integralen Brücke. *Schlaich* et al. ordnen auch solche Bauwerke den lager- und fugenlosen Bauwerken zu [11].

Für übliche Verhältnisse können überschlägig die Verschiebungen nach Tabelle 3 angesetzt werden. Dabei sind die Vorzeichen auf die rechnerische Änderung der Fugenbreite bezogen. Bremskräfte werden bei integralen Bauwerken i. d. R. ohne nennenswerte Verschiebungen abgetragen. Die Werte der Tabelle 3 gelten als Anhaltswerte, die Rechnung für jeden Einzelfall unter den zutreffenden Randbedingungen zu führen. Hinweise zur Ermittlung der Kriech- und Schwindverformungen können bei *Müller* und *Kvitsel* entnommen werden [2], [12].

Tabelle 3: Freie Dehnung für Betonüberbauten in C 35/45 bei üblichen Verhältnissen

Einwirkung		char. Wege Tragwerk [‰]	Anteil für Übergang relativ	char. Wege Übergang [‰]
Abfließende Hydratationswärme		0,100	0	0
Autogenes Schwinden ε_{cas}		0,079	0	0
Trocknungsschwinden ε_{cds}		0,298	1,60 · 0,97	0,462
Vorspannen mit $\sigma_{cp0} = -4,0$ N/mm²		0,109	0	0
Kriechen Spannbeton		0,240	1,35 · 0,65	0,210
Bremsen		≈ 0	1	≈ 0
Temperaturschwankung $\Delta T_{N,neg}$		0,27	37 K / 27 K	0,37
Temperaturschwankung $\Delta T_{N,pos}$		−0,27	37 K / 27 K	−0,37
	Summe Längung	−0,27		−0,37
Spannbeton	Summe Verkürzung	1,10		1,04
	Gesamtdehnung	1,37		1,41
Stahlbeton	Summe Verkürzung	0,75		0,83
	Gesamtdehnung	1,02		1,20

Tabelle 4: Anwendungsbereiche für verschiedene Übergänge Bauwerk – Hinterfüllung

Bauart	Übergang Bauwerk – Hinterfüllung	Bauwerkslänge		
		Dehnweg [mm]	Spannbeton [m]	Stahlbeton [m]
Integrale Brücke	nach RiZ Abs 4 ohne bes. Maßnahmen (Abs 4, ZTV-ING 7.1, Was 7)	≤ 10	≤ 15	≤ 18
	Übergang aus Asphalt nach ZTV-ING, 8.2 (ZTV-ING 8.2, Auflagerbalken konstruktiv bewehrt, 1,10 m, C30/37, Was 7, 80)	≤ 20	≤ 30	≤ 35
	Übergang aus Asphalt mit Schlepp-Platte (ZTV-ING 8.2, Stahlbeton Schlepp-Platte, 50, Gleitschicht, Was 7, 1,2·h_w ≥ 3,6 m)	-12,5 ≤ s_h ≤ 25	≤ 50	≤ 60
	Dehnfuge nach RiZ Übe 1, Schlepp-Platte (Übe 1, Stahlbeton Schlepp-Platte, 50, Gleitschicht, Was 7, 1,2·h_w ≥ 3,6 m)	65	≤ 90	≤ 105
Lager- und fugenlose Brücke (semi-integral)	Dehnfuge nach RiZ Übe 1 (semi-integral) (Übe 1, Was 7, Lag 6)	65	≤ 90	≤ 105

Aus den Dehnwegen der Tabelle 3 können die Anwendungsgrenzen für die verschiedenen gebräuchlichen Übergänge entsprechend Tabelle 4 ermittelt werden. Dabei wird angenommen, dass beide Widerlager etwa gleich ausgebildet und die Mittelstützungen symmetrisch zur Bauwerksmitte angeordnet sind. Der Verschiebungsruhepunkt liegt damit in Bauwerksmitte. Für den Bauwerksabschluss gemäß RiZ Abs 4 wird dabei ein Gesamtdehnweg von ca. 10 mm zugelassen. Größere Dehnwege können auch bei sehr geringen Setzungen im Hinterfüllbereich mittelfristig zu einem unplanmäßigen Öffnen einer Fuge im Belag zwischen Bauwerk und Hinterfüllung führen. Die Anordnung einer Schlepp-Platte wird deshalb ab einem Gesamtdehnweg von ca. 20 mm empfohlen.

Wie bereits bei Tabelle 3 angemerkt, so sind auch die Grenzlängen der Tabelle 4 als Richtwerte zu verstehen. Die Einhaltung der zulässigen Dehnwege ist für jedes Bauwerk im Einzelfall nachzuweisen. Insbesondere der nach Fertigstellung der Übergänge zu erwartende Anteil der zeitabhängigen Verformungen ist in Tabelle 3 nur grob abgeschätzt.

5 Zusammenfassung

Die bisherigen Erfahrungen zeigen, dass die integrale Bauweise für Brücken kleiner und mittlerer Bauwerkslänge in vielen Fällen die optimale Lösung bietet. Die wirtschaftlichen und konstruktiven Vorteile der Bauweise können dort am besten genutzt werden und ermöglichen wartungsarme, robuste und ästhetisch ansprechende Bauwerke. Die Besonderheiten, die sich aus der Behinderung von zyklischen Temperaturdehnungen und zeitabhängigen Verkürzungen des Bauwerks ergeben, müssen bei der Bemessung berücksichtigt werden. Die statischen Nachweise sind für jedes Bauwerk am Gesamtsystem einschließlich einer realistischen Abbildung des Baugrundes zu führen. Für den entwerfenden Ingenieur ergibt sich dabei eine spannende Optimierungsaufgabe, die zu einer Vielzahl neuer Formen im Brückenbau führen kann.

Literatur

[1] BMVBW, Abteilung Straßenbau, Straßenverkehr: Musterentwürfe für einfeldrige Verbundüberbauten zur Überführung eines Wirtschaftsweges (WW) und eines RQ 10,5 (Ausgabe 1999). Schüßler-Plan. Potsdam 1999.

[2] DAfStb, Heft 525 der Schriftenreihe: Erläuterungen zu DIN 1045-1. Beuth, Berlin 2003.

[3] Engelsmann, S.; Schlaich, J.; Schäfer, K.: Entwerfen und Bemessen von Betonbrücken ohne Fugen und Lager. DAfStb (Hrsg.), Heft 496 der Schriftenreihe, Beuth, Berlin 1999.

[4]   England, G.L.; Tsang, N.C.M.: Towards the Design of Soil Loading for Integral Bridges – Experimental Evaluation. Department of Civil and Environmental Engineering, Imperial College, London 2001.

[5]   Forschungsgruppe für Straßen- und Verkehrswesen, Arbeitsgruppe Erd- und Grundbau: Merkblatt über den Einfluss der Hinterfüllung auf Bauwerke. Ausgabe 1994. FGSV Heft 525, Juli 1994.

[6]   Graubner, C.-A.; Six, M.: Fugenlose Betonbrücken – Besonderheiten bei Bemessung und Ausführung. Beitrag XXIX zum Symposium: Kreative Ingenieurleistungen, innovative Bauwerke – zukunftsweisende Bewehrungs- und Verstärkungsmöglichkeiten. Institut für Massivbau der TU Darmstadt und Institut für Konstruktiven Ingenieurbau der Universität für Bodenkultur Wien, 1998.

[7]   Graubner, C.-A.; Wettmann, V.: Schlitzwände im Brückenbau – ein neuartiges Gründungselement. Beton- und Stahlbetonbau 88, Heft 12, S. 323-328. Ernst & Sohn, Berlin 1993.

[8]   Graubner, C.-A.; Berger, D.; Pelke, E.; Zink, M.: Besonderheiten bei Entwurf und Bemessung integraler Betonbrücken. Beton- und Stahlbetonbau 99, Heft 4/2004, S. 295-303. Verlag Ernst & Sohn, Berlin 2004.

[9]   Hessisches Landesamt für Straßen- und Verkehrswesen (Hrsg.) in Zusammen-arbeit mit König, Heunisch und Partner: Entwurfshilfen für integrale Straßen-brücken. Schriftenreihe der hessischen Straßen- und Verkehrsverwaltung (HSVV), Wiesbaden 2003.

[10]   Pelke, E.: Neue Bauweisen im Ingenieurbau aus Sicht der Hessischen Straßen- und Verkehrsverwaltung. Universität Kassel, Fachbereich Bauingenieurwesen (Hrsg.): Schriftenreihe Baustoffe und Massivbau, Heft 2, Kassel University Press GmbH, 2003, S. 69-78.

[11]   Pötzl, M.; Schlaich, J.; Schäfer, K.: Grundlagen für den Entwurf, die Berechnung und konstruktive Durchbildung lager- und fugenloser Brücken. DAfStb (Hrsg.), Heft 461 der Schriftenreihe, Beuth, Berlin 1996.

[12]   Müller, H.S.; Kvitsel, V.: Kriechen und Schwinden von Beton. Beton- und Stahlbetonbau 97, Heft 1/2002, S. 8-19. Ernst & Sohn. Berlin 2002.

[13]   Vogt, N.: Erdwiderstandsermittlung bei monotonen und wiederholten Wandbewegungen in Sand. Mitteilungen des Baugrundinstitutes Stuttgart, Nr. 22, 1984.

[14]   www.wetteronline.de

Möglichkeiten zur Erfassung der Temperatur- und Festigkeitsentwicklung von Betonkonstruktionen in Planung und Ausführung

Jörg-Peter Wagner, Lutz Nietner, Andreas Reichertz

1 Einleitung

Die Tragwirkung von Stahlbetonquerschnitten beruht auf der Verbundwirkung von Betonstahl und Beton, wobei eine bestimmte Rissbildung im Zugbereich des Querschnitts zur Aktivierung des Betonstahls notwendig ist. Die entsprechenden Einwirkungen können sowohl aus äußeren Lasten (lastinduzierte Schnittgrößen) als auch aus behinderter Verformung (Zwangspannungen) herrühren, wobei letztere durch die Besonderheiten der Betonerhärtung (Hydratationswärme, Quellen, Schwinden) maßgeblichen Einfluss auf die Beanspruchung der Stahlbetonkonstruktion hat. Für den Planer als auch für den Ausführenden ist es daher besonders wichtig, die inneren und äußeren Einwirkungen auf das jeweilige Bauteil so exakt wie möglich zu quantifizieren, um zu einer technisch und wirtschaftlich sinnvollen Bemessung zu kommen. Insbesondere die temperaturinduzierten Einwirkungen haben einen signifikanten Einfluss auf die spätere Trag- und Gebrauchsfähigkeit der Konstruktion, da Strukturentwicklung und Rissverhalten des jungen Betons eng an im Bauteil vorhandene bzw. auf das Bauteil einwirkende Temperaturzustände gekoppelt sind. Im folgenden Aufsatz werden Neu- bzw. Weiterentwicklungen von Methoden und Messtechniken aufgezeigt, welche durch die Erfassung bzw. Prognostizierung von Temperatur- und Spannungsfeldern in Betonbauteilen eine gezielte Bemessung und Optimierung qualitativ hochwertiger und dauerhafter Stahlbetonkonstruktionen ermöglichen. Darüber hinaus werden praktikable Möglichkeiten zur realitätsnahen Erfassung der Bauteilfestigkeiten im jungen Betonalter vorgestellt, die besonders bei Taktbaustellen (z.B. Brücken- und Tunnelbauwerke) von großer Bedeutung sein können.

Dr.-Ing. Jörg-Peter Wagner, Dipl.-Ing. Lutz Nietner, Dipl.-Ing. Andreas Reichertz
Bilfinger / Berger AG, Mannheim

2 Prognoserechnungen der bauteilbezogenen Temperatur- und Festigkeitsentwicklung mit dem TEMP!Riss® - Programm

2.1 Grundlagen

Instationäre Temperaturfelder in hydratisierenden Betonbauteilen lassen sich nur in Sonderfällen analytisch berechnen, d.h. zur Bestimmung der zugrunde liegenden partiellen Differentialgleichungen müssen numerische Methoden herangezogen werden. Darüber hinaus müssen sowohl die bei der Hydratation als exotherme Reaktion freiwerdende Wärmeenergie, als auch entsprechende Übergangsbedingungen an den Rändern des Bauteils (z.B. Wärmeübergänge zur Umgebung) bekannt sein, um hinreichende Aussagen zur Temperaturverteilung zu treffen. Mit Hilfe des TEMP!Riss® - Softwaresystems wird dazu das Bauteil numerisch in endliche (finite) Bereiche aufgeteilt und für jedes Element die entsprechende Bilanz der Wärmeströme aufgestellt [1] (Bild 1):

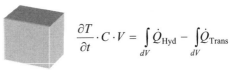

$$\frac{\partial T}{\partial t} \cdot C \cdot V = \int_{dV} \dot{Q}_{\text{Hyd}} - \int_{dV} \dot{Q}_{\text{Trans}}$$

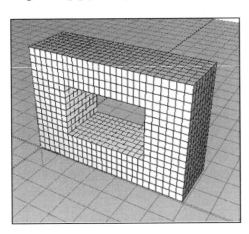

Bild 1: Vernetzung+Bilanzierung

Sind alle Temperaturzustände berechnet, kann mit Hilfe einer Reifebeziehung der Strukturbildungsverlauf bestimmt werden. Das System generiert aus einer Masterkurve der Erhärtung, welche zweckmäßigerweise aus den Daten der Eignungs- bzw. Erstprüfung gewonnen wird, eine zeitlich verzerrte Kurve, welche den beschleunigenden Einfluss der Temperatur auf die Prozessgeschwindigkeit abbildet. Daraus lässt sich wiederum ein temperaturbedingter Spannungszustand errechnen.

2.2 Eingangsgrößen

Der Pool der Eingangsgrößen für das TEMP!Riss® - System orientiert sich an in der Praxis messbaren Betoneigenschaften bzw. Umgebungsbedingungen (Tabelle 1). Teilweise wurden dazu im Rahmen der Modellentwicklung auch eigene Messverfahren entwickelt (Bild 2) bzw. interdisziplinäre Messdaten verwendet, so z.B. aus der Solartechnik (siehe auch Bild 4). Für die Bestimmung der inneren Wärmequelle der Rezeptur ist die Zeitvarianz der spezifischen Wärmekapazität wesentlich [2]. Dieser Zusammenhang wird in den entsprechenden Kalorimeterversuchen berücksichtigt.

Tabelle 1: Eingangsgrößen für TEMP!Riss®

Eingangsgröße	Bestimmung durch
Hydratationswärme des Zementes (innere Wärmequelle)	DCA, adiabatisches Kalorimeter, teiladiabatisches Kalorimeter
Festigkeitsentwicklung, E-Modul	Masterkurve während Erst- oder Eignungsprüfung bei 20°C, Ableitung aus Festigkeit
Thermische Randbedingungen	Wettervorhersage, eigene Messungen Temperatur / Windgeschwindigkeit, Datenbank Nachbehandlung
Sonneneinstrahlung	Globalstrahlungsmodell
Thermische Transportkoeffizienten	Ableitung aus der Rezeptur, Literaturquellen

Bild 2a: Ansicht adiabatisches Kalorimeter (für Mörtel und Betonproben) mit Regeleinrichtung

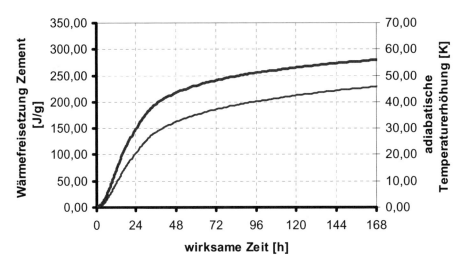

Bild 2b: Temperaturerhöhung einer Mörtelprobe (dünne Linie), abgeleitete Wärmefreisetzung des Zementes (dicke Linie)

2.3 Berechnungsmöglichkeiten

Wie vorab erwähnt bietet TEMP!Riss® neben der Berechnung der Temperaturzustände auch die Ableitung der entsprechenden mechanischen Kenngrößen wie Steifigkeit und Festigkeit (Bild 3). Die zutreffende Erfassung dieser Parameter ist für eine nachgelagerte Spannungssimulation von extremer Bedeutung, da durch eine entsprechend vergleichende Bewertung von Spannung und Festigkeit auf die Risswahrscheinlichkeit geschlossen werden kann. Zu diesem Zweck steht eine leistungsfähige Schnittstelle zum kommerziellen FEM-Paket SOFiSTiK® zur Verfügung, welche das Bauteilmodell unter Zugrundlegung der mit TEMP!Riss® ermittelten Temperatur- und Materialdaten hinsichtlich des Spannungszustandes neu berechnet. Das Relaxationsverhalten von Beton kann dabei mit Hilfe verschiedener Modelle (z.B. bezogene Restspannung) in Form von Steifigkeitsparametern berücksichtigt werden.

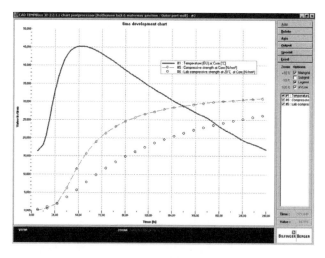

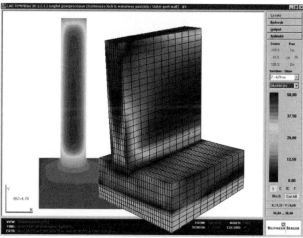

Bild 3: Wand auf Bodenplatte im Lastfall Hydratationswärmeentwicklung
     oben: Temperaturverlauf (durchgezogen), reale Festigkeitsentwicklung
           (Linie+Kreis) sowie Laborfestigkeit bei 20°C (Kreis)
     unten: 2D-Schnitt der Temperaturverteilung nach 2½ Tagen, entsprechendes 3D-
           SOFiSTiK®-Modell des symmetrischen Halbsystems. Dargestellt ist der
           Verformungs- und 3D-Vergleichsspannungszustand nach ca. 9 Tagen

2.4 Einfluss von Nachbehandlung und Sonneneinstrahlung

TEMP!Riss® verfügt über Datenbanken, mit deren Hilfe die Applikation verschiedenster Nachbehandlungsmethoden (Folienabdeckung, Wärmedämmung, Belassen in Schalung) automatisch in äquivalente thermische Übergangsbedingungen transformiert wird. Die zeitliche Verfügbarkeit derartiger Maßnahmen wird dabei ebenso automatisch berücksichtigt wie eine mögliche überlappende Kombination untereinander. Dadurch lassen sich problemlos anforderungs- und

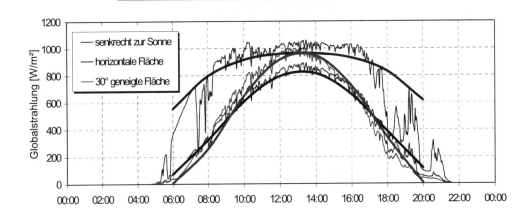

Bild 4: *Feste Fahrbahn auf HGT unter Sonneneinstrahlung Ende Juni, ländliche Atmosphäre*
  oben: Temperaturfeld 6:00, 9:00, 12:00, 19:00, Verlegung Segment
  unten: Tagesgang der Globalstrahlung im Juni, Vergleich der Messwerte (Pyranometer) mit Modelldaten

bauteilbezogene Nachbehandlungskonzepte im Hinblick auf die erzielbare oberflächennahe Betonqualität erstellen. Darüber hinaus gibt es die Möglichkeit, alle thermischen Randbedingungen mit zusätzlichen Wärmequellen zu koppeln, welche z.B. den Energieeintrag auf freie Oberflächen (z.B. Bodenplatten oder Fahrbahndecken) durch die Globalstrahlung der Sonne simulieren können. Zu diesem Zweck ist ein leistungsfähiges Strahlungsmodell in den TEMP!Riss®-Solver implementiert, welches aus globaler Bauteilposition (geographische Länge und Breite,

Höhe NN), Flächenorientierung (Nord, Süd, usw.), Flächenneigung (horizontal, vertikal) sowie atmosphärischer Trübung (Hochgebirge, Industrieatmosphäre, usw.) und spezifischer Absorptionsfähigkeit der Bauteilfläche (hell, dunkel) direkt den tageszeitlichen Energieeintrag berechnet [3] (Bild 4).

3   Reifesimulation

3.1   Ausgangssituation

Die Ermittlung der am Bauteil tatsächlich vorhandenen Druckfestigkeit ist im modernen Betonbau von entscheidender Bedeutung. Über die grundsätzlichen Anforderungen der Qualitätssicherung und der statischen Belastbarkeit hinaus, wird die Kenntnis der Druckfestigkeit z.B. für die Bestimmung der Nachbehandlungsdauer zur Sicherung der Dauerhaftigkeit nach der neuen Normengeneration DIN 1045, Teil 3 von besonderem Interesse sein. Bisherige zerstörungsfreie, bzw. –arme Verfahren berücksichtigen die Verhältnisse im jungen Bauteil in Abhängigkeit der klimatischen Gegebenheiten nur unzureichend (z.B. Erhärtungswürfel), sind im Bereich geringerer Festigkeiten zwischen ca. 3–20 N/mm² zu ungenau (z.B. Schmidt-, bzw. Pendelhammer), oder aber sie erfordern einen großen Aufwand an Vorprüfungen (z.B. Reifegradberechnungen).

Im Rahmen des firmeninternen Forschungsprojektes „Junger Beton" wurde ein Prüfverfahren der „Reifesimulation" entwickelt, das die Genauigkeit der ermittelten Festigkeitswerte stark verbessert, da die Einflüsse aus Frischbetontemperatur, Umgebungsbedingungen und Bauteilgeometrie auf die exakte Bauteilfestigkeit bei dieser Prüfmethode berücksichtigt wird [4].

3.2   Beschreibung des Prüfverfahrens

Grundlage dieses Verfahrens ist die Übertragung tatsächlich vorhandener Bauteiltemperaturen auf prüffähige Probekörper. Dies geschieht durch Lagerung von Probewürfeln (Stahlschalung) in einem beheizten Wasserbad. Zu definierten Zeiten, aber auch zu definierten Temperaturwerten können somit Festigkeiten bestimmt werden, die den zu erwartenden Bauteilfestigkeiten weitgehend entsprechen.

Der Reifesimulator entspricht vereinfacht dargestellt einer Vorrichtung zur Lagerung von Probekörpern in einem Wasserbad unter definierten Bedingungen durch Umwälzen der Wassermenge in Verbindung mit Heizen bzw. Kühlen. Somit wird es möglich Temperaturen in einem Bereich zwischen ca. 3°C und 80°C bei der Lagerung auf die Probekörper zu übertragen.

Die vorgegebenen Temperaturkennwerte können auf unterschiedliche Art und Weise gewonnen werden:

– Berechnung durch ein Computermodel, z.B. TEMP!RISS®
– vom Anwender frei definiert (Grenzen der Heiz- bzw. Kühlleistung beachten), (z.B. Wärmebehandlung)
– bereits in Bauteilversuchen gemessen
– zeitgleiche Messung an einem Referenzprobekörper, z.B. 30 er Styrodurwürfel
– zeitgleiche Messung an einem Bauteil

Aus den logistischen Schwierigkeiten mehrerer Baustelleneinsätze ergab sich die Überlegung, den Reifesimulator nicht mehr direkt vor Ort zu positionieren, sondern den zu prüfenden Beton ins Labor zu transportieren. Somit ist sichergestellt, dass unplanmäßige Ausfälle von Steuerung und Stromversorgung sowie größere Prüfstreuungen weitestgehend vermieden werden können. Grundvoraussetzung für diese veränderte Prüfcharakteristik ist die direkte Fernübertragung der Temperaturdaten mittels Mobilfunk in definierten Intervallen und Übertragung auf die im Prüflabor gelagerten Probekörper.

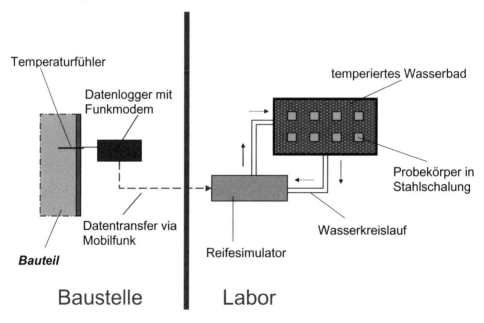

Bild 5: Schematischer Versuchsaufbau temperaturgesteuerte Erhärtungsprüfung

4 Praktische Beispiele

4.1 Tunnel in Deckelbauweise

Zur Realisierung des dargestellten Tunnelquerschnitts (Bild 6) war nach Fertigstellung der Schlitzwände und der Tunneldecke die Sohlplatte herzustellen. Da die Grundwassersituation während der Bauphase ein Arbeiten unter Luftüberdruck (ca. 0,1 bar) erforderte, konnten alle Arbeiten im Tunnel nur zentral, von einem Punkt ausgehend (Luftschleuse), geführt werden. Daraus ergaben sich entsprechende Anforderungen u.a. an die Frühfestigkeit (Tabelle 2) der herzustellenden Tunnelsohle, da relativ zeitig nach dem Ausschalen entsprechende Lasten aus Bau- und Räumverkehr aufzunehmen waren. Gleichzeitig war die oberflächennahe Rissbildung, hauptsächlich aus Eigenspannungen herrührend, durch entsprechende wärmedämmende Nachbehandlung in den ersten 2 Tagen zu minimieren.

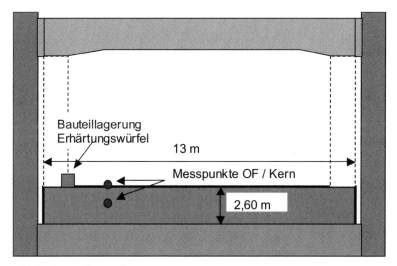

Bild 6: Tunnelquerschnitt

Die sich daraus ergebende Temperatur- bzw. Festigkeitsentwicklung wurde zunächst im Rahmen einer Prognoserechnung mit TEMP!Riss® untersucht (Bild 7), wobei als Zementdaten die Ergebnisse einer teiladiabatischen Messung (Verfahren nach Hintzen, siehe /2/) verwendet wurden (Tabelle 2). Die tatsächlich gemessene Temperatur an den dargestellten Messpunkten weicht teilweise erheblich ab, hauptsächlich deshalb, weil die angenommenen Randbedingungen hinsichtlich Frischbetontemperatur, Betonierdauer und Nachbehandlung variierten. Eine Korrekturrechnung ergab aber eine befriedigende Übereinstimmung, auch bei den gemessenen Festigkeiten an den unter der Wärmedämmung gelagerten Erhärtungswürfeln (Bilder 7 und 8). Der sich nach Entfernen der im Mittenbereich aufgebrachten Wärmedämmung einstellende maximale Temperaturgradient Kern/Oberfläche von 25 K konnte angesichts der Dicke der Sohle von 2,60 m akzeptiert werden (Bild 9).

Tabelle 2: *Randbedingungen für Modellierung*

Bedingung	Größenordnung
Frühfestigkeit	3,00 N/mm² ab 12h nach Betonageende 10,00 N/mm² nach 72h
Betonierdauer	7 h
Lufttemperatur	15°C konstant
Frischbetontemp.	max. 20°C
Rezeptur	B 25 310/60 kg/m³ CEM I 32,5R/SFA $w/z+kf \sim 0,53$ f_c 1d $\sim$ 3,00 N/mm² f_c 2d $\sim$ 11,00 N/mm² f_c 3d $\sim$ 16,00 N/mm² f_c 7d $\sim$ 21,00 N/mm²
Hydratationswärme Zement (Verfahren nach Hintzen)	20°C isotherm 6h: 21 J/g 72h: 230 J/g 12h: 75 J/g 168h: 252 J/g 24h: 166 J/g 672h: 265 J/g
Nachbehandlung	Ausschalen nach 12 h für 24h: 2x ISO 8mm für 24-48h: 1x ISO 8mm

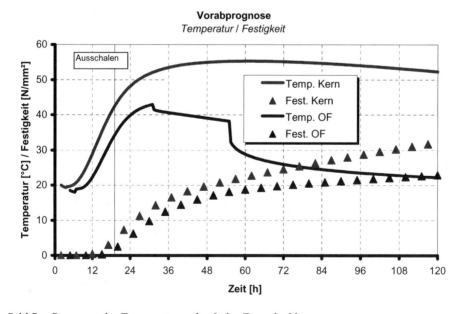

Bild 7: *Prognose des Temperaturverlaufs der Tunnelsohle*

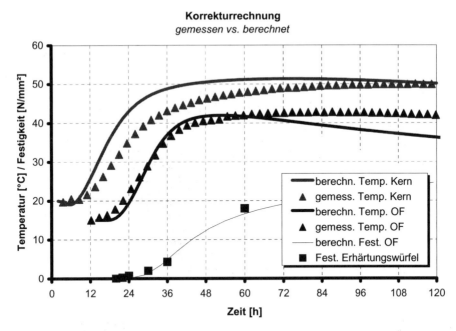

Korrekturrechnung
gemessen vs. berechnet

Bild 8:   *Korrekturrechnung unter Berücksichtigung der tatsächlichen Verhältnisse*

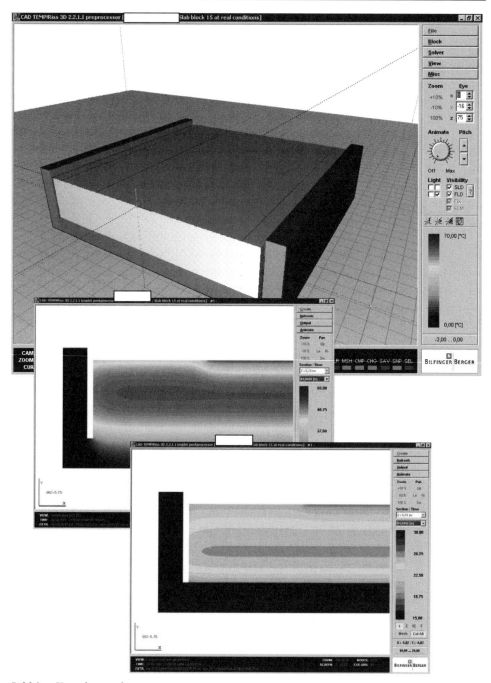

Bild 9: *Korrekturrechnung*
  oben: *3D-Modell in TEMP!Riss®*
  Mitte: *Temperaturverteilung nach 84h, die wärmedämmende Nachbehandlung im*
    Mittenbereich wurde für die Befahrbarkeit entfernt (max. Gradient 25K)
  unten: *entsprechende Festigkeitsverteilung nach 84h (18-26 N/mm²)*

4.2 Grünbrücke Bad Vilbel

Beim Bauvorhaben Grünbrücke Bad Vilbel war ein Bogentragwerk mit späterer Erdüberschüttung in Blockweise herzustellen (siehe Bild 10). Zum Zeitpunkt des Ausschalens war bereits eine Mindestdruckfestigkeit im Bereich eines B25 erforderlich.

Bild 10: Grünbrücke Bad Vilbel, Betonage Block 7

Zur Lösung dieser Aufgabenstellung wurden Vorversuche zur Festlegung und Optimierung der Betonrezeptur mit Hilfe der temperaturgesteuerten Reifesimulation durchgeführt, und der Nachweis der Ausschalfestigkeiten für die betreffenden Bauteile in der Ausführung erbracht.

4.2.1 Vorversuche

Die Kenndaten der überprüften Rezeptur sind in Tabelle 3 aufgeführt:

Tabelle 3: Kenndaten (B 35, 32 mm)

Konsistenz-klasse	Zementgehalt CEM IIIA 32,5	Flugasche SFA	Wasser	Zusatzmittel	w/z-Wert
KP/KR	300 kg	80 kg	165 kg	BV, FM	0,50

Zur Simulation des Bauteils wurde ein isolierter Thermowürfel (10 cm Styrodur) mit 300 mm Kantenlänge als Temperaturgeber verwendet. Dieser Temperatur- und Erhärtungsverlauf entspricht näherungsweise einer Bauteildicke von ca. 1 m. Die Probekörper (Würfel 150 mm) wurden bei der gleichen Temperaturentwicklung im Wasserbad gelagert.

Anhand der ermittelten Temperatur- und Festigkeitsverläufe wurde der Zeitraum bis zum Erreichen der Betonfestigkeit B25 bestimmt. Es ergaben sich die in Bild 11 dargestellten Ergebnisse.

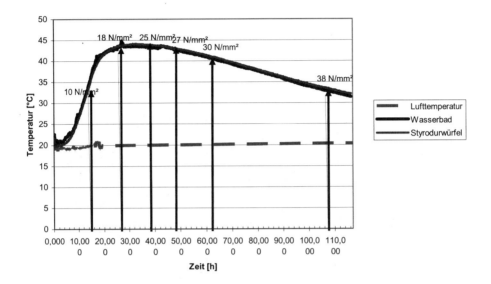

Bild 11: Grünbrücke Bad Vilbel, Temperatur- / Festigkeitsentwicklung Laborversuch

Mit der Sorte Nr. BB03 konnte bei einer Frischbetontemperatur von ca. 20 °C im Zeitraum zwischen 1,5 und 2,5 Tagen die erforderlichen Nenn- und Serienfestigkeiten eines B 25 nachgewiesen werden.

4.2.2 Baustelleneinsatz Grünbrücke, Bad Vilbel

Aufgrund der Bewehrungsführung wurde abweichend vom Laborversuch die Herstellung der Bogenkonstruktion mit einem Größtkorn von 16 mm ausgeführt. Angesichts der nur geringfügigen Abweichungen in der Rezeptur konnte unter Beibehaltung des gleichen w/z-Wertes von einer ähnlichen Festigkeitsentwicklung ausgegangen werden. Die Kenndaten zu Sorte Nr. BB04 sind in Tabelle 4 dargestellt.

Tabelle 4: Kenndaten (B 35, 16 mm)

Konsistenz-klasse	Zementgehalt CEM IIIA 32,5	Flugasche SFA	Wasser	Zusatzmittel	w/z-Wert
KP/KR	310 kg	80 kg	170 kg	BV, FM	0,5

Bei der Betonage wurden dann aus der letzten Lieferung für den First (Messpunkt für Lagerungstemperatur) die vorgesehenen Prüfkörper hergestellt und im Reifesimulator unter den thermischen Bauteilbedingungen gelagert.

Es ergaben sich die folgenden Ergebnisse (Bild 12):

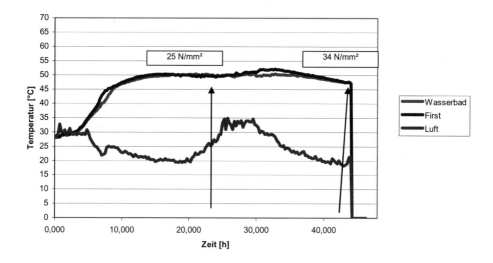

Bild 12: Grünbrücke, Bad Vilbel: Temperaturverlauf (B 35, 16mm)

Nach ca. 24 Stunden wurde eine mittlere Festigkeit von 25 N/mm² erreicht. Im weiteren Verlauf wurde nach ca. 46 Stunden bereits eine mittlere Festigkeit von 34 N/mm² gemessen. Somit konnte die benötigte Ausschalfestigkeit in einem Zeitraum von kleiner 2 Tagen am Bauteil nachgewiesen werden.

4.3 Hotelgebäude Blue Heaven, Frankfurt am Main

Beim Bauvorhaben „Blue Heaven" ist der Rohbau eines 20 - geschossigen Hotelgebäudes mit zwei Untergeschossen in Stahlbeton der Festigkeitsklassen B 35 bis B 55 herzustellen.

Die Fundamentplatte in B 35 wird in einer Stärke von 60 cm bis zu 250 cm in drei Abschnitten mit jeweils bis zu 4.000 m³ hergestellt. Ein Kranfundament wird dabei in die Konstruktion des zweiten Bodenplattenabschnittes integriert und muss zum Zeitpunkt der Kranmontage eine Druckfestigkeit von 35 N/mm² aufweisen.

Zum Zeitpunkt der Betonage wurde aus der Lieferung, die für den Bereich des Kranfundamentes vorgesehen war, eine Frischbetonprobe von ca. 30 Litern entnommen und innerhalb von ca. 45 Minuten ins Labor in Wiesbaden transportiert, wo auch die Probekörper für die Erhärtungsprüfung hergestellt wurden.

In regelmäßigen Abfrageintervallen (15 Minuten) wurden die aktuellen Temperaturdaten des Bauteils über Mobilfunknetz direkt an den Reifesimulator gesendet und über das Wasserbad auf die Prüfkörper übertragen. Zu definierten Zeitpunkten konnten dann unter Laborbedingungen genaue Aussagen über die Festigkeit des Bauteils getroffen werden.

Für die Herstellung der Bodenplatte wurde ein für massige Bauteile optimierter Beton B 35 (Rezepturdaten siehe Tabelle 5) verwendet.

Tabelle 5: Kenndaten (B 35, 32 mm)

Konsistenz-klasse	Zementgehalt CEM I 32,5 R	Flugasche SFA	Wasser	Zusatzmittel	w/z-Wert
KF	250 kg	130 kg	160 kg	FM	0,60

Nach 3 Tagen betrug die Festigkeit bereits 37 N/mm² , womit die Nennfestigkeit B35 zu diesem Zeitpunkt bereits erreicht war.

Beim Vergleich der Temperaturdaten in Bild 13 ist deutlich zu erkennen, dass über den gesamten Prüfzeitraum von 7 Tagen tendenziell kaum Abweichungen zwischen Bauteil und Probekörper aufgetreten sind. Die Ausschläge entlang der Temperaturkurve des Wasserbades sind steuerungsbedingt und liegen bei maximal 2 K.

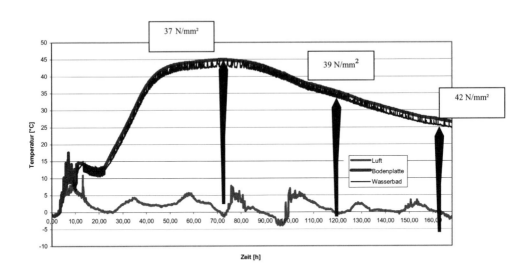

Bild 13:   Blue Heaven, Bodenplatte: Temperaturverläufe

4.4 Großkraftwerk Mannheim

Beim Bauvorhaben ARGE Umrüstung Block 6 im Großkraftwerk Mannheim war u.a. eine 8,00 m hohe und ca. 0,80 m starke Kohleschüttwand zu erstellen (Bild 14).

Aus der Schalungsvorhaltung resultierende Zwänge erforderten ein schnellst mögliches Umsetzen der Schalung. Die erforderliche Nachbehandlungsdauer resultierte aus der Exposition XM und wurde nach DIN 1045-3 bis zum Erreichen von 70% der Nennfestigkeit (DIN 1045-3) festgelegt. Die Nachbehandlung erfolgte durch Belassen in der Schalung.

Weiterhin war ein möglichst geringer Chloridmigrationkoeffizient ($< 3,0 \cdot 10^{-12} \, m^2 s^{-1}$) für den eingesetzten Beton nachzuweisen.

Bild 14: Baustellenansicht während der Schalarbeiten

4.4.1 Eignungsprüfung

Aus den o.g. Anforderungen wurde die in Tabelle 6 aufgeführte Betonzusammensetzung abgleitet.

Tabelle 6: Kenndaten B 45

Druckfestigkeitsklasse	Zement CEM III/A 32,5 N	Flugasche	w/z-Wert	Zusatzmittel
B45	400 kg/m³	40 kg/m³	0,45	FM

Zum Nachweis der gewünschten Frisch- und Festbetoneigenschaften wurden Eignungsprüfungen durchgeführt. Ziel dieser Prüfungen war es u.a die für die Hydratationswärmeentwicklung maßgeblichen Parameter zu ermitteln. Diese Bestimmung erfolgte am 30-er Styrodurwürfel.

4.4.2 Prognose mittels TEMP!Riss®

<u>Kalibrierung</u>

Um eine Aussage über das Hydratationsmaximum zu erhalten, wurde eine iterative Berechnung mit TEMP!Riss® vorgenommen. Grundlage dieser Berechnung waren die zuvor in der Eignungsprüfung ermittelten Zement- und Betonparameter.

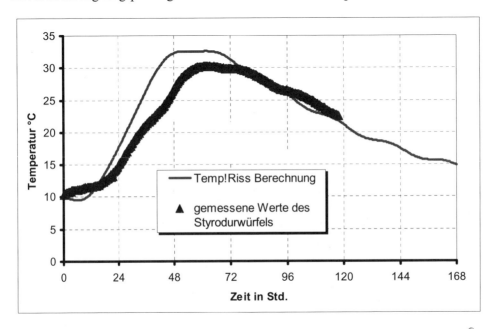

Bild 15: iteratives Anpassen der Wärmefreisetzungskennwerte des Zementes in TEMP!Riss®

Der 30-er Styrodurwürfel wird rechnerisch in TEMP!Riss® modelliert. Der errechnete Temperaturverlauf wird dann durch Anpassen der Zementparameter an die gemessenen Temperaturen angeglichen. Auf diese Art konnte eine große Übereinstimmung zwischen der gemessenen und der errechneten Temperaturkurve erreicht werden (Bild 15).

<u>Berechnung des Temperaturmaximums</u>

Basierend auf diesen Parametern wurde eine Abschätzung für das Wandbauteil durchgeführt. Das errechnete Temperaturmaximum beträgt ca. 53°C, und war somit im unbedenklichen Bereich. Eine weitere Optimierung der Betonzusammensetzung hinsichtlich Frühfestigkeitsentwicklung war aufgrund der einerseits vorhanden

Rissgefahr infolge Hydratationswärmeentwicklung und des andererseits erforderlichen Chloridmigrationskoeffizienten nicht mehr möglich.

Es galt daher das Ende der Nachbehandlungsdauer durch einen möglichst schnellen Nachweis der geforderten Festigkeit von 70 % Nennfestigkeit am Bauteil zu bestimmen.

4.4.3 Reifesimulation der Wand

Vor Beginn der Betonage wurden Temperaturmessfühler im Wandbereich Kern, außen und innen in verschieden Höhen angebracht (Bild 16).

Bild 16: Installation der Temperaturmessfühler

Die Werte dieser Messung wurden per Mobilfunk an den Reifesimulator in das Labor der Bilfinger Berger AG übertragen (Bild 17). Aus den letzten Fahrzeugen dieses Wandabschnittes wurden Proben entnommen, in das Labor gebracht und Probekörper hergestellt. Diese wurden dann bis zur Prüfung im Reifesimulator gelagert. Die Temperatur des Wasserbades entsprach dabei immer der Temperatur des Bauteils (Kurve #1 in Bild 18).

Die ermittelten Druckfestigkeiten sind in Tabelle 7 wiedergegeben.

Tabelle 7: ermittelte Druckfestigkeiten aus der Reifesimulation

Prüfalter in Tagen	Druckfestigkeiten in N/mm²	
1	12	12
2	33	34
4	41	41

Im Ergebnis der Reifesimulation konnten ausreichende Druckfestigkeiten nach 2 Tagen nachgewiesen und das Ausschalen freigegeben werden.

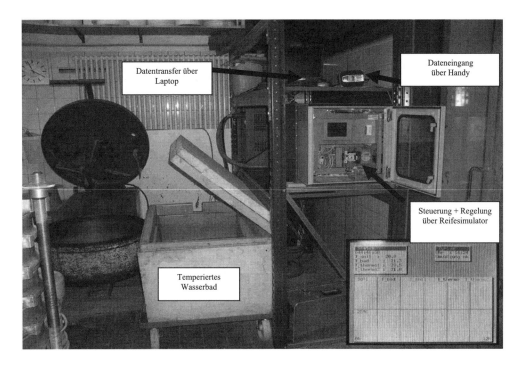

Bild 17: Reifesimulation im Wasserbad

Nach Abschluss der Temperaturmessung am Bauteil (7 Tage) wurden die gemessenen Werte mit den Prognosewerten verglichen (Bild 18) mit folgendem Ergebnis:

– hervorragende Übereinstimmung bzgl. der Maximaltemperatur
– Verschiebung der Temperaturentwicklung durch den Einsatz von Verzögerer, nach Korrektur ebenfalls gute Übereinstimmung, bei leichter Überschätzung des Wärmeabflusses.

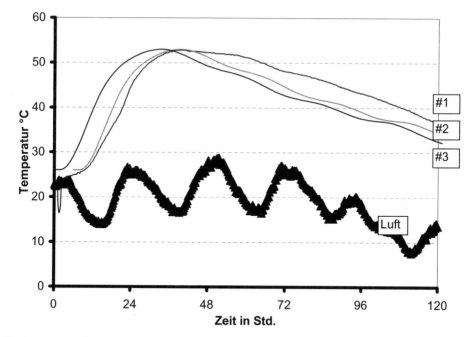

#1: Messwerte in Wandmitte
#2: TEMP!Riss® Prognose in Wandmitte, korrigiert um VZ
#3: TEMP!Riss® Prognose in Wandmitte

Bild 18: Übersicht prognostizierter und gemessener Temperaturverläufe

5   Zusammenfassung

Im Rahmen der Forschungsprojekte „Junger Beton" und „TEMPRiss" wurden neuartige Werkzeuge zur Prognose und Messung der Temperaturentwicklung und der Frühfestigkeit, entwickelt.

Mit diesen Werkzeugen können sowohl in der Planung, als auch in der Ausführung Hilfestellungen zur qualitätsgerechten Erstellung von Stahlbetonkonstruktionen gegeben werden. Die Anwendungsmöglichkeiten sind vielfältig und wurden an einigen Beispielen dargestellt.

Das TEMP!Riss®-Softwaretool kann insbesondere in der Planungsphase wertvolle Hinweise aber auch Grenzen der Ausführbarkeit aufzeigen. In Verbindung mit dem Reifesimulator bzw. der Temperaturerfassung am Bauwerk können Nachbehandlungszeiten, Ausschalzeitpunkte bzw. auch ergänzende Maßnahmen zeitnah, genau, zerstörungsfrei, und damit kostenbewusst, festgelegt werden. Diese

Werkzeuge können als Paket oder einzeln, je nach Bauaufgabe, genutzt und angewendet werden.

Der Einsatz auf der Baustelle hat sich vielfach bewährt und als eine verlässliche und robuste Methode zum zerstörungsfreien und genauen Nachweis erwiesen.

Literatur

[1]   Nietner, L.; Schmidt, D.: Temperatur- und Festigkeitsmodellierungen durch Praxiswerkzeuge. In: Beton- und Stahlbetonbau 98, (2003) 12, S.738-746.

[2]   Busch, S.: Kalorimetrische Untersuchungen zur Hydratationswärmeentwicklung von Beton. Magisterarbeit an der Hochschule für Technik, Wirtschaft und Kultur Leipzig, 2004.

[3]   Leichsenring; T.: Einfluss der Sonnenstrahlung auf das oberflächennahe Temperaturprofil von Betonbauteilen. Diplomarbeit an der Hochschule für Technik, Wirtschaft und Kultur Leipzig, 2003.

[4]   Bilfinger Berger AG, Zentrales Labor für Baustofftechnik: Interne Prüf- und Forschungsberichte.

Hochleistungsstähle im Stahl- und Verbundbrückenbau

Falko Schröter

1   Einleitung

Das Thema Nachhaltigkeit rückt im Baubereich immer mehr in den Mittelpunkt der Diskussion. Einen der wichtigsten Teilaspekte dieses umfassenden, aber auch schwer abzugrenzenden Schlagwortes stellt der verantwortungsbewusste Umgang mit Rohstoffen, d.h. für den Stahlbrückenbauer insbesondere mit dem Werkstoff Stahl, dar. Die jüngsten Turbulenzen auf den internationalen Stahlmärkten ausgelöst durch einen Nachfrageboom an Stahlprodukten aber auch an Einsatzstoffen für die Stahlproduktion in Fernost gaben diesem Leitbild aber auch eine ganz klare ökonomische Komponente.

Hier greifen die Materialneuentwicklungen der Stahlwerke an. Als Beispiel seien die höherfesten Stahlgüten mit einer Streckgrenze größer 460 MPa genannt, mit denen sich unter entsprechenden Bedingungen die konstruktiven Querschnitte verringern lassen.

Aber neue Stahlentwicklungen verfolgen noch weitere Ziele. Ob durch gute Verarbeitungseigenschaften (z.B.: Schweißeignung) oder bessere mechanische Eigenschaftswerte (wie z.B. die höheren Streckgrenzenwerte eines höherfesten Stahles) soll die Fertigungseffizienz in der Stahlbauwerkstatt erhöht werden und das, ohne den Aspekt der Bauteilsicherheit zu vernachlässigen. Auch sollte nicht übersehen werden, dass durch moderne Stähle besondere architektonische Formen ermöglicht werden, die durch die klassischen Stähle so nicht machbar gewesen wären. Dazu gibt Bild 1 das eindrucksvolle Beispiel der vom englischen Architekten Grimshaw entworfenen Brücke Ennëus Heerma bei Amsterdam, die in dieser Form erst durch die Verwendung von hochfesten Stahlgüten S460 ermöglicht wurde.

Der vorliegende Artikel setzt sich zum Ziel, einige dieser Stahlentwicklungen für den Brückenbau der letzten zehn Jahre vorzustellen. Dabei soll weniger die rein metallurgische Seite in den Vordergrund gerückt werden; Anwendungsbeispiele auch aus anderen europäischen Ländern sowie ein Anriss der Regelwerkssituation sollen auch dem Konstrukteur dienlich sein. Aber auch ein Blick auf andere Kontinente erweitert das Verständnis für moderne Stähle im Brückenbau.

Dr.-Ing. Falko Schröter, Dillinger Hüttenwerke AG, Dillingen/Saar

Bild 1: Ennëus Heerma-Brücke, Amsterdam

2 Erschließung größerer Dickenbereich für Blechprodukte

Das Anforderungsprofil an Blechprodukte zur Verwendung im Brückenbau nimmt aus Gründen des Sprödbruchphänomens insbesondere hinsichtlich der Zähigkeit mit zunehmender Dicke zu. Auf der anderen Seite stellt die Darstellung größerer Blechdicken mit sicherem, diese Bedingungen erfüllenden Eigenschaftsprofil für die Stahlerzeuger eine erhöhte Herausforderung dar. Deshalb wird bis heute bei großen, konstruktiv bedingten Gurtdicken oft mit aufgeschweißten Zusatzlamellen gearbeitet.

Heute ist es aber durchaus kein Problem, von den Stahlerzeugern auch in Dicken größer 80 mm Bleche mit sehr guten Zähigkeitseigenschaften zu erhalten. Zu den Maßnahmen, die dies ermöglichen, gehören:

– in der Rohstahlerzeugung die Einstellung kleinster Gehalte an unerwünschten Begleitelementen (Schwefel, Phosphor) und Vermeidung bzw. Umformung nichtmetallischer Einschlüsse,

– die Verfügbarkeit von Stranggussbrammen bis zu einer Dicke von 400 mm und von durch Blockguss erzeugten Blöcken im größeren Dickenbereich, um einen entsprechenden Dickenverformungsgrad (Verhältnis Dicke des Rohstahlerzeugnis zu erzeugter Blechdicke) sicherzustellen.

– das Walzen mit extrem hoher Stichabnahme, High-Shape-Factor-Rolling, um im Rohstahl nicht zu vermeidende Imperfektionen sicher zu schließen,

– walzbare Blechgewichte bis 36 t, um auch bei größeren Dicken im gewohnten Breiten- und Längenspektrum Bleche beziehen zu können.

Damit lassen sich heute auch Blechdicken über 80 mm mit ansprechenden Zähigkeitswerten herstellen, wie Bild 2 exemplarisch zeigt.

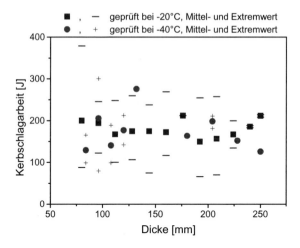

Bild 2: Kerbschlagarbeitswerte von S355-Stahl in größeren Dicken

Der Einsatz von solchen Stahlprodukten in größeren Blechdicken erlaubt in Stahlbrückenbauten mit konstruktiv bedingten größeren Querschnitten den Verzicht auf die „klassische" Darstellung mit Lamellenpaketen, sodass Fertigungskosten in der Fertigung reduziert werden und das Handling in der Werkstatt erleichtert wird. Solche Konstruktionen werden im Brückenbau in anderen Ländern schon seit längerer Zeit angewandt, so insbesondere in Frankreich, z.B. für die im Vergleich zu Spannbetonbauten durchaus wirtschaftlichen „Bi-Poutre"-Verbundbrücken [1] im Spannweitenbereich bis 55 m für Schnellzugverbindungen (Bilder 3 und 4). Dafür kommen im Dickenbereich über 30 mm nur noch Feinkornbaustähle nach EN 10 113 zur Anwendung und zwar bis 80 mm die normalzähe Güte S355N und in größeren Dicken die tieftemperaturzähe Güte S355NL mit nachgewiesenen Kerbschlagarbeiten bei –50°C.

Bild 3: Einsatz von Blechen bis 150 mm in französischen Schnellzugbrücken

*Bild 4: Bi-Poutre-Verbundbrücke Viaduc de la Moselle im Zuge der Schnellzuglinie TGV
Est Paris – Metz während der Errichtung im Juli 2004*

In Deutschland wird zurzeit die Einsetzbarkeit von solch großen Blechstärken noch durch die fehlende baurechtlich-normative Verankerung eingeschränkt. DASt-Richtlinie 009, welche die maximal anwendbaren Blechdicken in geschweißten Konstruktionen angibt, deckt nach Anpassungsrichtlinie Stahlbau 12/2001 nur Dicken bis 100 mm ab. Eine Neuauflage der DASt-Richlinie 009 ist zum Zeitpunkt des Verfassers dieses Artikels aber in den letzten Zügen der Vorbereitung. Diese beruht auf einem bruchmechanischen Algorthimus, der für den kommenden Sprödbruchnachweis des Eurocode EN 1993-1-10 [2] entwickelt wurde, und deckt auch größere Blechdicken ab (Bild 5). So kann im Straßenbrückenbau (annäherungsweise $\sigma_{Ed} = 0{,}5\,f_y$) bei Einsatztemperaturen bis zu –20 °C ein S355NL bis 135 mm eingesetzt werden.

3   Hochfeste Stähle

Wie schon einleitend erwähnt, stehen Stähle mit einer höheren Festigkeit im Mittelpunkt der Stahlentwicklung für den Brückenbau. Bei entsprechenden konstruktiven Gegebenheiten erlauben hochfeste Stähel eine Reduzierung der tragenden Querschnitte, womit der Materialverbrauch verringert und der Durchsatz in der Werkstatt erhöht wird (Bild 6).

Der Begriff hochfester Stahl unterliegt dabei offensichtlich einer zeitlichen Entwicklung. Wurden Stähle der Streckgrenze S355 Mitte des 20. Jahrhunderts noch als hochfest angesehen, sind diese heute im Brückenbau Standard, sodass heute darunter Stähle mit einer Streckgrenze von 460 MPa und höher zusammengefasst werden. Es soll aber nicht unerwähnt bleiben, dass andere Industriezweige wie etwa der Mobilkranbau den Begriff "Hochfest" durchaus anders definiert, da heute dort schon Stähle bis 1100 MPa Mindeststreckgrenze in Anwendung sind.

Der Brückenbau konnte für höherfeste Stähle aber erst erschlossen werden, als es gelang, diese auch mit guten Verarbeitungseigenschaften zur Sicherstellung einer effizienten Fertigung in Werkstatt und Monatge herzustellen. Eine Schlüsselstellung nehmen hier die thermomechanisch gewalzten Stähle ein. Diese Entwicklung ist in Bild 7 dargestellt. Bei allen Herstellungsmethoden bedient man sich aber des metallurgischen Prinzips, durch eine feinkörnige Gefügestruktur die Festigkeit zu erhöhen, was – im Vergleich zu anderen Festigungssteigerungsmechanismen – auch einen positiven Einfluss auf die Zähigkeit hat. Deshalb spricht man von Feinkornbaustählen.

Tabelle 2. Maximal zulässige Erzeugnisdicken t_z [mm]

Stahlsorte	Gütegruppe	bei T [°C]	A_v [J_{min}]	\(\sigma_{Ed}=0{,}75\cdot f_y(t)\) 10	0	-10	-20	-30	-40	-50	\(\sigma_{Ed}=0{,}50\cdot f_y(t)\) 10	0	-10	-20	-30	-40	-50	\(\sigma_{Ed}=0{,}25\cdot f_y(t)\) 10	0	-10	-20	-30	-40	-50
S235	JR	20	27	60	50	40	35	30	25	20	90	75	65	55	45	40	35	135	115	100	85	75	65	60
	J0	0	27	90	75	60	50	40	35	30	125	105	90	75	65	55	45	175	155	135	115	100	85	75
	J2	-20	27	125	105	90	75	60	50	40	170	145	125	105	90	75	65	200	200	175	155	135	115	100
S275	JR	20	27	55	45	35	30	25	20	15	80	70	55	50	40	35	30	125	110	95	80	70	60	55
	J0	0	27	75	65	55	45	35	30	25	115	95	80	70	55	50	40	165	145	125	110	95	80	70
	J2	-20	27	110	95	75	65	55	45	35	155	130	115	95	80	70	55	200	190	165	145	125	110	95
	M,N	-20	40	135	110	95	75	65	55	45	180	155	130	115	95	80	70	200	200	190	165	145	125	110
	ML,NL	-50	27	185	160	135	110	95	75	65	200	200	180	155	130	115	95	230	200	200	200	190	165	145
S355	JR	20	27	40	35	25	20	15	15	10	65	55	45	40	30	25	25	110	95	80	70	60	55	45
	J0	0	27	60	50	40	35	25	20	15	95	80	65	55	45	40	30	150	130	110	95	80	70	60
	J2	-20	27	90	75	60	50	40	35	25	135	110	95	80	65	55	45	200	175	150	130	110	95	80
	K2,M,N	-20	40	110	90	75	60	50	40	35	155	135	110	95	80	65	55	200	200	175	150	130	110	95
	ML,NL	-50	27	155	130	110	90	75	60	50	200	180	155	135	110	95	80	210	200	200	200	175	150	130
S420	M,N	-20	40	95	80	65	55	45	35	30	140	120	100	85	70	60	50	200	185	160	140	120	100	85
	ML,NL	-50	27	135	115	95	80	65	55	45	190	165	140	120	100	85	70	200	200	200	185	160	140	120
S460	Q	-20	30	70	60	50	40	30	25	20	110	95	75	65	55	45	35	175	155	130	115	95	80	70
	M,N	-20	40	90	70	60	50	40	30	25	130	110	95	75	65	55	45	200	175	155	130	115	95	80
	QL	-40	30	105	90	70	60	50	40	30	155	130	110	95	75	65	55	200	200	175	155	130	115	95
	ML,NL	-50	27	125	105	90	70	60	50	40	180	155	130	110	95	75	65	200	200	200	175	155	130	115
	QL1	-60	30	150	125	105	90	70	60	50	200	180	155	130	110	95	75	215	200	200	200	175	155	130
S690	Q	0	40	40	30	25	20	15	10	10	65	55	45	35	30	20	20	120	100	85	75	60	50	45
	Q	-20	30	50	40	30	25	20	15	10	80	65	55	45	35	30	20	140	120	100	85	75	60	50
	QL	-20	40	60	50	40	30	25	20	15	95	80	65	55	45	35	30	165	140	120	100	85	75	60
	QL	-40	30	75	60	50	40	30	25	20	115	95	80	65	55	45	35	190	165	140	120	100	85	75
	QL1	-40	40	90	75	60	50	40	30	25	135	115	95	80	65	55	45	200	190	165	140	120	100	85
	QL1	-60	30	110	90	75	60	50	40	30	160	135	115	95	80	65	55	200	200	190	165	140	120	100

Anmerkung: Zwischenwerte dürfen linear interpoliert werden. Für die meisten Anwendungen liegen die σ_{Ed}-Werte zwischen $\sigma_{Ed} = 0{,}75 \cdot f_y(t)$ und $\sigma_{Ed} = 0{,}50 \cdot f_y(t)$. Die Werte für $\sigma_{Ed} = 0{,}25 \cdot f_y(t)$ sind aus Interpolationsgründen angegeben. Extrapolationen in Bereiche außerhalb der angegebenen Grenzen sind nicht zulässig.

Bild 5:   Tabelle 2, zulässige Erzeugnisdicke, des Entwurfs der DASt-Richtlinie 009 (Entwurf 04/2004)

3.1 Thermomechanisch gewalzte Stähle

Unter dem thermomechanischen Walzen versteht man eine Kombination von thermischer und mechanischer Behandlung, die in einer Gefügestruktur resultiert, die durch eine thermische Behandlung allein nicht herstellbar ist [3] - [5]. So wird hier u.U. auch auf Walzschritte unterhalb der Rekristallisationstemperatur zurückgegriffen, die in Zusammenarbeit mit der durch Mikrolegierungselemente bedingten Teilchenbildung in einer höchst feinen Gefügestruktur resultierten. Somit sind hohe Zähigkeiten und Festigkeiten möglich, ohne auf größere Legierungsanteile zurückgreifen zu müssen (Bild 8).

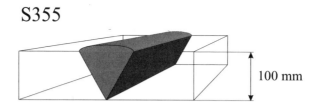

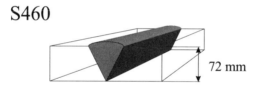

Bild 6: Vorteile bei der Verwendung höherfester Stähle

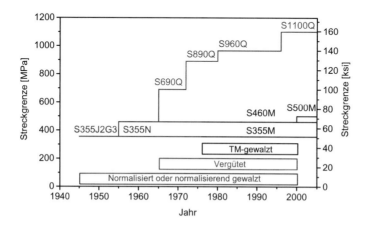

Bild 7: Entwicklung der Stahlfestigkeiten in Abhängigkeit vom Herstellungsverfahren

Wie Bild 9 andeutet, kennt das thermomechanische Walzen eine Vielfalt von Ausprä-
gungen. Insbesondere für hochfeste Stahlgüten wird dabei auf ein folgendes beschleu-
nigtes Abkühlen (ACC: Accelerated cooling) zur präzisen Einstellung der Eigenschaften zurückgegriffen. Je nach Stahlsorte und Abmessung kann diese Abkühlung
noch von einem Anlassen gefolgt sei. Thermomechanisch gewalzte Stähle sind in
Streckgrenzen bis 460 MPa und Dicken bis 120 mm für den Stahlbau verfügbar und
zurzeit durch EN 10 113-3 genormt, die in naher Zukunft durch EN 10 025-4 abgelöst
wird. Im Offshore- und Schiffbau-Bereich wurden auch schon Stähle bis zu einer
Streckgrenze von 500 MPa in Dicken bis zu 80 mm eingesetzt [6].

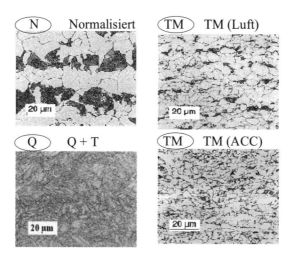

Bild 8: Gefüge der TM-Stähle im Vergleich zu normalisierten (N) und vergüteten Stählen
(Q+T)

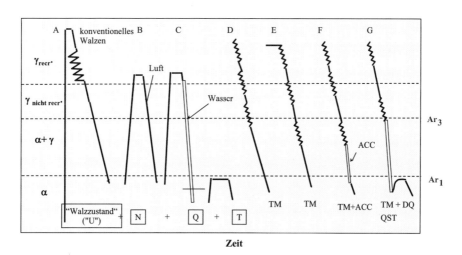

Bild 9: Herstellungsrouten für Feinkornbaustähle

Tabelle 1 vergleicht die chemische Zusammensetzung eines TM-Stahles S460M mit einem „klassischen" S355J2G3 sowie der normalisierten Variante S460N. Es zeigt sich, dass ein S460M durchaus niedrigere Kohlenstoffäquivalente als ein gewöhnlicher S355J2G3 bei höherer Streckgrenze aufweisen kann. Im Verbindung mit den guten Zähigkeitswerten der TM-Stähle, wie sie in Bild 10 exemplarisch dargestellt sind, resultiert eine hohe Schweißeignung dieser Stahlgüten.

Tabelle 1: Chemische Zusammensetzung hochfester FK-Baustähle nach Norm und in typischer Analyse bei 50 mm Erzeugnisdicke

	S355J2G3		S460NL		S460ML		S 460 QL1		S 690 QL1	
	Norm	typ. Ana.	Norm	typ. Ana.	Norm	typ. Ana.	Norm	typ. Ana.	Norm	typ. Ana.
C	$\leq 0,22$	0,17	$< 0,20$	0,17	$\leq 0,16$	0,08	$\leq 0,20$	0,15	$\leq 0,20$	0,16
Si	$\leq 0,55$	0,45	$\leq 0,60$	0,45	$\leq 0,60$	0,46	$\leq 0,80$	0,45	$\leq 0,80$	0,30
Mn	$\leq 1,60$	1,50	$\leq 1,70$	1,65	$\leq 1,70$	1,65	$\leq 1,70$	1,50	$\leq 1,70$	1,45
P	$\leq 0,035$	0,018	$\leq 0,030$	0,012	$\leq 0,030$	0,011	$\leq 0,02$	0,012	$\leq 0,02$	0,012
S	$\leq 0,035$	0,015	$\leq 0,025$	0,005	$\leq 0,025$	0,002	$\leq 0,01$	0,005	$\leq 0,01$	0,005
Nb	-	-	$\leq 0,05$	-	$\leq 0,05$	$< 0,04$	$\leq 0,06$	0,017	$\leq 0,06$	-
V	-	-	$\leq 0,20$	0,17	$\leq 0,12$	-	$\leq 0,12$	-	$\leq 0,12$	0,04
Mo	-	-	$\leq 0,10$	-	$\leq 0,20$	-	$\leq 0,07$	0,115	$\leq 0,07$	0,37
Ni	-	-	$\leq 0,80$	0,23	$\leq 0,45$	0,19	$\leq 2,00$	-	$\leq 2,00$	0,15
Cr	-	-	$\leq 0,30$	-	$\leq 0,60$	-	$\leq 1,50$	-	$\leq 1,50$	0,55
Cu	$\leq 0,035$	-	$\leq 0,70$	-	$\leq 0,60$	0,17	$\leq 1,50$	-	$\leq 0,50$	-
B	-	-		-		-	$\leq 0,005$	-	$\leq 0,005$	0,002
CE		0,42		0,50		0,39		0,42		0,60
Pcm		0,26		0,28		0,19		0,25		0,31
CET		0,32		0,34		0,26		0,31		0,38

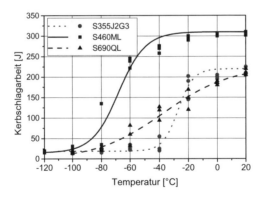

Bild 10: Kerbschlagarbeit-Temperatur-Übergangskurven für verschiedene hochfeste Stähle

Durch die Anpassungsrichtlinie Stahlbau vom Dezember 2001 zur DIN 18 800 können die thermomechanisch gewalzten Feinkornbaustähle S460M und S460ML verwendet werden (Element (401). Dabei sind charakteristische Bemessungswerte bis zu einer Erzeugnisdicke von jeweils 80 mm angegeben. Mit dieser Anpassung wurden diese Stahlsorten auch in die Baugeregliste Teil A aufgenommen und können so auch mit dem Ü-Zeichen gekennzeichnet werden.

TM-Stähle in Erzeugnisdicken von 80 bis 120 mm, die ebenfalls produktionstechnisch möglich sind, können zurzeit nur unter einer Zustimmung im Einzelfall verwendet werden.

Auch in den DIN-Fachberichten 103 und 104 sind die Stahlgüten S460M und S460ML aufgeführt. In diesem Zusammenhang muss aber das Allgemeine Rundschreiben Straßenbau ARS 12/2003 berücksichtigt werden, das für Brücken im Zuge von Straßen des Bundes eine Zustimmung im Einzelfall für S460M/ML fordert. Auch für Eisenbahnbrücken wird eine Zustimmung im Einzelfall beim Eisenbahnbundesamt notwendig.

Nimmt die Stahlsorte S460M/ML in Deutschland noch eher eine untergeordnete Rolle im Brückenbau ein, so hat dieses Material in unseren europäischen Nachbarländern eine wesentlich größere Bedeutung gewonnen.

In Norwegen z.B., dessen Stahlbaufertigung stark von der Offshore-Industrie beeinflusst wird, stellen die Stahlqualitäten S420M/ML und S460M/ML heute schon die gängigsten Brückenbaustähle dar. Insbesondere aber auch im Großbrückenbau kommt S460M/ML zum Einsatz. Beispiele hierfür sind:

– Die Øresund-Verbindung zwischen Malmö und Kopenhagen, für die mehr als 60.000 t TM-Stahl verbaut wurden, davon mehr als 25.000 t S460M/ML in Dicken bis 80 mm für die Fachwerkträgerkonstruktion der beiden Vorlandbrücken, die in Bild 11 dargestellt ist. Die beiden parallelen Strebenträgern mit Dreiecksverband sind auf der Höhe der Obergurte über die Betonfahrbahn miteinander verbunden, während die Verbindung der Untergurte durch Querträger gewährleistet wird. Durch Verwendung dieser hochfesten Stahlsorten konnten die 49 Brückensegmente der Vorlandbrücken, die in der Stahlbauwerkstatt von Dragados Offshore bei Cadiz/Spanien hergestellt und dann per Schleppkahn nach Malmö verschifft wurden, in der vorteilhaften großen Länge erstellt werden. Ferner wurde so eine Konstruktion mit möglichst großen Spannweiten ermöglicht.
– Das sich gerade im Abschluss befindliche Millau-Viadukt, eine 2460 m lange Mehrfach-Schrägseilbrücke im Süden des französischen Massif Centrale. Von insgesamt für diese Brücke benötigten 43.000 t Stahl werden rund 50 % als S460M/ML und S460QL in Dicken bis 200 mm verwendet, insbesondere große Teile des Decks (insbesondere der mittlere Kasten mit Baudicken bis 80 mm) sowie die Pylonköpfe, Bild 12 [7]

Bild 11: Montage der Øresund-Brücke

- Die Rheinbrücke Ilverich nahe des Flughafens Düsseldorfs mit einer Spannweite von 287,50 m. Hier kamen rund 700 t S460ML in Dicken bis 100 mm für die rund 35 m hohen Pylone zur Anwendung. Zum Erzielen einer besonderen Schadensintoleranz gegenüber Schäden aus Ermüdung, Fertigung und Montage wurde der Weg über die werkstoffliche Redundanz, d.h. den Einsatz von Stählen mit hoher bruchmechanischer Zähigkeit, gewählt, Bild 13 [8].
- Gerade wegen dieser Kombination einer hohen Zähigkeit mit einer erhöhten Festigkeit kommt der Stahl S460M verstärkt in Pylonen von Schrägseilbrücken zur Anwendung, so dass höchste architektonische Gesichtspunkte berücksichtigt werden können. Ein weiteres Beispiel stellt hier der Pylon der Prince Claus Brücke über einen Kanal in Utrecht dar, für den 1.300 t S460M in Dicken bis 90 mm zum Einsatz kamen (Bild 14).

Bild 12: Bau der Millau-Brücke (Stand: Anfang Mai 2004)

Bild 13: Rheinbrücke Ilverich mit 35 m hohem Pylon

Aber auch für Brücken im kürzeren Spannweitenbereich kann die Verwendung von höherfesten Stählen durchaus wirtschaftlich lukrativ sein. Ein typisches Beispiel zeigt Bild 15 in Quer- und Längsschnitt. Die Brücke über den Fluss Garde in der Nähe des südfranzösischen Örtchens Rémoulins, 1993 errichtet, war die erste französische Stra-ßenbrücke, die auf S460M zurückgriff. Die Spannweiten dieser Verbundbrücke mit 2 geschweißten I-Längsträgern betragen 47 m, 66 m und 51 m. Durch die Anwendung dieses Werkstoffes in einem Dreifeld-Durchlaufträger in der Nähe der Pfeilerauflager konnte die notwendige Flanschstärke von 120 mm in S355 auf 80 mm in S460M redu-ziert werden und so entsprechend Fertigungskosten für die aufwändigen Stumpfstöße verringert werden.

Bild 14: Prince Claus Brücke in Utrecht (NL)

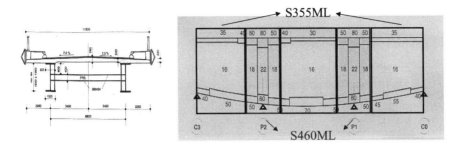

Bild 15: Brücke über die Garde bei Rémoulins (F) in Quer- und Längsschnitt

Auf diesen Werkstoff kann auch zurückgegriffen werden, um zur Einhaltung eines bestimmten Lichtraumprofils oder zu Erzielung möglichst großer Zugänglichkeiten der Stahlkonstruktion beim Schweißprozess auf reduzierte Querschnitte zurückzugreifen, wie z.B. bei der Brücke über die A215 in der Nähe von Kiel (Bild 16). Auch ein erstes Referenzprojekt zur Verwendung von S460 im deutschen Eisenbahnbrückenbau existiert bereits.

3.2 Vergütete Stähle

Für Stähle mit einer Streckgrenze größer als 500 MPa wird heute in der Herstellung meist auf den Vergütungsprozess zurückgegriffen. Dabei findet nach dem Walzen ein erneutes Erwärmen auf Normalisierungstemperatur mit folgendem Abschrecken in Wasser statt. Daraus resultiert ein martensitisch-bainitisches Gefüge hoher Festigkeit, das durch ein Anlassen auch in seiner Zähigkeit verbessert wird (Bild 8 und 9: Q+T).

Bild 16: Brücke über A215 bei Kiel, S460M in Längsträgern

Solche Stähle werden heute in Streckgrenzen bis 1100 MPa hergestellt und vor allem im Mobilkranbau eingesetzt. Auf Grund der zur Erreichung der Härtbarkeit höheren Legierung (siehe Tabelle 1: S690Q) sowie des engen Abkühlungsintervalls zur Erreichung der notwendigen Festigkeiten und Zähigkeiten ist die Schweißung solcher Stähle im Regelfall als schwieriger zu betrachten als die der TM-Stähle oder auch konventioneller Baustähle [9].

Prinzipiell kann der Stahl S690QL1 in Dicken bis 50 mm Blechdicke unter einer Allgemeinen Bauaufsichtlichen Zulassung in Deutschland verwendet werden; größere Dicken sind mit einer Zustimmung im Einzelfall möglich.

Aus obigen Gründen ist der Einsatz von S690QL1 im Brückenbau auf wenige spezielle, hoch belastete Konstruktionselemente begrenzt, in denen dieser Stahl eine Reduzierung des statischen Querschnitts ermöglicht, wenn nicht gleichzeitig die Einhaltung von Durchbiegungs- oder Stabilitätskriterien eine Rolle spielt. Dies kann z.B. im Stützbereich von Durchlaufträgern möglich sein. Bekannteste Beispiele zur Verwendung des Stahls S690 sind:

– die Köhlbrand-Brücke in Hamburg
– die Rheinbrücke Duisburg-Neuenkamp
– die Eiserne Brücke in Regensburg [10]

Ein anderes, aktuelleres Anwendungsbeispiel zeigt die Verbundbrücke über das Güterverladezentrum Ingolstadt. Die Brücke mit Spannweiten von 24 m + 3 × 30 m + 24 m besteht aus einem Verbundquerschnitt mit zwei 1,20 m hohen Stahllängsträgern im Abstand von 7 m, Querträger im Abstand von 7,50 m sowie einer auskragenden schlaff bewehrten Betonfahrbahn. Hochfester Baustahl kam hier für den Stützenanschluss zu den Stützen, die aus betongefüllten Rohren mit 610 mm Durchmesser bestehen, zum Einsatz. Lamellen von 70 mm Dicke aus S690QL1 wurden zwischen Längsträger und Rohrstütze angeordnet. So wurde eine sehr effiziente Methode geschaffen, eine aufwändigere Lagerung des Überbaus zu ersetzen (Bild 17). Die Gesamtsicht des durch den schlanken Pfeiler-Überbau-Übergangs besonders grazil wirkenden Bauwerks ist in Bild 18 gegeben

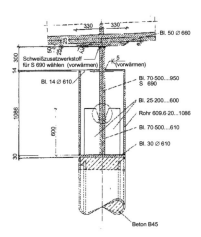

Bild 17: Stützen-Längsträger-Anschluss bei der Brücke GVZ Ingolstadt

*Bild 18: Unteransicht der Verbundbrücke GVZ Ingolstadt
(Foto: Mayr & Ludescher Beratende Ing.)*

Dieses Prinzip der elastischen Federlamelle aus hochfestem Stahl S690 wurde schon bei einer Reihe von Projekten vor allem im süddeutschen Raum angewandt, um einen kostengünstigen und wartungsarmen Ersatz für klassische Lager zu bilden und gleichzeitig eine durch die Schlankheit der Konstruktion bedingte architektonische Transparenz darzustellen. Zur weiteren Verdeutlichung stellt Bild 19 die Wirkungsweise dieser Federlamelle am Beispiel des Projekts der Luitpoldbrücke in Augsburg dar [11].

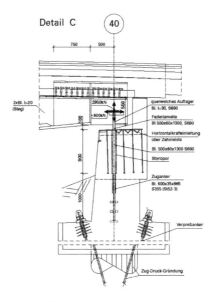

*Bild 19: Federlamelle als Pfeiler-Überbau-Übergang in der Luitpoldbrücke Augsburg (Mayr
& Ludescher Beratende Ing.)*

4 Wetterfeste Baustähle

Unter wetterfesten Baustählen versteht man niedrig legierte Baustähle, die mit geringen Gehalten von Elementen wie Kupfer, Chrom und Nickel legiert sind, die eine Verzögerung des Rostungsprozesses ermöglichen, die so stark sein kann, dass unter bestimmten Umständen auf eine Beschichtung des Bauteils verzichtet werden kann. Dies ist aus einer unter Wirkung der obigen Elemente sich bildenden, fest haftenden und dichten Patina begründet, die den weiteren Rostungsprozess zwar nicht absolut stoppt aber wesentlich verlangsamen kann. Dies ist an einem Beispiel in Bild 20 wiedergegeben.

Als Maß für die Wetterfestigkeit wird dabei häufig ein aus den Gehalten bestimmter Legierungselemente berechneter Index herangezogen, der ein Minimumwert von 6,0 erreichen soll [12]:

$$I = 26,01\,(\%Cu) + 3,88\,(\%Ni) + 1,20\,(\%Cr) + 1,49\,(\%Si)$$

$$+ 17,28\,(\%P) - 7,29\,(\%Cu)(\%Ni) - 9,10\,(\%Ni)(\%P) - 33,39\,(\%Cu)^2 \qquad (1)$$

Es sollte nicht unerwähnt bleiben, dass Phosphor zwar einen positiven Einfluss auf die Wetterfestigkeit ausübt. Da es aber die Schweißeignung sehr stark beeinträchtigt, wird es für wetterfeste Baustähle für Schweißkonstruktionen nicht eingesetzt.

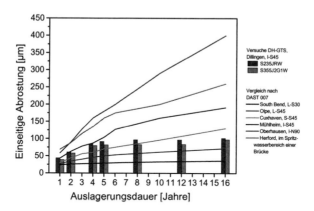

Bild 20: Abrostung bei wetterfesten Baustählen

In Europa sind wetterfeste Baustähle nach EN 10 155 (z.B. S355J2G1W) genormt. Dabei stellt das Material sicherlich keine neue Entwicklung dar, wird es doch schon seit den 1930er Jahren z.B. für Eisenbahnwagons verwendet und wurde es in den 1960er Jahren auch in den Brückenbau eingeführt.

Jedoch müssen für die Verwendung von wetterfesten Baustählen im Gegensatz zu beschichteten Konstruktionen einige Grundregeln beachtet werden, so z.B.:

– Vermeidung von konstruktiven Details oder Umgebungsbedingungen, die Staunässe zulassen, welche auch bei diesem Stahl zu „ungehemmter" Rostung führt.
– Nicht-Verwendung in chloridhaltiger Atmosphäre z.B. nahe des Meeres.
– Beachtung von Dickenzuschlägen bei chemisch aggressiven Atmosphären wie z.B. in einer Industrieumgebung.

Die Nicht-Beachtung dieser elementaren Regeln in der Anfangszeit der Verwendung, die folgerichtig zu Problemen während der Betriebszeit führte, trägt heute noch einen wesentlich Teil zum schlechten Ansehens dieser Stahlgüten bei. Dabei sollten diese Hindernisse heute eigentlich durch die genauen Anweisungen von spezialisierten Richtlinien, wie z.B. DASt-Richtlinie 007, aus dem Weg geräumt sein. Die Nicht-Berücksichtigung der abrostenden Oberfläche bei der statischern Berechnung wird dabei durch die Berücksichtigung von Abrostungszuschlägen Rechnung getragen, deren Größenordnung von den Umgebungsbedingungen abhängt [13]

Um so mehr ist es erstaunlich, dass die Verwendung von wetterfesten Baustählen in Europa sehr unterschiedlich gesehen wird. Kann dieses Material in Deutschland oder Frankreich schon als unpopulär bezeichnet werden, werden in Italien bis zu 50 %, in Großbritannien bis zu 25 % aller Stahlbrücken in wetterfesten Baustahlgüten errichtet. Bild 21 zeigt ein typisches Beispiel aus Großbritannien. Dort wird der Einsatz dieses Stahles mit den niedrigeren Instandhaltungskosten durch die Vermeidung von Neubeschichtungen begründet. Teilweise ist trotz des höheren Stahlpreises und der höheren Tonnage durch Abrostungszuschläge schon von geringeren Anschaffungskosten auszugehen. Tabelle 2 stellt entsprechende Werte für die Zusatzkosten einer WT-Stahl-Konstruktion aus Großbritannien dar. Dabei wurde ein abschließendes Strahlen berücksichtigt, da dieses für beschichtete Konstruktionen im Fixpreis für die Beschichtung vorhanden ist. Mit den Werten aus Tabelle 2 erreicht man bei dem Oberflächen-Gewichts-Verhältnis von ca. 10 m²/t Oberflächenveredlungskosten von 20 bis 25 Eur/m², die entsprechenden Werten für ein Beschichtungssystem gegenübergestellt werden können [14].

Bild 21: Wetterfester Baustahl in einer Verbundbrücke in Südengland

Tabelle 2: Zusatzkosten für WT-Stahl zum Vergleich mit Beschichtungssystem

	Zusatzkosten in Eur/t	
Abrostungszuschlag	+ 1 mm	+ 2 mm
Aufpreis WT-Stahl	80	80
Kosten Zusatzdicke	46	93
Aufpreis WT-Stahl in Verschnitt	4	4
Aufpreis Schweißzusätze	11	11
Zusätzliches Strahlen	34	34
Aufpreis WT-Schrauben	28	28
Total	**203**	**254**

Somit kann die Verwendung von wetterfesten Baustählen im Vergleich zu typischen beschichteten Stahlkonstruktionen zusammenfassend in folgenden Vorteilen resultieren.

– Niedrigere Anschaffungskosten, da die vermiedenen Kosten für Korrosionsanstriche die Mehrkosten aus höheren Stahlbeschaffungskosten mehr als kompensieren.

– Schnellere Bauzeit durch Vermeidung von Beschichtungen in der Werkstatt und auf der Baustelle.

– Niedrigere Instandhaltungskosten, da keine Farbanstriche ausgebessert werden müssen.

– Damit verbunden geringere Verkehrsbeeinträchtigungen während der Instandhaltung.

– Geringere Umweltbelastung durch die Vermeidung von Lacken und Lösemitteln insbesondere bei Beschichtung auf der Baustelle.

Die Thematik soll durch einen Blick auf nicht-europäische Länder abgerundet werden. Auch in Japan und den USA sind WT-Stahl-Güten im Brückenbau sehr weit verbreitet und nehmen in letzteren schon einen Marktanteil bis 50 % ein. Stahlentwicklungen für den Brückenbau konzentrieren sich in diesen Ländern mit traditionell starkem Stahlbrückenbau vor allem auf wetterfeste Baustähle, um über die Instandhaltungskosten die Wettbewerbsfähigkeit gegenüber Betonbrücken zu erhalten.

Aus der Topographie des Landes bedingt gehen die Entwicklungen in Japan in die Richtung, auch WT-Stahlgüten anzubieten, die in maritimer Atmosphäre beständig sind. Dazu wird auf erhöhte Legierungsgehalte zurückgegriffen [15].

In den USA wurde Mitte der 1990-Jahre zwischen Stahlherstellern und Straßenbaubehörden ein Projekt initiiert, einen hochfesten und wetterfesten Baustahl mit gleichzeitig guten Fertigungseigenschaften für die Verwendung in Brücken bis Spannweiten von 50 m zu entwickeln. Dieses Projekt wurde durch die Anpassung der Brückenbaucodes begleitet [16].

Bild 22: HPS70W in einer Brücke bei Springfield, Nebraska

Das Ergebnis stellt eine Stahlgüte HPS70W dar, ein wetterfester Baustahl mit 485 MPA Mindeststreckgrenze, der in den USA in Dicken bis 50 mm durch thermomechanische Walzung dargestellt wird. 1997 wurde die erste Brücke in Nebraska aus diesem Material gebaut. Ein Beispiel stellt Bild 22 dar, eine Verbundbrücke mit vier durchgehenden Längsträgern im Abstand von 3 m in Spannweiten von 43 m (Randspänne) bzw. 53 m (Mittelspann). Typisch ist dabei auch die Hybridkonstruktion des Längsträgers im Bereich negativer Biegemomente mit einem normalen Stahl mit 345 MPa Mindestreckgrenze für den Steg sowie HPS70W in den Gurten, während für die Bereiche mit positiven Biegemomenten allein auf einen Stahl mit 345 MPa Streckgrenze zurückgegriffen wurde.

Bis heute kam der Stahl HPS70W in rund 140 Brückenkonstruktionen teils auch als Hybridkonstruktion mit klassischen Baustählen zum Einsatz.

5 Abschließende Bemerkung

Der vorliegende Artikel stellt die Entwicklungen der letzten Jahre auf dem Gebiet der Metallurgie der Brückenbaustähle dar. Die Anwendung solcher „moderner" Produkte wie Bleche großer Dicke, hochfeste und wetterfeste Stähle wird von Land zu Land sehr unterschiedlich gesehen. Hier besteht für uns der Vorteil, von den Erfahrungen anderer Länder nachhaltig zu lernen, um auch in Zukunft wettbewerbsfähige und leistungsfähige Stahl- und Verbundbrücken anbieten zu können.

Literatur

[1] OTUA: Bulletin Ponts Métalliques Nr. 19, Paris, 2000.

[2] CEN: Eurocode 3 Part 1-10: Selection of materials for fracture toughness and through-thickness properties, Entwurf Dez. 2001.

[3] Hubo, R.; Hanus, F. E.; Srreißelberger, A.: Manufacturing and fabrication of thermomecanically rolled heavy plates, Steel Research 64 (8/9), 1993, S.391-395.

[4] Hever, M.; Schröter, F.: Modern steel - High performance material for high performance bridges, 5th International Symposium on Steel Bridges, März 2003, Barcelona, S. 80-91.

[5] Hubo, R.; Schröter, F.: Thermomechanisch gewalzte Stähle - Hochleistungs-produkte für einen effizienten Stahlbau, Bauingenieur 76, 2001, S. 459-463.

[6] Schröter, F.; Schütz, W.: Innovative Grobblechentwicklungen, Hansa 141 (2), S. 35-39.

[7] Martin, J.-P.; Buonomo, M.; Servant, C.: La construction des appuis et le lançage du tablier du viaduc de Millau, Travaux 803 (Dez. 2003).

[8] Sedlacek, G.; Eisel, H.; Paschen, M.; Feldmann, M.: Untersuchungen zur Bau-barkeit der Rheinbrücke A 44, Ilverich und zur Anwendung hochfester Stähle, Stahlbau 71 (6), 2002, S. 423-428.

[9] Schröter, F.: Konstruktive Lösungen mit Feinkornbaustählen im schweren Stahlbau, Schweißen im Schiffbau und Ingenieurbau, 5. Sondertagung Ham-burg, März/April 2004.

[10] Mayr, G.; Schürmann, F.; Swacyna, A.: Neubau der Eisernen Brücke über die Donau in Regensburg, Stahlbau 61 (10), 1992, S. 289-300.

[11] Mayr, G.; Busler, H.: Stahlbrücken mit neuartiger, wartungsfreier Lager-konstruktion, Fachseminar und Workshop Schweißen und Schrauben, 2. Und 4. April 2003, Mümchen.

[12] ASTM G 101: Standard Guide for estimating the atmospheric corrosion re-sistance of low-alloy steel.

[13] Deutscher Ausschuss für Stahlbau: DAST -Richtlinie 007, Lieferung, Verar-beitung und Anwendung wetterfester Baustähle, Mai 1993.

[14] European Convention for Constructional Steelwork ECCS: The use of weathering steel in bridges, Publication Nr 81.

[15] Van Ooyen, K.: HPS success, Modern Steel Construction, Sept. 2002.

[16] Nishioka, K.; Kihira, H.; Kusunoki, T.; Sakata, Y.; Homma, K.: Improved weathering steel for Japan's costal environment, Proceedings of the 2001 World Steel Bridge Symposium, Chicago Okt. 2001, S. 17-1-17-12.

Stabbogenbrücken aus Stahl und Beton

Ulrike Kuhlmann, Annette Detzel, Jochen Raichle

1 Warum eine Stabbogenbrücke?

Der Bogen ist eine Grundform im Brückenbau. Seine große Tragfähigkeit beruht vor allem darauf, dass die äußere Belastung zum großen Teil über Normalkräfte, dem Druck im Bogen, und nicht über Biegemomente abgetragen wird. Noch effizienter wird dieses System, wenn – wie bei Stabbogenbrücken üblich - der resultierende Bogenschub am Auflager nicht in aufwändige Gründungskonstruktionen abgeleitet, sondern über ein Zugband in der Fahrbahnachse kurzgeschlossen wird. So treten unter bogenaffinen Lasten nur Normaldruckkräfte im Bogen und Zugkräfte im Versteifungsträger auf. Die nicht bogenaffinen Beanspruchungen werden in der Regel durch Biegung der Versteifungsträger abgetragen. Die hohe Biegesteifigkeit des Versteifungsträgers erlaubt die Ausbildung sehr schlanker, fast nur Normalkraft beanspruchter Stabbögen, siehe Bild 1 [1].

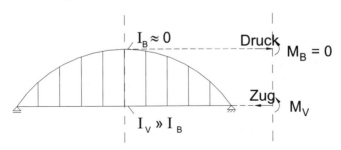

Bild 1: *Schnittgrößenaufteilung im Stabbogensystem*

Folgende Vorteile haben dazu geführt, dass das Stabbogensystem in den letzten Jahren besonders für Straßenbrücken verstärkt zum Einsatz kam:

- Durch die niedrige Bauhöhe unterhalb der Fahrbahn können relativ große Spannweiten unter Beibehaltung einer größtmöglichen lichten Durchfahrtshöhe realisiert werden. Dies ist insbesondere bei der Überbrückung von Straßen, Schienen und Wasserwegen notwendig.
- Da die eigentliche Bogenkonstruktion über der Fahrbahn liegt, können Anrampungen zur Brückenanfahrt flach gehalten werden.
- Der weithin sichtbare Bogen kann, wo optische Akzentgebung erwünscht ist, ohne wirtschaftlichen Mehraufwand ein Zeichen setzen.

Prof. Dr.-Ing. U. Kuhlmann, Dipl.-Ing. A. Detzel, Dipl.-Ing. J. Raichle, Universität Stuttgart

2 System- und Querschnittswahl

2.1 Statisches System

Die typische Stabbogenbrücke für die Überführung einer Straße besteht heute aus zwei außen liegenden nicht miteinander verbundenen Stabbögen aus geschweißten Stahlhohlkästen, Stahlversteifungsträgern in den beiden Bogenebenen, die den innen liegenden Fahrbahnrost tragen, und geraden Hängern aus runden Vollstäben, die Bögen und Versteifungsträger verbinden, siehe Bild 2.

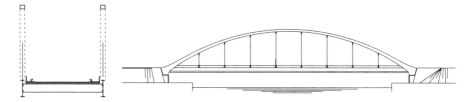

Bild 2: Typische Stabbogenbrücke, Ansicht und Querschnitt

Typische Spannweiten für dieses System sind 60 bis 130 m. Einzelne Bauwerke wie die Fehmarnsundbrücke oder die Rheinbrücke Düsseldorf-Hamm/Neuss spannen aber auch bis zu 250 m [2], [3]. Der Vergleich einiger ausgeführter Straßenbogenbrücken zeigt, dass die Schlankheit des Versteifungsträgers in der Regel ungefähr 40 beträgt und das Verhältnis Bogenstich/Spannweite typischerweise etwa 1:6 bis 1:7 (siehe z.B. [4]).

Bemerkenswert ist, dass gerade die weitest gespannte deutsche Stabbogenbrücke, die Rheinbrücke Düsseldorf-Hamm/Neuss, eine Eisenbahnbrücke ist. Sie überführt 4 S-Bahngleise [3]. Normalerweise führt die relative Nachgiebigkeit für nicht bogenaffine Lasten bei Stabbogenbrücken dazu, dass die strengen Durchbiegungsbeschränkungen für Eisenbahnverkehrslasten nur schwer einzuhalten sind. Im Fall die Hammer Eisenbahnbrücke sorgen zwei zur Röhre verbundene 12,4 m hohe Fachwerk–„Versteifungsträger" dafür, dass Biegemomente und auch Torsionsmomente gut abgetragen werden können.

Die Fehmarnsundbrücke erreicht ausreichende Steifigkeit dagegen durch schräg gestellte Hänger. Dieser auch Lohse-Nielsen Bogen genannte Typ [2] erfreut sich gerade in jüngster Zeit einiger Beliebtheit, siehe [5,6]. Im Unterschied zur Anordnung der Hänger in Bild 2 üben diagonal angeordnete Hänger eine Art Fachwerkwirkung aus, siehe Bild 3. Dadurch sind sie in der Lage, sich auch an der Lastabtragung einseitiger Lasten zu beteiligen und erhöhen die Steifigkeit des Gesamtsystems. Die auftretenden Druckkräfte werden in erster Linie durch Vorspannung der Diagonalen aufgenommen. Die Vorspannung kann im Falle einer Betonfahrbahn einfach durch das Betongewicht der Fahrbahnplatte erzeugt werden. Durch die erhöhte Gesamtsteifigkeit kann der Versteifungsträger unter der Fahrbahn sehr viel schlanker ausgeführt werden. Die Schwierigkeit dieser Konstruktion liegt eher in der Wahl einer ästhetisch gelungenen Aufteilung bzw. Neigung der Diagonalen.

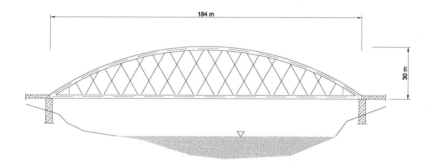

Bild 3:   Ansicht einer Stabbogenbrücke mit gekreuzten Hängern

2.2   Querschnittswahl

In der überwiegenden Zahl wird bei Verbundbogenbrücken die Verbundfahrbahn bewusst von den beiden Stahlhauptträgern abgesetzt, um die Mitwirkung der Betonplatte im Bogenzugband zu minimieren, siehe dazu Beispiele mittlerer Spannweite in [7], aber auch großer Brücken wie die Elbebrücken Tangermünde [8] oder Dömitz [9], siehe Bild 4. Die trotzdem auf Grund der Teilmitwirkung auftretenden Zugkräfte führen zu einem Reißen in der Betonplatte. Früher wurden diese Risse durch eine hohe Spanngliedlängsvorspannung überdrückt. Heute lässt man das Reißen der Betonplatte zu und sorgt durch eine verstärkte schlaffe Bewehrung von bis zu 80 bis 90 kg/m² für eine feine Rissverteilung.

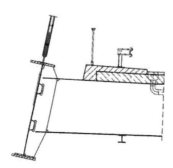

Bild 4:   Detail Hauptträger der Elbebrücke Tangermünde [8]

Da man heute durch verbesserte Bemessungskonzepte in der Lage ist, die Mitwirkung der gerissenen Betonplatte im System zu berücksichtigen, gibt es für die planmäßige Trennung von Betonplatte und Stahlversteifungsträger keine zwingenden Gründe mehr. Bei einigen Brücken wird daher auch die Betonplatte bis an die Stege der außen liegenden Versteifungsträger herangeführt [7]. Die Fahrbahnplatte wird über eine horizontale Leiste mit Kopfbolzendübeln mit den Versteifungsträgern schubfest verbunden. Statt einer Leiste mit stehenden Kopfbolzendübeln können, um die Schubkraft zwischen Betonplatte und Versteifungsträger zu übertragen, auch horizontal liegende Dübel am Steg eingesetzt werden, siehe zum Beispiel die Brücke über den Elbe-Abstiegskanal bei Rothensee [4]. Horizontal liegende Dübel oder allgemeiner randnahe Dübel unter Längsschub erzeugen ein Spalten der Betonplatte, das die Dübeltragfähigkeit herabsetzt, vergleiche Abschnitt 2.3.

Wird das System der in Längsrichtung mitwirkenden Betonplatte konsequent weiter entwickelt, erhält man ein neues System, bei dem die Stahlhauptträger nicht mehr neben der Fahrbahn angeordnet sind sondern unter ihr. Die Betonplatte spannt dann nicht in Längsrichtung von Querträger zu Querträger sondern wie bei klassischen Verbunddeckbrücken in Querrichtung von Längsträger zu Längsträger. Dieses System wurde zum Beispiel 1996 bei der Amperbrücke Inning südlich von München verwirklicht [10], siehe Bild 5. Bogendruckkraft und Zugkraft in den Fahrbahnlängsträgern werden über ein Verbandssystem am Brückenende kurzgeschlossen.

Wirtschaftlicher Vorteil dieses Entwurfes ist die Reduzierung der Anzahl der Querträger und Hänger. Da nur vier Querträger bzw. vier Hänger je Bogen anzuschließen sind, können die Fertigungskosten auf der Baustelle im Bereich der aufwändigen Anschlüsse und Kreuzungspunkte reduziert werden.

Ein Nachteil dieses Systems ist jedoch, dass der sonst eher untergeordnete Lastfall „Ausfall eines Hängers" an Bedeutung gewinnt. Bei Ausfall des Hängers wirkt die Hängerkraft als Einzellast auf den Bogen und bewirkt ein nicht unerhebliches Biegemoment in der Bogenebene, das u.U. eine steifere Ausführung des Bogenquerschnitts erfordert.

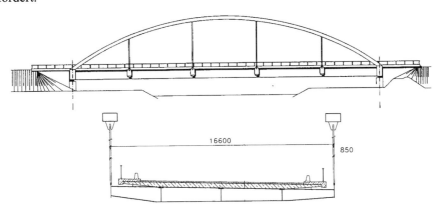

Bild 5: Ansicht und Querschnitt Amperbrücke [10]

Weitere Beispiele für solche längs orientierten Systeme sind die Mainbrücke an der NATO - Rampe [5] oder auch die Grenzbrücke über die Oder bei Frankfurt [11]. Bei der Grenzbrücke wird der Querschnitt der Vorlandbrücke, ein Verbundhohlkasten, als Längsträgerquerschnitt über die Stabbogenbrücke weitergeführt. Gerade das letzte Beispiel zeigt auch, dass durch die herausragenden Querträger und den abgesetzten Bogenanschluss auch optisch eine sehr elegante Lösung gefunden werden kann.

2.3 Anschluss Betonplatte an Stahlhauptträgersteg

Bei randnahen bzw. liegenden Kopfbolzen, mit denen entsprechend Bild 6 die Betonplatte an die Stahlhaupträgerstege angeschlossen ist, wird bei Einleitung des Längs-
schubs parallel zum freien Betonrand die Dübeltragfähigkeit gegenüber randfernen
bzw. stehenden Kopfbolzen zusätzlich durch die Gefahr des Betonspaltens begrenzt
[12], [13].

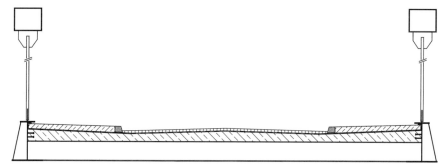

Bild 6: Querschnitt mit liegenden Kopfbolzen im Brückenbau

In vielen Fällen werden liegende Kopfbolzen darüber hinaus nicht nur durch Längsschub infolge Biegung des Verbundträgers sondern auch durch Querschub infolge vertikaler Lagerung der Stahlbetonplatte beansprucht. Bild 7 zeigt die Rissbildung in Abhängigkeit von der Richtung der Dübelbeanspruchung. Eine kombinierte Quer- und
Längsschubbeanspruchung kann zu einer gegenseitigen Beeinträchtigung, d. h. zu einer Reduktion der Einzeltragfähigkeiten führen.

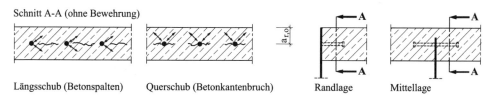

Bild 7 :Rissbildung infolge Längs- und Querschub   *Bild 8: Lage der Verbundfuge*

Infolge abweichender Steifigkeitsverhältnisse beeinflusst die Lage der Verbundfuge in
Relation zur Stahlbetonplatte entsprechend Bild 8 grundsätzlich das Tragverhalten der
liegenden Kopfbolzendübel. Für Längs- wie auch Querschub führt eine Mittellage der
Verbundfuge zu einer höheren Tragfähigkeit als für eine Randlage.

Bei konzentrierter Einleitung der Längsschubkräfte über liegende Kopfbolzen besteht
die Gefahr des Aufspaltens der Betonplatte parallel zur Plattenoberfläche, vgl. Bild 9.
Eine geeignete Bewehrungsführung nahe der Verbundfuge führt zu einer Umklamme-
rung der Plattenstirnseite und bewirkt neben einer erhöhten Tragfähigkeit auch eine
hohe Resttragfähigkeit und hohe Duktilität der Verbundfuge. Bei einer Randlage der

Verbundfuge muss als zusätzlicher Versagensmodus das Herausziehen der Dübel durch eine ausreichende Verankerung im umgebenden Bewehrungskorb verhindert werden, siehe Bild 10.

Bild 9: Betonspalten   *Bild 10: Herausziehen der Dübel in Randlage*

Für die Bemessung kann die Spalttragfähigkeit liegender Kopfbolzen unter Längsschub wie folgt ermittelt werden:

$$P_{Rd,L} = 1,42 \cdot (f_{ck} \cdot d_{Dü} \cdot a_r')^{0,4} \cdot (a/s)^{0,3} \cdot A_L / \gamma_v \qquad (2.1)$$

mit: $P_{Rd,L}$ Bemessungswert der Spalttragfähigkeit [kN]

f_{ck} Charakteristische Zylinderdruckfestigkeit des Betons [N/mm^2]

$d_{Dü}$ Schaftdurchmesser des Dübels [mm]

a_r' Wirksamer Randabstand; $= a_r - c_v - d_{s,Bü} / 2$

$d_{s,Bü}$ Bügeldurchmesser [mm]

a/s Anzahl der Bügel je Dübel [–]

A_L Lage der Verbundfuge; $= 1$ Randlage, $= 1,14$ Mittellage

γ_v Teilsicherheitsbeiwert für Verbundmittel; $= 1,25$

Bedingung: $19 \le d_{Dü} \le 25$ mm; $d_{s,Bü} \ge 8$ mm; $110 \le a \le 440$ mm; $a / 2 \le s \le a$; $s / a_r' \le 3$

Die verwendeten Bezeichnungen für die Geometrieparameter sind in Bild 11 näher erläutert.

Neben den bereits angegebenen Randbedingungen sollten noch folgende Voraussetzungen eingehalten werden:

–   Die Tragfähigkeit stehender Kopfbolzendübel nach DIN Fachbericht 104 [14] sollte als Obergrenze eingehalten werden.

–   Die Bügelbewehrung sollte für folgende Spaltzugkräfte bemessen werden:

$$T_d = 0,3 \cdot P_{d,L} \cdot (1 - d_{Dü} / a_r') \qquad (2.2)$$

–   Bei einer Randlage der Verbundfuge ist eine ausreichend tiefe Verankerung v gegen das Herausziehen der Kopfbolzen entsprechend Bild 11 zu gewährleisten.

–   Beton in Druckzone: $\beta \le 30°$ bzw. $v \ge \max \{110$ mm ; $1,7 \cdot a_r'$; $1,7 \cdot s / 2\}$

–   Beton in Zugzone: $\beta \le 23°$ bzw. $v \ge \max \{160$ mm ; $2,4 \cdot a_r'$; $2,4 \cdot s / 2\}$

(Die Begrenzung der erforderlichen Verankerung v begründet sich auf Erfahrungen aus der Befestigungstechnik [15].)

In [16] finden sich weitere Informationen zur Tragfähigkeit auf Querschub und zum Ermüdungsverhalten von randnahen Kopfbolzendübeln. Die Regelungen sind auch in die noch in diesem Jahr erscheinende neue deutsche Verbundnorm DIN 18800-5 [17] eingegangen.

Mittellage   Randlage   Schnitt A-A

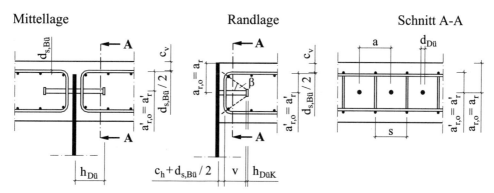

Bild 11: Geometrieparameter in Verbundfugen mit liegenden Kopfbolzen

3   Fahrbahn

3.1   Materialwahl

Wie oben erläutert, wirkt die Fahrbahn beim Brückentyp der Stabbogenbrücke nicht nur als Element zur örtlichen Abtragung der Verkehrslasten sondern auch als Teil des Zugbandes im Gesamtsystem mit. Diese Funktion kann dabei sowohl von einer Stahlbetonfahrbahn, die mit der Stahlkonstruktion im Verbund steht, übernommen werden als auch von einer reinen Stahlkonstruktion, der orthotropen Stahlfahrbahn. Die heute gängige, da in der Regel wirtschaftlichere Lösung ist die Betonplatte. In bestimmten Situationen kann jedoch der Einsatz der orthotropen Stahlfahrbahn vorteilhaft sein. Im Folgenden sollen die Vor- und Nachteile der beiden Konstruktionsarten beschrieben werden.

3.2   Verbundfahrbahn

Die Vorteile der Betonfahrbahn sind der sehr effiziente Lastabtrag der örtlichen Fahrbahnlasten und der Fahrkomfort auch im Hinblick auf die Vereisungsgefahr z.B. bei der Überführung von Straßen über Wasserwege. Nachteile sind verknüpft mit der Notwendigkeit, häufig im Nachlauf zur Montage der Stahlkonstruktion, also mit Zeitverzug, die Betonplatte erstellen zu müssen. Systeme, auch hier auf Halbfertigteile zu betonieren, um Zeit- und Schalungsaufwand zu minimieren, sind in Deutschland bisher eher selten angewandt worden.

Dies hat sicher auch damit zu tun, dass eigentlich im Gegensatz zu dem Prinzip, Zug durch Stahl und Druck durch Beton abtragen zu lassen, die Betonfahrbahnplatte im

Gesamtsystem als Zugband mitwirkt. Wie bereits erwähnt, wird heute in der Regel die Betonfahrbahnplatte nicht mehr mit Hilfe von Spanngliedern vorgespannt. Stattdessen wird die reduzierte Steifigkeit der gerissenen Fahrbahnplatte in der Berechnung berücksichtigt und werden die auftretenden Rissweiten durch einen erhöhten Bewehrungsgrad an schlaffem Bewehrungstahl begrenzt.

Man hat jedoch in der Verbundfahrbahn von Stabbogenbrücken den für Massivbrücken eher ungewöhnlichen Fall, Querkräfte z.B. aus Radlasten über Trennrisse aus zentrischer Zugbeanspruchung hinweg abtragen zu müssen. Anlass für die eigenen Untersuchungen [18] war, dass bisher nur wenige grundlegende experimentelle Untersuchungen der Querkrafttragfähigkeit zugbeanspruchter Stahlbetonbauteile mit zum Teil sehr stark voneinander abweichenden Ergebnissen vorlagen und die bekannten mechanischen Modelle die Wirkung einer Zugkraft meist gar nicht oder nur unzureichend berücksichtigten. Für die Bemessung der Fahrbahnplatten von Stabbogen - Verbundbrücken wird die in der Massivbaunormung verankerte Bemessungsgleichung für Querkraft verwendet, die auch den Einfluss einer Betonlängsspannung σ_{cd} berücksichtigt. Beispielhaft ist hier die Gleichung nach DIN 1045-1 [19] angegeben:

$$V_{Rd,ct} = [0{,}10 \cdot \kappa \cdot \eta_1 \cdot (100 \cdot \rho_1 \cdot f_{ck})^{1/3} - 0{,}12 \cdot \sigma_{cd}] \cdot b_w \cdot d \qquad (3.1)$$

mit: $\kappa = 1 + (200 / d)^{1/2} \leq 2{,}0$ Einfluss der Bauteilhöhe [–]

$\eta_1 = 1{,}0$ Normalbeton [–]

$\rho_1 = A_{sl} / (b_w \cdot d) \leq 0{,}02$ Längsbewehrungsgrad [–]

A_{sl} Fläche der Zugbewehrung, die wirksam verankert ist [mm^2]

b_w Kleinste Querschnittsbreite in der Zugzone [mm]

d Statische Nutzhöhe der Biegebewehrung [mm]

f_{ck} Charakteristischer Wert der Betondruckfestigkeit [N/mm^2]

$\sigma_{cd} = N_{Ed} / A_c$ Bemessungswert der Betonlängsspannung (Zug positiv) [N/mm^2]

N_{Ed} Bemessungswert der Längskraft im Querschnitt

A_c Querschnittsfläche

Die Beziehung wurde für vorgespannte Betonglieder entwickelt, ist also aus Querkraftversuchen mit Längsdruck hergeleitet worden. Für Längszug führt die Gleichung zu einer starken rechnerischen Abminderung der Querkrafttragfähigkeit und damit in vielen Fällen zur Anordnung von Schubbewehrung. Die wenigen vorliegenden Versuchsergebnisse ebenso wie die insgesamt 31 eigenen Versuche zeigen aber tatsächlich nur eine geringe Abminderung der Querkrafttragfähigkeit durch die Zugbeanspruchung, vgl. [18].

Ein auf Basis der Versuche durch Regression gewonnener Bemessungsvorschlag ist in Bild 12 zusammen mit den Versuchsergebnissen [18, 20] aufgetragen. Um die Versuchsreihen von Bewehrungsgrad und Betonfestigkeit unabhängig und damit vergleichbar zu machen, ist auf der Ordinate nur die Querkraftreduktion $\Delta v_u(N)$ durch die Zugbeanspruchung bezogen auf den Querschnitt, siehe Gleichung (3.2), aufgetragen.

$$\Delta v_u(N) = m \cdot \sigma_{cd} \qquad (3.2)$$

Die Steigung der Regressionsgeraden, die für Drucknormalkräfte $m = -0,12$ beträgt, ermittelt sich aus den Versuchen mit Zugnormalkräften zu $m = -0,045$, d. h. die Querkraftreduktion ist deutlich geringer als von der derzeit gültigen Gleichung angenommen. Als Bemessungsvorschlag für die Querkrafttragfähigkeit von Betonplatten ohne Querkraftbewehrung bei gleichzeitigem Längszug wird daher folgende Gleichung angegeben:

$$V_{\text{Rd,ct,mod}} = [0,10 \cdot \kappa \cdot \eta_1 \cdot (100 \cdot \rho_1 \cdot f_{\text{ck}})^{1/3} - 0,045 \cdot \sigma_{\text{cd}}] \cdot b_{\text{w}} \cdot d \qquad (3.3)$$

Querkraftreduktion $\Delta v_u(N)$ [N/mm²]

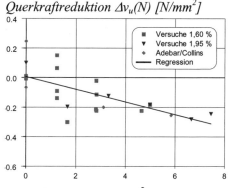

Normalspannung [N/mm²]

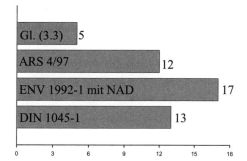

Anzahl der Brücken mit erforderlicher Schubbewehrung [–]

Bild 12: Regression über die Versuchsergebnisse

Bild 13: Vergleich verschiedener Bemessungsansätze bei 18 Brückenbauwerken [22]

Zur Ermittlung der praktischen Auswirkungen wurden die Fahrbahnplatten von 18 ausgeführten Brücken mit dieser neuen Gleichung und drei Normenansätzen bemessen [21]. In allen Beispielen tritt der hier untersuchte Fall auf, dass zur Bemessung der Querkrafttragfähigkeit Längszugspannungen berücksichtigt werden müssen. Den verwendeten Regelwerken ARS 4/97 [22], Eurocode 2 Teil 1-1 [23], DIN 1045-1 [19] und der Bemessungsgleichung gemäß Gl. (3.3) liegt ein additiver Ansatz für die Berücksichtigung der Normalkraft zu Grunde. Sie unterscheiden sich in der Gewichtung des Normalkraftanteils und in der Berücksichtigung der Betongüte und des Bewehrungsgehaltes.

Bild 13 zeigt die Ergebnisse des Bemessungsvergleichs. Daraus wird deutlich, dass nach den gegenwärtigen Bemessungsregeln für die Mehrzahl der Platten eine Schubbewehrung notwendig wird. Bei Anwendung der neuen Bemessungsregel kann in den meisten der untersuchten Bauwerke auf eine kostenintensive und konstruktiv nachteilige Schubbewehrung verzichtet werden.

3.3   Orthotrope Stahlfahrbahn

Wie die Zusammenstellung einiger im Zuge des Ausbaus des Mittellandkanals ent-
standener Stabbogenbrücken in Tabelle 1 zeigt, kamen sowohl Verbundbrücken mit
Betonfahrbahn als auch reine Stahlbrücken mit orthotroper Stahlfahrbahn zur Ausführung. Wie die Tabelle zeigt, reichen die auf die Brückenfläche umgerechneten Kosten
von ca. 4800 bis zu 8500 DM/m². Dabei muss man berücksichtigen, dass Unterbauten
eingeschlossen sind und die Kosten natürlich von Besonderheiten wie Brückenklasse,
zusätzlichem Straßenbahnverkehr u.ä. beeinflusst werden. Die Beispiele zeigen dennoch grundlegende Tendenzen, zum Beispiel, dass trotz der in der Regel etwas höheren Kosten einer Brücke mit orthotroper Stahlfahrbahn gegenüber einer Verbundbrücke mit einer Fahrbahnplatte aus Beton die Vorteile dieser Konstruktion in bestimmten
Situationen dazu führen, dass eine Stahlfahrbahn zur Ausführung kommt.

Tabelle 1:   Baukosten von Stabbogenbrücken am Mittellandkanal

Brücke Nr.	Material	Br.-Kl.	Baukosten [DM/m²]	
233	Verbund	60/30	4852	**min**
226	Verbund	60/30	5028	
228	Verbund	30/30	5531	
240	Stahl	30/30	6114	
224	Verbund	30/30	6399	
236	Stahl	60/30	6540	
232	Stahl	30/30	6800	
237	Stahl	60/30	6925	
241	Stahl	30/30	7121	
227	Stahl	30/30	7540	
231	Stahl	30/30	7618	
234	Stahl	30/30	7903	
235	Stahl	30/30	7903	
238	Stahl	60/30	8573	**max**
			6773	**im Mittel**

Was sind diese Vorteile?

Ein wesentlicher Vorteil der orthotropen Stahlfahrbahn gegenüber einer Betonplatte ist
sicher die sehr kurze Montagezeit vor Ort. Da es sich um eine sehr leichte Konstruktion handelt, können große Teile der Fahrbahn bereits im Stahlbauwerk vormontiert
werden. An der Baustelle sind nur relativ geringe Krankapazitäten erforderlich, um die
Fahrbahn in ihre endgültige Position zu heben. Auch der Einschub der gesamten fertig
gestellten Brückenkonstruktion stellt aufgrund des geringen Gewichtes kein Problem
dar. Insbesondere dort, wo also eine schnelle Inbetriebnahme der neuen Brücke oder

eine Minimierung von Sperrzeiten von kreuzenden Verkehrswegen gefordert ist, kann eine orthotrope Stahlfahrbahn sich gegenüber der Betonfahrbahn lohnen.

Außerdem ist das geringe Gewicht der orthotropen Stahlfahrbahn überall dort von Vorteil, wo relativ große Spannweiten überbrückt werden müssen. Da das System der Stabbogenbrücke hauptsächlich bei moderaten Spannweiten zum Einsatz kommt, ist dieser Einfluss nicht ganz so bedeutend, trägt aber trotzdem zur Reduktion des Gesamtgewichtes und dadurch unter Umständen zu einer weniger massiven Ausführung der Unterbauten bei. Dies spricht auch gerade dann für eine Ganzstahllösung, wenn es darum geht, z.B. im Zuge einer Brückenerneuerung bestehende Gründungskonstruktionen bei erhöhten Verkehrslasten weiter zu verwenden.

Ein weiterer Vorteil der Stahlfahrbahn liegt in der im Vergleich zur Betonfahrbahn geringeren Bauhöhe. Gerade bei der Überführung über einen Verkehrsweg schränkt die notwendige Einhaltung des Lichtraumprofils die zur Verfügung stehende Konstruktionshöhe nach unten stark ein. Ein Haupttragwerk über der Fahrbahn und eine besonders geringe Konstruktionshöhe wie bei Stabbogenbrücken mit Stahlfahrbahn erlauben sehr schlanke Überführungswege.

Gerade der letztgenannte Punkt, die Schlankheit der Konstruktion, ermöglicht auch die Erfüllung von besonderen ästhetischen Ansprüchen, siehe dazu auch Abschnitt 5.

4 Der Bogen und Fragen der Aussteifung

4.1 Montage

Bei Bogensystemen sind, anders als bei Schrägseil- oder Hängebrücken, in der Regel Endsystem und das statische System im Bauzustand nicht identisch. Die Bogenwirkung, d.h. die Abtragung der äußeren Lasten über Drucknormalkräfte wird erst aktiviert, wenn der Bogen geschlossen ist. Bei einer Stabbogenbrücke bedeutet dies sogar, dass Bogen und Zugband vollständig montiert sein müssen, damit der effiziente Kraftschluss im System auch für das Eigengewicht möglich ist.

Bei der Montage führt dies zu dem Problem, dass, insbesondere für die Bogenmontage, immer ein Hilfsgerüst erforderlich ist. Im Fall von frei stehenden Bögen, die nicht über einen Querverband oder Riegel ausgesteift sind, ist es außerdem für die Seitenstabilität des Bogens erforderlich, dass dieser an den Fußpunkten eingespannt wird. Während in Längsrichtung die Stahlversteifungsträger auch im Bauzustand eine Einspannung herstellen, fehlt sie für die Quer- und Horizontalrichtung. In Querrichtung sind also kräftige Stahlendquerträger und ggf. auch noch Horizontalverbände notwendig. Diese Einspannung ist erst wirksam, wenn die entsprechenden Bauteile montiert sind. Auch darum sind meist zusätzliche Hilfsunterstützungen erforderlich.

Um den zusätzlichen Aufwand für Hilfsunterstützungen so weit wie möglich zu reduzieren, wird in der Regel die Stahlkonstruktion soweit vormontiert, dass ein geschlossenes Bogensystem vorliegt. Günstig ist es, wenn man wie bei der Amperbrücke [10] am eigentlichen Einbauort auf Hilfsstützen montieren kann. Im Allgemeinen werden aber Quer- und Längseinschub oder sogar auch Einschwimmvorgänge wie bei der Grenzbrücke über die Oder in Frankfurt [11] notwendig.

Die Betonfahrbahnplatte kann dann wie bei Verbundkonstruktionen üblich, durch Abstützung der Schalung auf der in Endlage vormontierten Stahlkonstruktion betoniert werden und muss nicht mitbewegt werden. Beim Betonieren selber ist zu beachten, dass das Bogensystem, wie erläutert, auf asymmetrische Lasten sehr empfindlich reagiert. Darum sollte symmetrisch, z.B. von der Mitte aus nach beiden Seiten, betoniert werden.

4.2 Stabilität des Bogens

Im Endsystem werden die Bögen durch Drucknormalkräfte, kleine Biegemomente in Bogenebene aus asymmetrischen Verkehrslasten und Bogenkrümmung und Biegemomente aus der Bogenebene infolge von Wind und Stabilisierungskräften beansprucht. Kommen durch die Neigung der Bögen im Querschnitt auch noch planmäßig Abtriebskräfte hinzu, wie z.B. bei der Elbebrücke Dömitz [9], dann müssen die Bögen untereinander durch Horizontalverbände oder ein Vierendeelsystem ausgesteift sein.

In der Regel versucht man, auch wegen der schwierigen Unterhaltung der oberen Aussteifungen über der Fahrbahn, auf solche Bauglieder zu verzichten und frei stehende Bögen zu konstruieren. Da die Horizontalkräfte in Querrichtung bei frei stehenden Bögen nur an den Fußpunkten abgegeben werden können, überwiegt die Biegemomentenbeanspruchung in Querrichtung gegenüber den Momenten in Bogenebene. Die meisten Bogenquerschnitte werden als liegende, rechteckförmige, geschweißte Stahlkästen ausgeführt. Die Gurt- und Stegbleche werden nur bei sehr großen Bögen durch Längssteifen verstärkt bzw. durch mehrzellige Querschnitte unterteilt. Mindestens im Abstand der Hänger sind die Kästen durch Querschotte ausgesteift.

Tabelle 2: Bogenabmessungen bei einigen Stabbogenbrücken

Nr.	Name/Standort	Baujahr	Spannweite/ Bogenstich	Blechbreite/Dicke	
				Flansche(min)	Stege
1	Rüntherbrücke	1997	91/13	1100/22	700/16
2	Amperbrücke Inning	1996	70/12	1200/28	900/24
3	Rothensee	1995	92/17	700/18	900/18
4	Riesa	1999	77/11	900/40	600/--
5	Beesedau	2000	180/38	1600/30*	1800/25*

*Bleche sind mit je 1 Längssteife ausgesteift

Aufgrund der hohen Druckkraftbeanspruchung und der relativ geringen Seitensteifigkeit bzw. großen Knicklänge in Querrichtung kommt es im Bogen zu einer Überlagerung zweier Stabilitätsversagensformen, die sich gegenseitig beeinflussen. Auf lokaler Ebene neigen die dünnen Seitenbleche, da sie vorwiegend druckbeansprucht sind zum

Ausbeulen. Dies beeinträchtigt die Querschnittssteifigkeit und führt damit auch zu einer erhöhten Biegeknickgefährdung auf globaler Ebene.

Die Beulgefährdung auf lokalem Niveau ist von der vorhandenen Dicke der Bleche bzw. dem Verhältnis Blechdicke zu -breite abhängig. Einige typische Beispiele können Tabelle 2 entnommen werden.

Diese sehr schlanken Bleche sind nach den neuen europäischen Normen der beulgefährdeten Querschnittsklasse 4 zuzuordnen. Nach der für den Stahlbrückenbau in Deutschland verbindlichen Regelung im DIN-Fachbericht 103 [24] wird die Beulgefährdung durch den Ansatz reduzierter zulässiger Spannungen berücksichtigt. Dieses Verfahren ist konservativ, da einzelne ausbeulende Teile die Gesamttragfähigkeit des Querschnitts herabsetzen. Eine Alternative hierzu, die jedoch in Deutschland zurzeit noch eine besondere Genehmigung verlangt, ist die Ermittlung wirksamer Breiten bzw. reduzierter Querschnittswerte für die Fläche und das Widerstandsmoment. Auf globaler Ebene wird der Einfluss des Beulens dann durch eine angepasste globale Knickschlankheit zur Ermittlung des Reduktionsfaktors aus den Europäischen Knickspannungslinien erfasst. Dieses Verfahren ist auf europäischer Ebene als Stand der Technik anerkannt und in den neuen Eurocodes für Stahlbau (prEN 1993 Teil 1-1, Teil 1-3 und Teil 1-5 [25-27]) verankert.

In den letzten Jahren konzentrierte sich die Forschung vor allem auf den Bereich der richtigen, d. h. ausreichend genauen und wirtschaftlichen Ermittlung der wirksamen Breiten für die reduzierten Querschnittswerte. In Bezug auf den Einfluss des lokalen Beulens auf den globalen Knicknachweis sind jedoch bisher noch wenige Untersuchungen vorhanden. Die Anwendbarkeit der ursprünglich hauptsächlich für Walzprofile entwickelten Knickspannungslinien auch für dünnwandige, beulgefährdete Querschnitte (u.U. aus modernen Stählen mit höherer Festigkeit, die verstärkt im Brückenbau zum Einsatz kommen) wird zurzeit im Rahmen eines europäischen Forschungsprojektes [28] näher untersucht. Dabei wurden auch Versuche an geschweißten dünnwandigen Kastenstützen durchgeführt, deren Abmessungen an gebräuchlichen Bogenquerschnitten wie in Tabelle 2 orientiert sind. Die Ergebnisse der Arbeit sollen Aussagen darüber liefern, in wieweit die bisherigen Regelungen zutreffen und welche Knickspannungslinien für die beschriebenen Querschnitte aus modernen Baustählen tatsächlich anzuwenden sind.

5   Ästhetik oder Technik?

Schlanke filigrane Bögen unterstützen den vorteilhaften optischen Eindruck von Stabbogenbrücken. Mit der ästhetischen Gestaltung von Stabbogenbrücken haben sich in jüngster Zeit eine Reihe von Ingenieuren, aber auch Architekten auseinandergesetzt.

„Muss ein Bogen immer rund sein?", fragt Dr.-Ing. Klaus Stiglat, Ingenieurgruppe Bauen, Karlsruhe in Bezug auf die von ihm als „Bogen-eck" (analog zum „Seil-eck") entworfene Eisenbahnbrücke über den Rhein zwischen Mannheim und Ludwigshafen

[29]. Ähnlich wie auf Zug beim Seil sich wegen der fehlenden Biegesteifigkeit an Lasteinleitungspunkten immer Knicke einstellen, konstruiert er anstelle des kontinuierlich gekrümmten Bogen einen polygonartigen Stabzug, bei dem an den Lasteinleitungspunkten der Hänger am „Bogen" geradlinige Stäbe zusammenstoßen (Bild 14). Die Umlenkkräfte der Bogendruckkraft erzeugen also anders als beim Stabbogen an dieser geradlinigen Verbindung der Knotenpunkte keine zusätzlichen Biegemomente. Ein klar technisch dominiertes Konzept.

Bild 14: Eisenbahnbrücke über den Rhein zwischen Mannheim und Ludwigshafen

Dieses konsequente Konzept der geradlinigen Kraftführung und Unterordnung der Form unter die technischen Anforderungen führte auch dazu, dass die ursprünglich als Einzelbögen geplanten drei Brückenfelder an den Flusspfeilern noch eine Auffächerung erhielten. Diese erhöhte Biegesteifigkeit ermöglichte das Einschieben der Brücke und vereinfachte die Montage.

Den Gegenpol dazu bieten architektonisch dominierte Brücken wie die bekannte TGV - Brücke über den Kanal von Donzère [30], bei der eine Kopplung zweier Bögen durch ein steil auf den Bogen aufgeständertes Stabwerk hergestellt wird. Ähnlich wie bei dem Beispiel der in Bild 15 gezeigten Fußgängerbrücke in Melbourne, widerspricht die konzentrierte Lasteinleitung hoher Einzellasten in den Bogen der für symmetrische Einleitung gleichmäßiger Streckenlasten optimalen Bogenform.

Bild 15: Fußgängerbrückeüber den Yarra River in Melbourne, Australien

Die oben beschriebenen Beispiele geben zwei Extremfälle wieder: Auf der einen Seite die Reduzierung der Form nur auf das konstruktiv unbedingt Erforderliche, das einhergeht mit dem bewussten Verzicht auf jegliche gestalterische Formgebung außerhalb des technisch Sinnvollen. Und auf der anderen Seite der absolute Vorrang des Ästhetischen, das die Brücke als Skulptur begreift und dieser Eigenschaft die Ablesbarkeit des Kraftverlaufs und einen Teil der Funktionalität opfert.

Zwischen diesen Extremen gibt es eine Reihe von ermutigenden Beispielen, bei denen versucht worden ist, einen Konsens zwischen Ästhetik und Technik zu finden.

Für die schon erwähnten Stabbogenbrücken über den Mittellandkanal, siehe Tabelle 1, hat der Bauherr, das Neubauamt für den Ausbau in Hannover, ausgewählte Architektur- und Ingenieurbürogemeinschaften aufgefordert, auf Basis des Langer'schen Balkens als Grundentwurfskonzept für 19 neu zu bauende Brücken innerhalb der Stadtstrecke Hannover interessante Varianten zu erarbeiten [31]. Es entstanden vielfältige Entwürfe, die trotz einheitlichem Stabbogensystem alle ganz unterschiedlich auf die Anforderungen des städtischen Umfeldes, des Denkmalschutzes, der Montage (nur kurze Sperrung des Kanalverkehrs), der Brückenunterhaltung und der unterschiedlichen Nutzung (Straßen-, Schienen- und Fußgängerverkehr) reagieren. Für weitere Informationen wird auf [31] – [35] verwiesen.

6 Schluss

Stabbogenbrücken aus Stahl und Beton sind gute Beispiele dafür, wie die verschiedenen Anforderungen aus Statik und Konstruktion, Funktion und Gestaltung zu sehr unterschiedlichen Lösungen führen können. Sie zeigen, dass es für die verschiedenen Kriterien keine absolut richtigen oder falschen Antworten gibt sondern nur bessere oder schlechtere Konzepte. Jüngere Beispiele zeigen ein neues Verständnis für eine ganzheitliche Herangehensweise, die auch von Ingenieuren eine Stellungnahme zur Gestaltung von Brücken einfordert.

Literatur

[1]   Kuhlmann, U.; Detzel, A.: Verbundbrücken, in Mehlhorn, G. (Hrsg.), Brücken, Birkhäuser Verlag, erscheint demnächst.

[2]   Ewert, S.: Brücken Die Entwicklung der Spannweiten und Systeme, Verlag Ernst & Sohn, Berlin, 2003.

[3]   Pfeiffer, M.: Construction and Erection of the Rhine Bridge at Düsseldorf-Neuss, Germany, Structural Engineering International 1/92, S. 28-33.

[4]   Bundesministerium für Verkehr: Straßenbrücken aus Stahl-Beton-Verbundbauweise: Dokumentation 1997, Bearb: Albrecht, G., Albert, M., Ibach, D., Bonn, 1998.

[5]   Schömig, W: Mainbrücke an der NATO-Rampe zwischen den Gemarkungen Sulzbach und Niedernberg, Stahlbau 69 (2000), S. 387-390.

[6]   Reitz, D.: Stabbogenbrücke in Verbund am Beispiel der Mainbrücke Marktheidenfeld, Vortrag Universität Stuttgart, Juni 2004.

[7]   Kuhlmann, U.: Design, Calculation and Details of Tied-Arch Bridges in Composite Constructions, in Buckner, C.D., Shahrooz, B.M. (Hrsg.): Composite Construction in Steel and Concrete III, Proceedings of an Engineering Foundation Conference in Irsee, Germany, Juni 1996, veröffentlicht durch ASCE 1997, S. 359-369.

[8]   Bundesministerium für Verkehr, Bau- und Wohnungswesen: Elbebrücke Tangermünde, in Brücken und Tunnel der Bundesfernstraßen 2002, bearbeitet von Ing.-Büro Leonhardt, Andrä und Partner, Dresden, Deutscher Bundes-Verlag, Bonn. 2002, S. 63-79.

[9]   Luesse, G.; Schrodt, H.-D.; Gottschalk, T.: Die Wiederherstellung der Elbebrücke Dömitz - Ausführung und Bauabwicklung, Bauingenieur 68 (1993), S. 521-532.

[10]   Hagedorn, M.; Kuhlmann, U.; Pfisterer, H.; Weber, J.: Eine Neuentwicklung im Stabbogenverbundbrückenbau – Die Amperbrücke - . Stahlbau 66 (1997), S. 390-395.

[11]   Bundesministerium für Verkehr, Bau- und Wohnungswesen: Grenzbrücke über die Oder bei Frankfurt, in Brücken und Tunnel der Bundesfernstraßen 2003, bearbeitet von Ing.-Büro Leonhardt, Andrä und Partner, Dresden, Deutscher Bundes-Verlag, Köln. 2003, S. 7-24.

[12]   Breuninger U.: Zum Tragverhalten liegender Kopfbolzendübel unter Längsbeanspruchung, Dissertation, Institut für Konstruktion und Entwurf, Universität Stuttgart, Mitteilung Nr. 2000-1, Februar 2000.

[13]   Kürschner, K.: Trag- und Ermüdungsverhalten liegender Kopfbolzendübel im Verbundbau, Dissertation, Institut für Konstruktion und Entwurf, Universität Stuttgart, Mitteilung Nr. 2003-4, November 2003.

[14]   DIN Fachbericht 104: Verbundbrücken, Deutsches Institut für Normung e.V. (Hrsg.), Beuth , 2. Ausgabe, 2003.

[15]   Eligehausen, R.; Mallée, R.: Befestigungstechnik im Beton- und Mauerwerksbau, Verlag Ernst & Sohn, Berlin, 2000.

[16]   Kürschner, K.; Kuhlmann, U.: Trag- und Ermüdungsverhalten liegender Kopfbolzendübel unter Quer- und Längsschub. Stahlbau 73 (2004), Heft 7, Seite 505-516.

[17]   DIN V 18800-5: Stahlbauten – Teil 5: Verbundtragwerke aus Stahl und Beton, Bemessung und Konstruktion, voraussichtlich 2004.

[18]   Ehmann, J.: Querkrafttragfähigkeit zugbeanspruchter Betonfahrbahnplatten von Verbundbrücken, Dissertation, Nr. 2003-3, Institut für Konstruktion und Entwurf, Universität Stuttgart, Mai 2003.

[19] DIN 1045-1: Tragwerke aus Beton, Stahlbeton und Spannbeton – Teil 1: Bemessung und Konstruktion, Juli 2001.

[20] Adebar, P.; Collins, M.P.: Shear Strength of Members without Transverse Reinforcement, Canadian Journal of Civil Engineering, 23(1), 1996, pp. 30-41.

[21] Kuhlmann, U.; Ehmann, J.: Querkrafttragfähigkeit zugbeanspruchter Betonfahrbahnplatten von Verbundbrücken, Stahlbau 72 (2003), Heft 7, Seite 491-500.

[22] Allgemeines Rundschreiben Straßenbau Nr. 4/1997, Stabbogenbrücken, Verkehrsblattverlag, Januar 1997.

[23] DIN V ENV 1992, Eurocode 2, Teil 1-1: Planung von Stahlbeton- und Spannbetontragwerken, Deutsche Fassung, Juni 1992.

[24] DIN-Fachbericht 103: Stahlbrücken, Deutsches Institut für Normung e.V. (Hrsg.), Beuth, 2. Auflage, 2003.

[25] prEN 1993-1-1, Eurocode 3: Design of Steel Structures – Part 1-1: General rules and rules for Buildings, December 2003.

[26] prEN 1993-1-5, Eurocode 3: Design of Steel Structures – Part 1-5: Plated Structural Elements, September 2003.

[27] prEn 1993-1-3, Eurocode 3: Design of Steel Structures – Part 1-3: Supplementary rules for Cold-formed thin gauge members and sheeting, September 2003.

[28] European Commission, Research Directorate G – Industrial technologies, Research Fund for Coal and Steel: Projekt Combri – Competitive steel and composite bridges by innovative steel plated structures, Contract No RFS-CR-03018.

[29] Stiglat, K.: Muss ein Bogen immer rund sein? – Zur neuen Eisenbahnbrücke über den Rhein zwischen Mannheim und Ludwigshafen, Stahlbau 68 (1999), S. 839-842.

[30] De Ville de Goyet, V. et al. : Viaduc de Donzère. In: OTUA, Bulletin Ponts métalliques n° 19 (1999), S. 35-43.

[31] Beuke, U.: Architektur der Brücken über den Mittellandkanal in der Stadtstrecke Hannover, Stahlbau 67 (1998), S. 341-352.

[32] Nolting, R.: Erneuerung der Brücke 237, Podbielskistraße, über den Mittellandkanal in Hannover, Stahlbau 67 (1998), S. 353-358.

[33] Simmank, D.: Die Brücke Pasteurallee, Stahlbau 67 (1998), S. 359-361.

[34] Rauthmann, H.: Die Brücke Schierholzstraße – MLK-Brücke Nr. 240, Stahlbau 67 (1998), S. 362-366.

[35] Ringleben, W.; Struckmeyer, K.-H.: Montage und Demontage von Brücken über den Mittellandkanal, Stahlbau 67 (1998), S. 367-373.

Hybrid-Bauweise mit gefalteten Stahlstegen

André Müller

1 Innovatives Konzept im Brückenbau

1.1 Einleitung

Das Ziel innovativer Konzepte im Brückenbau sind Anwendungen, die zu Verbesserungen hinsichtlich der Dauerhaftigkeit, Überprüfbarkeit und Wirtschaftlichkeit von Brückenbauwerken führen. Dies zeigte die schnelle Entwicklung der letzten Jahre bei der Anwendung der externen Vorspannung hin zur Regelbauweise und der erfolgreich erprobte Einsatz von Hochleistungsbeton im Brückenbau.

1.2 Hybride-Bauweise

Eine innovative Brückenkonzeption bildet der kombinierte Einsatz von Konstruktionsbeton und Baustahl. Je nach Art der Beanspruchung (Druck-, Zug- und Querkraft) werden die Baustoffe im Brückenquerschnitt eingesetzt. Diese Konzeption wird Hybrid-Bauweise genannt. Sie führt zu einer Optimierung des Brückenquerschnitts und zeigt technische und wirtschaftliche Vorteile auf. Wie zum Beispiel das Ergebnis des Submissionswettbewerbs der Drei-Rosenbrücke in Basel, eine Brücke in Hybrid-Bauweise [9], aufzeigt. Eine Weiterentwicklung dieser Mischbauweise ist die hybride Konstruktion mit trapezförmig gefalteten Stahlstegen. Diese Bauweise ist in Japan [7] und Frankreich [8] mehrfach umgesetzt worden. In Deutschland wurde ein Pilotprojekt des BMVBW's und der DEGES, die Talbrücke Altwipfergrund [5], [6], in Hybrid-Bauweise mit gefalteten Stahlstegen im letzten Jahr fertiggestellt.

1.3 Kontruktionsmerkmale

Bei der hybriden Konstruktion mit trapezförmig gefalteten Stahlstegen handelt es sich um eine robuste Bauweise, die durch den gezielten Einsatz der Baustoffe im Brückenquerschnitt zu einer Verbesserung der Wirtschaftlichkeit nicht nur durch die Reduzierung des Eigengewichts und des Baustoffbedarfs sondern auch durch den effektiven Wirkungsgrad der Vorspannung führt. Bei dieser Bauweise werden Spannbetonbau und Verbundbau in idealer Weise kombiniert. Die wesentlichen Konstruktionsmerkmale des hybriden Brückenquerschnitts sind in Bild 1 dargestellt.

Dr.-Ing. André Müller, Zilch + Müller Ingenieure GmbH, München

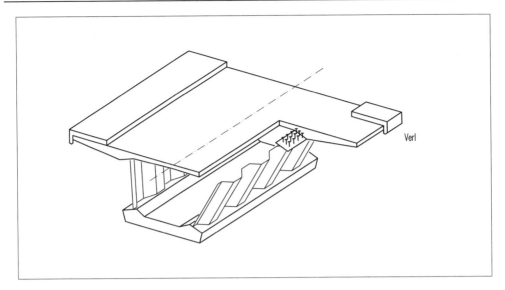

Bild 1: Konstruktionsmerkmale des hybriden Brückenträgers mit trapezförmig gefalteten Stahlstegen

2   Tragverhalten

2.1   Gefaltete Stege

Das Tragverhalten des hybriden Brückenquerschnitts mit trapezförmig gefalteten Stahlstegen wird im Wesentlichen durch die Stege beeinflusst. Die gefalteten Stege des Brückenquerschnitts entziehen sich nahezu vollständig den Längskräften. Dies resultiert aus der geringen Längssteifigkeit des gefalteten Stahlsteges, ähnlich einer Ziehharmonika. Biegemomente und Längskräfte, zum Beispiel aus der Vorspannung, werden beim hybriden Brückenträger alleine von den Gurtplatten aufgenommen. Der Brückenquerschnitt erhält somit einen wirkungsvollen Hebelarm zur Aufnahme der Biegemomente. Eine ungünstige Umlagerung der Vorspannkräfte infolge der Langzeitwirkung des Konstruktionsbetons der Gurtplatten in die Stege findet nicht statt.

2.2   Schubtragfähigkeit

Gefaltete Stahlbleche haben, wie aus dem Stahlbau allgemein bekannt, eine höhere Schubkrafttragfähigkeit als ebene Bleche. Die Falten der Stegbleche erzeugen kleine Teilfelder, die die Gefahr des Plattenbeulens reduzieren. Ein zusätzliches Anschweißen von Beulsteifen ist deshalb nicht erforderlich. Bei der Beschreibung des Querkrafttragverhaltens wird von einem konstanten Schubfluss über die Höhe des gefalteten Steges ausgegangen. Die Schubspannungen gleichen sich jeweils in den Faltenkanten aus. Im nachfolgenden Bild wird der Schubverlauf dargestellt.

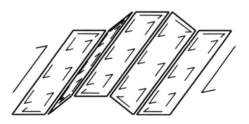

Bild 2: Schubspannungsverlauf infolge Querkraftbeanspruchung

2.3 Grenzzustand der Tragfähigkeit

Hinsichtlich der aufnehmbaren Querkraft des Brückenträgers, im Grenzzustand der Tragfähigkeit, ist das Beulverhalten des gefalteten Stegs von Bedeutung. Das Stegbeulen ist von den Steifigkeits- bzw. von den geometrischen Verhältnisse der Falten und der Steghöhe abhängig. Das Beulen entspricht einem Ausweichen des gefalteten Bleches aus der Stegebene. Am Lehrstuhl für Massivbau wurden Studien hinsichtlich des Stegbeulens durchgeführt. Die Studien zeigen, dass die Beullast wesentlich von der Fertigungsgenauigkeit der gefalteten Bleche und den Einwirkungen der Krempelmomente aus der Verkehrsbeanspruchung der Fahrbahnplatte sowie der Rahmentragwirkung des Hohlkastenquerschnitts beeinflusst wird.

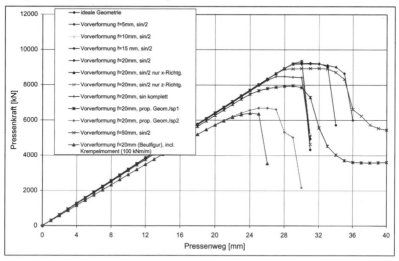

Bild 3: Last-Verschiebungs-Beziehung in Abhängigkeit der Vorverformung und Krempelmomente

2.4   Grenzzustand der Gebrauchstauglichkeit

Für die Beurteilung des Grenzzustandes der Gebrauchstauglichkeit sind detaillierte Kenntnisse über die jeweiligen auftretenden Beanspruchungen erforderlich. Voraussetzung hierfür ist die realitätsnahe Abbildung des Brückenquerschnittes und das Erfassen eines wirklichkeitsnahen Verformungsverhaltens.

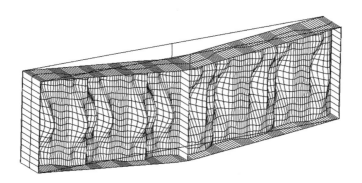

Bild 4:   Durchbiegung eines gefalteten Stegträgers unter Berücksichtigung der Fertigungsgenauigkeit

Das Verformungsverhalten des hybriden Brückenträgers wird maßgeblich durch die gefalteten Stege beeinflusst und ist komplex. Bei verschiedenen Versuchsreihen gefalteter Stegträger zeigten sich erheblich größere Trägerdurchbiegungen als rechnerisch nach der elastischen Balkentheorie ermittelt wurde. Die maßgebenden Einflüsse hinsichtlich des Verformungsverhaltens der gefalteten Stahlstege im Brückenbau konnten im Rahmen eines am Lehrstuhl für Massivbau der Technischen Universität München durchgeführten Forschungsvorhabens [1] aufgezeigt werden. Die Steghöhe, die Abmessung der einzelnen trapezförmigen Falten sowie die Faltenwinkel beeinflussen das Verformungsverhalten. Es zeigte sich zudem, dass die einzelnen Imperfektikonen der Faltengeometrie, resultierend aus der Fertigungsgenauigkeit, einen wesentlichen Beitrag zu den Verformungen leisten.

3   Vorspannung

Beim hybriden Brückenquerschnitt wirken die Längskräfte ausschließlich in den Gurtplatten und können gezielt zur Aufnahme der Biegemomente herangezogen werden. Die Wirkung der Vorspannung bei einer exzentrischen Anordnung der Spannglieder besteht aus Normalkraft und einem Biegemoment.

Massive Brückenquerschnitte weisen eine große Querschnittsfläche auf. Daraus resultiert eine niedrige zentrische Spannung aus den Spannglieder. Die Stege eines

Brückenträgers und somit die Vorspannung in ihnen tragen wenig zur Aufnahme der äußeren Biegemomente bei.

Bei der hybriden Konstruktion kann die Querschnittsfläche im Vergleich zum massiven Querschnitt bei gleicher Tragfähigkeit vermindert werden. Der Wirkungsgrad der Vorspannkraft kann somit erhöht werden und zeichnet sich durch das Verhältnis Widerstandsmoment (W_Y) zur Querschnittsfläche ($A_{ges.}$) aus. Ein großer Verhältniswert W_Y zu $A_{ges.}$ bedeutet einen hohen Wirkungsgrad der Vorspannung.

4 Projekte

4.1 Projektstudie Taktschiebebrücke

Im Rahmen einer Projektstudie in unserem Haus zu einer Talbrücke mit regelmäßigen Stützenabständen von rund 70 m zeigt sich die hybride Konstruktion mit gefalteten Stahlstegen als eine wirtschaftlich interessante Lösung. Infolge des geringen Eigengewichts und dem hohen Wirkungsgrad der Vorspannung konnte die Talbrücke als Taktschiebebrücke ohne Hilfsstützen konzipiert werden. Durch die Vorfertigung der Stahlstege sind für große Taktabschnitte ein Wochentakt möglich. Die gefalteten Stahlstege dienen zudem als Vorbauschnabel.

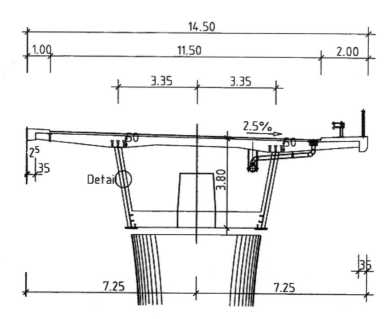

Bild 5: *Querschnitt der Taktschiebebrücke in Hybrid-Bauweise*

4.2 Pilotprojekt

Im Zuge des Neubaus der Bundesautobahn A71 Erfurt / Schweinfurt wurde in Thüringen die Talbrücke Altwipfergrund, ein Pilotprojekt des BMVBW's im Auftrag der DEGES, gebaut [5], [6]. Es handelt sich dabei um einen gevouteten Dreifelddurchlaufträger im Freivorbau in Hybrid-Bauweise mit trapezförmig gefalteten Stegblechen. Das Bauwerk mit rund 280 m Länge weist Stützweiten von rund 82,5 - 115 - 82,5 m aus, die Konstruktionshöhe im Hauptfeld beträgt 2,8 m, im Bereich der Stütze 6,0 m. Für den Bauzustand wird eine innenliegende Vorspannung im Verbund und für den Endzustand eine umgelenkte externe Vorspannung eingesetzt. Die Umlenkung der Spannglieder erfolgt im Hauptfeld an vier Querscheiben. Die Blechstärken der gefalteten Stege variieren zwischen 10 – 22 mm. Die im Werk vorgefertigten Elemente der gefaltetem Stahlstege werden auf der Baustelle zusammengeschraubt, nachfolgend ein Bild bei der Montage.

Bild 6: Montage der Stahlstege an den Stützquerträger

5 Zusammenfassung

Die Besonderheiten der Hybrid-Bauweise mit trapezförmig gefalteten Stahlstegen wurden vorgestellt. Die Hybrid-Bauweise zeichnet sich durch eine ideale Kombination des Spannbeton- und des Verbundbaus aus. Der Einsatz der Baustoffe erfolgt gemäß seinen Eignungen und führt so zu einer robusten Konstruktion. Das geringe Eigengewicht und eine wirkungsvolle Anwendung der Vorspannung bieten zudem wirtschaftliche Vorteile.

Die rechnerischen Grenzzustände der Tragfähigkeit und Gebrauchstauglichkeit der Hybrid-Bauweise ist im Wesentlichen durch die Faltengeometrie und ihre Fertigungsgenauigkeit beeinflusst. Ein besonderes Augenmerk gilt bei der konstruktiven Durchbildung dem Anschluss der Stege an die massiven Gurtplatten. Für die Ausbildung der Schweißnähte und die Wahl der Verbundmittel sind die Einflüsse der dynamischen Beanspruchungen zu beachten.

Literatur

[1]   Müller, A.: Hybride Konstruktionen mit trapezförmig gefalteten Stahlstegen für Straßenbrücken. Dissertation, Technische Universität München, Berichte aus dem Konstruktiven Ingenieurbau 7/99.

[2]   Aschinger, R.: Tragverhalten von geschweißten I-Trägern mit trapezförmig profilierten Stegen bei Torsion, Biegung, Biegedrillknicken und Normalkraft. Dissertation, Technische Universität Berlin 1995.

[3]   Scheer, J.: Trapezträger geschweißt; Bericht Nr. 6203/2. Technische Universität Braunschweig 1993.

[4]   Müller, A.: Hybride Konstruktion für Straßenbrücken, Münchner Massivbau-Seminar 1998, Anwendungen und Entwicklungen; 16. und 17. April 1998. Lehrstuhl für Massivbau, Technische Universität München.

[5]   Denzer, G.: Talbrücke Altwipfergrund. 12. Dresdner Brückenbausymposium, Planung, Bauausführung und Ertüchtigung von Massivbrücken, 2002.

[6]   Roesler, H.; Denzer, G.:   Entwurf   der   Talbrücke   Altwipfergrund Trapezblechstegen. Stahlbau, Heft 7/1999, Ernst & Sohn.

[7]   Asia Kosoku Company: Shinkai Brücke. Vorgespannte Brücke mit trapezförmig gefalteten Stegen. Firmenpublikation (in japanisch), 1994.

[8]   Combault, J. et al.: Viaduc du vallon de Maupré à Charolles (Saône-et-Loire), Traveaux, 10/1988.

[9]   Dauner, H.G.: Entwicklungen im Verbundbrückenbau. Schweizer Ingenieur und Architekt, 10/1996.

Anwendungen von UHPC für Brückenfertigteile

Dieter Reichel

1   Vorwort

Die Betontechnologie hat mit dem Ultrahochleistungsbeton den Schritt vom Baustoff zum Hightechwerkstoff vollzogen. Zunächst bietet UHPC im Fertigteilwerk eine breite Palette von Anwendungen, UHPC wird sicher zukünftig seinen Einsatz auf der Baustelle und gewiss auch außerhalb des Baugeschehens finden. Die Entwicklung des UHPC ist über den Bereich der Grundlagenforschung hinaus zum praktischen Einsatz fortgeschritten.

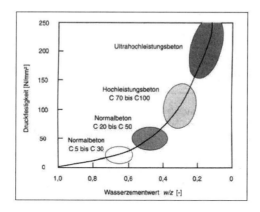

Aufgabe der Industrie ist es nun Produkte zu finden, welche die Verwendung des noch relativ teuren UHPC rechtfertigen. Für zukünftige Anwendungen sind wirtschaftlichere, auf spezielle Produkte zugeschnittene Mischungen zu entwickeln. Wenn man die vorhandenen Techniken und Konstruktionen des Fertigteil-Brückenbaus näher betrachtet, so kann man viele Möglichkeiten finden die schon heute den Einsatz von UHPC sinnvoll erscheinen lassen, sei es als Ersatz für Beton, Stahl, Edelstahl, Aluminium oder Kunststoff .

Dipl.-Ing. Dieter Reichel, Max Bögl Bauunternehmung GmbH & Co. KG, Neumarkt

2 Entwicklung der Fertigteilbrücken bei Max Bögl

2.1 Fertigteilbrücken mit Ortbetondruckplatte

Fertigteile und insbesondere Fertigteilbrücken sind traditionell eines der Hauptgeschäftsfelder der Bauunternehmung Max Bögl, seit 1965 wurden über 1000 Fertigteilbrücken erstellt. Die überwiegende Bauweise der Fertigteilbrücken waren Einfeldträger mit nachträglicher Ergänzung der Druckplatte durch Ortbeton.

In dieser Bauweise wurde die längste Fertigteilbrücke Deutschlands, die Kindinger Hangbrücke auf der A9 mit 650 Meter Länge (21 Feldern) erstellt. Nach über 15 Jahren Betrieb wurde bei Untersuchungen festgestellt, dass die bei dieser Bauweise verwendeten Federplatten voll funktionsfähig und ohne Schäden waren. Zurzeit werden mit großem Aufwand die Fahrbahnisolierung und die Asphaltdecke erneuert. Die Zukunft sind sicher direkt befahrene Brückenplatten aus UHPC.

Ab etwa 1990 werden über den Pfeilern zusammen mit der Ortbeton-Druckplatte, Balken zur Erzielung einer Durchlaufwirkung betoniert. Diese Bauweise wird heute allgemein bei durchlaufenden Fertigteilbrücken verwendet.

2.2 Klebebrücken in Segmentbauweise

Im Zuge des Neubaus des Rhein-Main-Donau Kanals wurden zwei Überführungen als Klebebrücken in Segmentbauweise mit Spannweiten im Mittelfeld von 70 Metern erstellt. Die einzelnen Segmente sind als zweistegiger Plattenbalken ausgebildet. Zunächst wurden die Segmente auf einem Lehrgerüst verlegt und mit Hilfe einer Montagevorspannung und einer Epoxydharz Ausgleichsschicht zwischen den Elementen zusammen gefügt. Später wurden Spannstähle über die gesamte Brückenlänge von 120 Metern in die Hüllrohre eingeschoben, gespannt und verpresst.

2.3 Fahrwegträger für den Transrapid

Als Bauunternehmen mit langer Erfahrung im Fertigteil-Brückenbau wurde im Hause Bögl auch der hybride Fahrweg des Transrapid als eine lange Fertigteilbrücke angesehen. Der hybride Fahrweg des Transrapid ist eine Kombination von Spannbeton-Fertigteilträgern mit integriertem Linearmotor. Die Funktionsebenen des Linearmotors bestehen aus der Statorebene für das Schweben und die Fortbewegung, der Seitenführschiene für die Spurhaltung und der Gleitleite für ein unbeabsichtigtes Absetzen während der Fahrt. So sind die Baustoffe beim hybriden Fahrweg entsprechend ihrer speziellen Eignung eingesetzt, Spannbeton für das Tragwerk und Stahl für den Linearmotor. Als Verbindungsglied zwischen Spannbetonträger und Funktionsebenenmodule dienen Guss-Konsolen mit eingegossenen Betonstählen, alternative Lösungen mit angespannten UHPC Konsolen wären denkbar.

2.4   Stahlverbundbrücken

Es zeigt sich immer mehr, dass sehr oft Stahlverbundlösungen der reinen Stahl- oder Betonkonstruktion wirtschaftlich überlegen sind. Auch hier werden wie bei anderen hybriden Systemen die Baustoffe entsprechend ihrer bevorzugten Eignung eingesetzt, Beton im Druckbereich und Stahl im Zugbereich.

3   Ultrahochfester Beton

3.1   Ausgangsstoffe

Bestand früher ein Beton aus nur 3 Komponenten, nämlich Zement, Gesteinskörnung und Wasser, so kommen heute wesentlich mehr Komponentengruppen zum Einsatz. Vor allem die gesammelten Erfahrungen mit drei „High-Tech-Komponenten" ermöglichen die Herstellung von Ultrahochleistungsbeton.

Fließmittel haben den Fließbeton und neuerdings den selbstverdichtenden Beton ermöglicht. Heute stehen neue leistungsfähige Betonzusatzmittel zur Verfügung, Polycarboxylatether ermöglichen fließfähige Betone mit extrem niedrigen Wasserzementwerten.

Mikrosilika, Nanosilika und weitere inerte oder latent hydraulische Betonzusatzstoffe verbessern die Mikrosieblinie und ermöglichen optimale Packungsdichten mit geringst möglichem Wasseranspruch.

UHPC nähert sich keramischen Werkstoffen an, deutlich sichtbar an der wesentlich größeren Sprödigkeit gegenüber normalem Beton. Hochfeste Stahlfasern, mit Zugfestigkeiten über 2200 N/mm², Fasergemische und Textile Bewehrungen verbessern Zugfestigkeit und Duktilität entscheidend. Sicher ist, dass Karbonfasern, wenn gewisse Verbundprobleme behoben sind, einen breiten Anwendungsbereich auch in Verbindung mit UHPC finden werden. Neue wirtschaftlichere Werkstoffe, wie Fasern aus Basalt oder Polyvinylalkohol, werden ihren Beitrag leisten.

3.2 Herstellung von UHPC

Im Gegensatz zu früheren Laborversuchen stehen heute fließfähige Ultrahochleistungsbetone für die praktische Anwendung zur Verfügung. Steht UHPC eine Weile, so verhält er sich wie eine thixotrope Flüssigkeit, der Verarbeitungswiderstand steigt mit der Zeit an. Andererseits kann UHPC innerhalb eines gewissen Zeitraums wieder aufgemischt werden und erhält dabei seine anfängliche Fließfähigkeit weitestgehend zurück. Dieses Verarbeitungsverhalten ist u.a. auf die Wirkungsweise der neuen Polycarboxylatether - Fließmittel zurückzuführen.

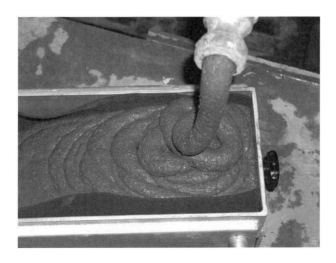

An die hochviskosen Ultrahochleistungsbetone werden gehobene Anforderungen an die Mischtechnik und Mischreihenfolge gestellt. Dafür lässt sich ein UHPC herstellen, der Druckfestigkeiten von mehr als 350 N/mm² und Biegezugfestigkeiten bis über 40 N/mm² erreicht. Auf Grund seiner hohen Viskosität neigt der Beton jedoch dazu, die einmal beim Mischvorgang eingetragene Luft einzuschließen. Dadurch stellt sich ein relativ hoher Luftporengehalt ein, der meist über 3 Volumenprozent liegt.

Normalviskoser Ultrahochleistungsbeton ist mit weniger Energieaufwand zu verarbeiten. Er besitzt darüber hinaus selbstentlüftende Eigenschaften. Der Luftporengehalt liegt dabei unter 2 Vol.-%, ähnlich wie bei Selbstverdichtendem Beton. Normalviskoser Ultrahochleistungsbeton fließt sehr gut, wodurch er besonders für die Herstellung von schlanken Bauteilen geeignet ist. Auf Grund der speziellen

Zusammensetzung ist er stabil gegen Entmischung und erreicht Druckfestigkeiten von ca. 250 N/mm² und Biegezugfestigkeiten von ca. 20 – 30 N/mm².

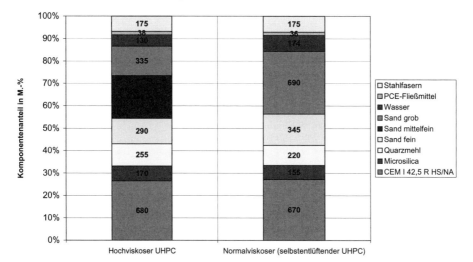

3.3 Äquivalente Biegezugfestigkeit

Eine wichtige Voraussetzung für die Eignung von UHPC als Konstruktionsbaustoff ist die Verbesserung der Duktilität durch den Einsatz von Stahlfasern. Die Beurteilung der Wirksamkeit von Stahlfasern erfolgt - wie beim Normalfesten und Hochfesten Stahlfaserbeton- durch die Ermittlung der äquivalenten Biegezugfestigkeit. Bei der prüftechnischen Bestimmung der äquivalenten Biegezugfestigkeit wird ein Biegebalken weggesteuert bis zu einer Durchbiegung von 3,5mm belastet. Die dabei aufgebrachte Last wird kontinuierlich erfasst und in einem Kraft-Durchbiegungs-Diagramm dargestellt. Dabei wird die äquivalente Biegezugfestigkeit jeweils bei einer Durchbiegung von 0,5 mm und 3,5 mm ermittelt.

 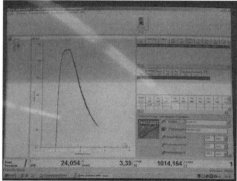

Nach dem Anriss des Balkens bei Überschreitung der Zugfestigkeit des Betons (bei einer Durchbiegung von >0,5 mm) wird die weitere erforderliche Kraft bis zur Durchbiegung von 3,5 mm allein durch den Verbund zwischen Fasern und Betonmatrix aufgenommen. Die äquivalente Biegezugfestigkeit wird aus der Fläche der Kraft-Durchbiegungs-Kurve zwischen 0,5 und 3,5 mm Durchbiegung berechnet. Die notwendige Bruchenergie ist ein Maß für das Nachrissverhalten, das von der Zugfestigkeit der Fasern und der Güte des Verbundes zwischen Betonmatrix und Fasern abhängt.

Dieses Verfahren hat den Vorteil, dass auch Fasern aus anderen Materialien, verglichen und eingestuft werden können. Aus den Versuchen zur äquivalenten Biegezugfestigkeit werden Leistungsklassen definiert, die als Grundlage für Bemessungsverfahren dienen.

4 Modellbrücke

Anhand einer ca. 6m langen Modellbrücke konnte gezeigt werden, dass ein Fachwerkträger nicht unbedingt aus Stahl bestehen muss. Ultrahochleistungsbeton ist ein idealer Baustoff für solche filigranen Konstruktionen.

Die Modellbrücke entstand bei der Firma Bögl als Machbarkeitsstudie zu der geplanten Fußgängerbrücke am Gärtnerplatz in Kassel. Es sollte gezeigt werden, dass es möglich ist, nicht nur die Brückenplatte -wie in Kassel geplant- in UHPC herzustellen, sondern auch das in Stahl konzipierte räumliche Fachwerk. Wertvolle Hilfe und Anregungen dazu lieferten der Fachbereich Massivbau Prof. Schmidt der Universität Kassel und das Ingenieurbüro Fehling in Kassel. Die angestrebte Druckfestigkeit für die Brückenplatte und für das Fachwerk der Modellbrücke wurde mit 250 N/mm festgelegt.

4.1 Voruntersuchung

Allem voraus gingen Untersuchungen, inwieweit die verfügbaren Ausgangsstoffe für den Einsatz von UHPC geeignet waren. Weiter zeigte sich, dass bei verschiedenen Mischverfahren teilweise große Luftgehalte (> 3 Vol.-%) in den Beton eingebracht wurden, die wesentliche Festigkeitseinbußen zur Folge hatten. Zur Lösung dieses Problems wurden verschiedene Ansätze verfolgt

– Mischen unter Vakuum
– Nachträgliches Evakuieren von fließendem Beton
– Pumpen von Beton
– Entwicklung von Selbstentlüftendem UHPC

4.2 Fertigung

Für die Herstellung der Modellbrücke wurde von der Firma Eirich ein Vakuummischer mit 3 m³ Festbeton nebst der erforderlichen Vakuumpumpe zur Verfügung gestellt.

Vorab wurden die etwa 1,5 m langen diagonalen Fachwerkstreben mit einem Querschnitt von 5 x 5 cm als Einzelteile gefertigt, der Beton wurde zunächst noch mit dem Labormischer hergestellt und mit einer Schneckenpumpe entlüftet. Die Druckstäbe wurden mit einem schlaffen, zentrischen Bewehrungsstab Ø 16 mm bewehrt, die Zugstäbe wurden mit einer ½ " Litze zentrisch, mit sofortigem Verbund vorgespannt.

Die schlaffe Bewehrung und die Spannbewehrung hatten einen Überstand, entsprechend der notwendigen Verankerungslänge im Ober- bzw. Untergurt.

Die vorgefertigten Diagonalstäbe wurden nun in die Schalung eingesetzt und mit dem ebenfalls mit sofortigem Verbund vorgespannten Untergurt zusammenbetoniert. Anschließend wurde die Deckenschalung ergänzt und die Decke zusammen mit den beiden Obergurten des Fachwerks betoniert.

Nach zwei Tagen in der Schalung wurde die Modellbrücke ausgeschalt und in einem Autoklaven eines Kalksandsteinwerkes bei einer Temperatur von 90° C und einem Druck von 1 bar zwei Tage nachbehandelt.

5 Zukunft für Fertigteilbrücken aus UHPC

Bei all diesen Versuchen stand neben den technisch notwendigen Eigenschaften des UHPC vor allem die Auswahl der wirtschaftlichsten Ausgangstoffe und Rezepturen im Vordergrund.

Die industrielle Herstellung von Produkten aus UHPC wird zunächst den Fertigteilwerken vorbehalten sein. Es sind speziell angepasste Mischanlagen mit Vakuummischern, Faserdosieranlagen und eine große Anzahl von Silos für die staubförmigen Komponenten erforderlich. Die Schalungen werden allseitig geschlossene Formen sein, die über leistungsfähige Pumpen befüllt werden. Zudem erfordert die aufwendige Nachbehandlung komplexe Anlagen mit Regelungen für Temperatur, Druck und Feuchtigkeit.

Bei aller Euphorie bezüglich der Qualitäten des neuen Werkstoffes darf nicht vergessen werden, dass für die Ausgangsstoffe, die Herstellung, Verarbeitung und

Nachbehandlung des Betons besondere und meist aufwendige Maßnahmen zu ergreifen sind. Ein vollständiges Qualitätskonzept, das alle Bereiche von der Planung bis zur Endkontrolle des Bauteils umfasst und eine wirksame Qualitätssicherung für alle Arbeitsschritte, sind Voraussetzung für den Erfolg. Selbstverständlich sind für tragende Bauteile Zulassungen im Einzelfall beim Institut für Bautechnik notwendig. Zulassungen im Einzelfall sind aufwendig und kostspielig und benötigen die Unterstützung und Begutachtung durch kompetente Institute.

Literatur

[1] Bornemann, R.; Schmidt, M.; Fehling, E.; Middendorf, B.: Ultra-Hochleistungsbeton UHPC Herstellung, Eigenschaften und Anwendungsmöglichkeiten. Beton- und Stahlbeton 96 Heft 7/2001; Ernst & Sohn Verlag, Berlin 2001.

[2] König, G.; Nguyen V.T.; Zink, M.: Hochleistungsbeton, Verlag Ernst & Sohn, Berlin 2001.

[3] Bornemann, R.; Fehling, E.: Ultrahochfester Beton - Entwicklung und Verhalten, Leipziger - Massivbau Seminar; Leipzig 2002.

[4] König, G.; Holschemacher, K.; Dehn, F.: Ultrahochfester Beton, Bauwerk Verlag GmbH, Berlin 2003.

Brücken aus Hochleistungsbeton – Erfahrungen mit Pilotprojekten in Sachsen und Thüringen

Nguyen Viet Tue

1 Einleitung

Entsprechend DIN 1045-1 [1] wird Beton mit 28-Tage-Zylinderdruckfestigkeit ab 55 N/mm² als hochfester Beton bezeichnet. Neben seiner hohen Druckfestigkeit sind vor allen die deutlich verbesserten Dauerhaftigkeitseigenschaften im Vergleich zum normalfesten Beton das wesentliche Merkmal des hochfesten Betons. Aus diesem Grund wird der hochfeste Beton in der Literatur oft als Hochleistungsbeton bezeichnet. Dank der umfangreichen experimentellen und theoretischen Untersuchungen sowie zahlreicher Pilotprojekte, die teilweise in [2] vorgestellt sind, wird seine Anwendung im allgemeinen Hochbau bauaufsichtlich geregelt, wobei für die Herstellung der Betone der Festigkeitsklassen C95/105 und C100/115 weitere auf den Verwendungszweck angestimmter Nachweise erforderlich sind. Für die Anwendung des hochfesten Betons im Brückenbau muss weiterhin eine Zustimmung im Einzelfall erwirkt werden, da die Bemessungsregeln im DIN-Fachbericht 102 [3] nur für Betone bis Festigkeitsklasse C45/55 gelten. Praktische Erfahrungen im Brückenbau mit hochfestem Beton wurden in Deutschland seit ca. sieben Jahren bei Pilotprojekten gesammelt. Ein Überblick über die bisher realisierten Bauwerke kann [4] entnommen werden. Allein in Sachsen und Thüringen wurden bisher 4 Brückenprojekte aus hochfestem Beton ausgeführt. Zur Zeit befinden sich drei weitere Bauwerke im Zuge der A38 in Planung. Im folgenden Beitrag werden die Erfahrungen mit den bisher durchgeführten Bauwerken bei Ausschreibung, Vergabe, Entwurf und Bausführungen zusammenfassend berichtet.

2 Beschreibung der Bauwerke

Als erstes Pilotprojekt aus hochfestem Beton in Sachsen wurde die Brücke über die Weißeritz bei Dresden realisiert. Das Bauwerk ist ein Einfeldträger über 32 m. Für den Querschnitt wurde eine Vollplatte mit beidseitigem Kragarm gewählt. Mit einer Plattendicke von 1,02 m ergibt sich eine Schlankheit l/d= von ca. 32. Der Überbau wurde beschränkt nach DIN 4227 [5] vorgespannt. Außer der Erfahrungssammlung sprechen in diesem Fall die Erhöhung der Dauerhaftigkeit und die Vergrößerung der Durchflussfläche beim Hochwasser für die Anwendung des hochfesten Betons. Eine Beson-

Prof. Dr.-Ing. Nguyen Viet Tue, Universität Leipzig

derheit dieser Brücke ist der Verzicht auf eine Abdichtung und einen Fahrbahnbelag. Der Betonüberbau ist direkt befahrbar. Das Bauwerk diente zuerst als Baubrücke für die Realisierung von einigen Großprojekten im Bereich des Weißeritz Tal und danach vor allem als Servicebrücke zur Unterhaltung eines Regenrückhaltbeckens. In Bild 1 ist die Brücke während der Bauphase der benachbarten Autobahnbrücke im Zuge der A14 zu sehen.

Bild 1: Schweres Hebezeug überquert die Servicebrücke über die Weißeritz

Insgesamt wurden bei diesem Projekt ca. 110 m³ Beton der Festigkeitsklasse C70/85 verwendet. Um die Auswirkung der Umwelt und des Verkehrs auf die Dauerhaftigkeit des Bauwerks quantitativ zu verfolgen, wurde bei dieser Brücke ein Messprogramm zur Erfassung ihrer Zustandänderung installiert. Bis zum Jahrhunderthochwasser im Jahr 2002 hat das Meßsystem einwandfrei funktioniert. Die Ergebnisse bestätigen die deutlich verbesserten Dauerhaftigkeitseigenschaften von hochfestem Beton im Vergleich zum Normalbeton. Nach mehr als vier Jahren intensiver Nutzung durch schweren Baustellenverkehr weist die Oberfläche keinen sichtbaren Verschleiß auf, obwohl die Brücke keinen Belag hat und eine Variation der Fahrspur auf der Brücke infolge der geringen Fahrbahnbreite (3,5 m) nicht möglich ist. Zum Vergleich zeigt das Bild 2 den Zustand der Spannischen, die mit Beton C35/45 vergossen wurden. Der Unterschied zwischen beiden Betonen ist deutlich zu erkennen. Die bereits abgewitterte Zementmatrix legt im C35/45 die Gesteinskörnung allmählich frei. Die haarfeinen Oberflächenrisse, die bereits nach Fertigstellung der Brücke infolge ungenügender Nachbehandlung entstanden, zeigen kein anwachsen in der Länge oder Tiefe. Bohrkernuntersuchungen im Rissbereich ergaben auch keine Phasenneubildungen im Bereich der Risse.

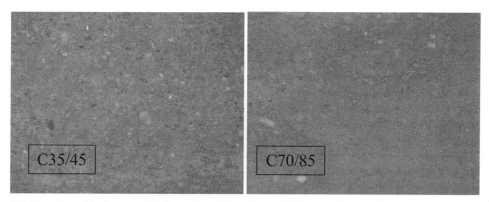

Bild 2:   Verschleißunterschied zwischen Bereich mit C35/45 und Bereich mit C70/85

Das zweite Bauwerk in Sachsen ist die Muldebrücke bei Glauchau, die im Zuge der B175 die Zwickauer Mulde überquert. Das Bauwerk mit 5 Feldern über eine Gesamtlänge von 171 m und zwei getrennten Überbauten mit je zwei Richtungsfahrbahnen je Überbau ist das bisher größte Brückenbauwerk aus hochfestem Beton in Deutschland. Es wurde ebenfalls Beton C70/85 verwendet. Als Querschnitt wurde eine Vollplatte mit beidseitigen Kragarmen gewählt. Mit einer Plattendicke von 1,05 m weist die Brücke eine Schlankheit l/d von bis zu 37 auf. Das Bauwerk wurde für die Brückenklasse 60/30 nach DIN 1072 [6] bemessen. Eine beschränkte Vorspannung nach DIN 4227 [5] wurde aufgebracht. Insgesamt wurden bei diesem Bauwerk ca. 2600 m^3 Beton C70/85 verwendet. Bild 3 zeigt das Bauwerk nach der Fertigstellung.

Bild 3:   Muldebrücke bei Glauchau

Mit diesem Bauwerk sollte die großtechnische Anwendung vom hochfesten Beton im Brückenbau erprobt werden. Durch die lange Bauzeit und mehrere Bauabschnitte konnten Erfahrungen bezüglich der Koppelfugen, der Beherrschung neuer Betontechnologie und der Qualitätssicherung über einen längeren Zeitraum mit geänderten Witterungsbedingungen gesammelt werden, die für große Brückenbauwerke unverzichtbar sind. Dass solche Erfahrungen erforderlich sind, zeigt z. B. die Rissbildung im Bereich der Koppelfugen infolge des erhöhten autogenen Schwindens (Bild 4). Eine Besonderheit bei diesem Bauwerk ist die Installierung eines Messprogramms zur Langzeitüberwachung des Zustands der Brücke während und nach der Herstellung. Einzelheiten über die Ergebnisse können [11] entnommen werden.

Bild 4: Risse im Bereich der Koppelfugen nach dem Verpressen

Das dritte Bauwerk ist ein Rahmentragwerk über die Wipfra bei Arnstadt, Thüringen. Es handelt sich um ein Rahmentragwerk, bei dem alle Konstruktionsteile, Fundamente, Widerlagerwände und Fahrbahnplatte aus hochfestem Beton hergestellt wurden, wobei die Fundamente im Rahmen einer Probebetonage hergestellt wurden. Sie dienen vor allem der Sensibilisierung der Beteiligten für die notwendige Sorgfalt, da bei diesem Bauwerk die Beteiligten des AN einschließlich des Betonwerks kaum Erfahrung mit hochfestem Beton vorweisen konnten. Es wurden ca. 150 m^3 ebenfalls Beton der Festigkeitsklasse C70/85 verwendet. Das Bauwerk wurde für die Brückenklasse 60/30 nach DIN 1072 [6] bemessen. Die Fahrbahnplatte wurde nach DIN 4227 [5] beschränkt vorgespannt. Mit einer Spannweite von 10,8 m und einer Fahrbahnplattedicke von 35 cm wurde eine Schlankheit von ca. 37 erreicht. Grund für die Anwendung von hochfestem Beton war in diesem Fall die Vergrößerung des Durchflussquerschnitts für die Wipfra im Hochwasserfall. Bild 5 zeigt das Bauwerk nach der Fertigstellung.

Bild 5:   Brücke über Wipfra nach der Fertigstellung

Bei dem vierten Projekt handelt es sich um eine Bogenbrücke. Die Fahrbahnplatte und der Mittelbereich des Bogens wurden aus einem hochfesten Beton C55/65 hergestellt. Die beiden Bogenhälften bestehen aus selbstverdichtendem Beton der Festigkeitsklasse C55/65. Weitere Einzelheiten über dieses Bauwerk können [12] entnommen werden. Bild 6 zeigt das Bauwerk nach der Fertigstellung.

Bild 6:   Bogenbauwerk aus hochfestem und selbstverdichtendem Beton B 65

3   Erfahrungen

3.1   Entwurf und Bemessung

Der Überbau aller hier genannten Bauwerke hat eine Vollplatte mit Kragarm als Querschnitt. Der Grund hiefür lag in der relativ kleinen Spannweite der hier genannten Bauwerke. Andere Querschnittformen wie Hohlkasten und Plattenbalken kam ebenfalls bereits zur Ausführung [2]. Im Prinzip können alle bekannten Querschnittformen in hochfestem Beton ausgeführt werden. Anzumerken ist, dass neben der Tragfähigkeit infolge Querkraft die in der Regel benötigte hohe Vorspannkraft in Verbindung mit der großen Schlankheit bei der Wahl der Querschnittform von Brücken aus hochfestem Beton eine wichtige Rolle spielt.

Aus der Sicht der Bemessung kann die hohe Druckfestigkeit des hochfesten Betons bei Zweipunktquerschnitten am besten ausgenutzt werden. Bei Vollquerschnitten nimmt die Biegetragfähigkeit mit zunehmender Betondruckfestigkeit nur unterproportional zu (Bild 7). Dies ist auf die Abnahme der Völligkeit der Spannungs-Dehnungslinie und den zusätzlichen Sicherheitsbeiwert γ' zurückzuführen, wobei sich die maximale Biegetragfähigkeit von Vollquerschnitten nach folgender Gl.(1) ermitteln lässt:

$$\frac{M_{Rd,max}}{b \cdot d^2 \cdot f_{cd}} = k_z \cdot k_x \cdot \alpha_R \cdot f_{cd} \tag{1}$$

α_R Völligkeitsbeiwert der Spannung in der Druckzone bei Ausnutzung der Grenzdehnung

k_x Beiwert für die Druckzonenhöhe

k_z Beiwert für den inneren Hebelarm

$$f_{cd} = \frac{f_{ck}}{\gamma \cdot \gamma'}$$

Neben Zweipunktquerschnitten besitzen die Verbundquerschnitte aus Stahl und Beton Vorteile im Vergleich zu gedrungenen Querschnitten. Hierzu sind jedoch noch weitere Untersuchungen zum Tragverhalten und vor allem Untersuchungen zum Tragverhalten der Verbundmittel erforderlich. Bisher liegen hierzu nur Einzelergebnisse vor.

In den hier genannten Pilotprojekten wurde eine Schlankheit $l/d > 30$ erreicht. Im Vergleich zu Bauwerken aus normalfesten Beton gleicher Art liegt somit die Schlankheit um den Faktor 1,5- bis 2,0 höher. Um die Anforderungen an die Gebrauchstauglichkeit bei dieser Schlankheit zu erfüllen, muss in der Regel eine zentrische Vorspannung von ca. 8 bis 10 MN/m² aufgebracht werden. Dies entspricht etwa dem doppelten Wert bei herkömmlichen Brücken aus C35/45 mit beschränkter Vorspannung nach DIN 4227 [5]. Für die Aufbringung der Vorspannkraft können sowohl die zugelassenen Spannverfahren für Normalbeton als auch das Litzenspannverfahren gemäß Zulassung Z-13.1-91 [10] für hochfesten Beton verwendet werden, bei dem vor allem die Ankerplatten auf die hohe Druckfestigkeit abgestimmt sind. Die Abmessungen der Ankerplatten sind deutlich kleiner als die herkömmlichen Spanngliedern für normalfesten Beton (Bild 8).

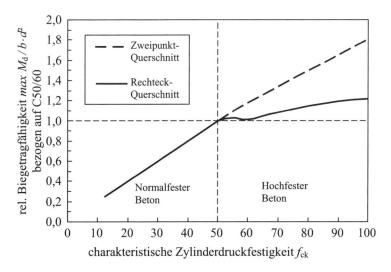

Bild 7: Relative Biegetragfähigkeit gemäß Gl. (1) aus [2]

Tabelle 1: Flächenvergleich der Ankerplatten für C70/85 und C35/45

Spanngliedbezeichnung		B+B L 9	B+B L 12	B+B L 15	B+B L 19	B+B L 22
Lochbild						
Ankerplatten für Beton > C 70/85						
Durchmesser	[mm]	200	230	270	295	325
Fläche	[cm²]	314	415	573	683	830
Ankerplatten für Beton > C 35/45						
Durchmesser	[mm]	240	260	310	340	370
Fläche	[cm²]	452	531	755	908	1075
Flächenvergleich						
Verkleinerung der Ankerplatte um	[%]	**44**	**28**	**32**	**33**	**30**

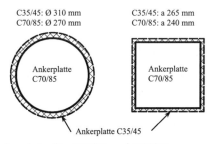

Bild 8: Vergleich der Ankerplatte für C70/85 und C35/45

Im Allgemeinen bilden die im Rahmen der Erstprüfung ermittelten Werkstoffeigenschaften die Grundlagen für die statischen Nachweise. Angaben über Kriechen und Schwinden liegen jedoch bei der Ausführungsplanung in den meisten Fällen noch nicht vor. Entsprechend den bekannten Ansätzen in der Richtlinie für hochfesten Beton wurden die Werte abgeschätzt. Die Erfahrung hat gezeigt, dass sich das Kriech- und Schwindverhalten mit den Ansätzen in DIN 1045-1 [1] ausreichend genau ermitteln lassen. Die Nachweisformate der Pilotprojekte lehnen sich stark DIN 4227 [5] an. Die Nachweise für die Biegetragfähigkeit stützen sich weitgehend auf die Richtlinie für hochfesten Beton [7]. Für den Nachweis im Gebrauchszustand werden die zulässigen Spannungen entsprechend Tabelle 9 in DIN 4227 [5] für hochfesten Beton behandelt und im Rahmen der Zustimmung im Einzelfall als Grundlagen für die Bemessung festgelegt. Hierbei gilt weiterhin der Nachweis der Dekompression unter häufigen Einwirkungen als Kernforderung. Tabelle 2 können die wichtigsten Werte für die zulässigen Spannungen entnommen werden. Weitere Angaben sind in [9] enthalten.

Tabelle 2: Auswahl von zulässigen Spannungen

		B 65	B 75	B 85	B95	B 105	B 115
Volle Vorspannung	Hauptlasten						
	Mittig Zug	0	0	0	0	0	0
	Randspannung	0	0	0	0	0	0
	Eckspannung	0	0	0	0	0	0
	Haupt- und Zusatzlasten						
	Mittig Zug	1,1	1,2	1,2	1,3	1,3	1,3
	Randspannung	2,5	2,6	2,7	2,8	2,8	2,8
	Eckspannung	3,2	3,4	3,5	3,6	3,6	3,6
	Bauzustand						
	Mittiger Zug	0,5	0,6	0,6	0,6	0,6	0,6
	Randspannung	1,2	1,3	1,3	1,4	1,4	1,4
	Eckspannung	1,6	1,7	1,7	1,8	1,8	1,8
Beschränkte Vorspannung	Hauptlasten						
	Mittig Zug	1,7	1,8	1,9	2,0	2,0	2,0
	Randspannung	3,7	3,9	4,0	4,1	4,1	4,1
	Eckspannung	4,2	4,4	4,5	4,6	4,6	4,6
	Haupt- und Zusatzlasten						
	Mittig Zug	1,9	2,0	2,1	2,2	2,2	2,2
	Randspannung	4,6	4,7	4,8	4,9	4,9	4,9
	Eckspannung	5,1	5,2	5,3	5,4	5,4	5,4
	Bauzustand						
	Mittig Zug	1,3	1,4	1,4	1,5	1,5	1,5
	Randspannung	2,9	3,0	3,0	3,1	3,1	3,1
	Eckspannung	3,4	3,6	3,8	3,9	3,9	3,9

Die konstruktive Ausbildung wird entsprechend der Richtlinie für hochfesten Beton [7] ausgeführt. Für die Festlegung der Mindestlängs- und -querbewehrung wird die Zugfestigkeit des hochfesten Betons entsprechend berücksichtigt. Für die in Zukunft zu planenden Projekte können die Angaben der Mindestbewehrung in DIN 1045-1 [1] ohne weiteres verwendet werden. Obwohl der hochfeste Beton deutlich dichter als der normalfeste Beton ist, wurde die Betondeckung bei den bisherigen Pilotprojekten nicht reduziert. Der Grund hierfür liegt zum einen an den fehlenden Erfahrungen und zum anderen an der erhöhten Gefahr der Längsrissbildung infolge des steiferen Verbunds zwischen Beton und Stahl.

Beobachtungen und Messungen an vorhandenen Bauwerken haben gezeigt, dass die vorhandenen Rechenmodelle für die Nachweise im Grenzzustand der Tragsicherheit und der Gebrauchstauglichkeit, die zur Zeit in DIN-Fachbericht 102 [3] und in DIN 1045-1 [1] verankert sind, auf hochfesten Beton übertragbar sind. Grundlagen für die Planung von Brücken aus hochfesten Beton sind somit ausreichend vorhanden.

3.2   Erstellung des LV und Vergabe der Bauleistung

Viele potentielle Auftragnehmer (AN) haben keine Erfahrungen mit hochfestem Beton, wenn sie sich für die Wettbewerbteilnahme an einem Pilotprojekt entscheiden. Aus diesem Grund sollte bereits in der Baubeschreibung auf die Besonderheiten bei der Anwendung von hochfestem Beton im Brückenbau hingewiesen werden. Hierbei sind vor allem die Auswirkungen der veränderten Frischbetoneigenschaften auf die Herstellung, Verarbeitung und Nachbehandlung von Bedeutung. Dies führt dazu, dass ein auf den Beton abgestimmtes Betonier- und Nachbehandlungskonzept seitens des AN vorgelegt werden muss. Für die Herstellung des Hochleistungsbetons sind hohe Anforderungen an die Mischtechnik und die Dosiereinrichtungen des Betonwerks zu stellen. Zum Beispiel sind für die Herstellung des Hochleistungsbetons zusätzlich zu den drei bekannten Komponenten Zement, Wasser und Gesteinkörnungen die weiteren zwei Komponente Fließmittel und Zusatzstoff erforderlich. Wegen der fehlenden Dosiereinrichtungen sind nicht alle Mischanlagen zur Herstellung von Hochleistungsbeton geeignet. Hinweise auf die Voraussetzungen des Betonwerks sind somit sinnvoll.

In den hier genannten Projekten wurden zusätzlich zu den gewöhnlichen Angaben folgende Punkte in die Ausschreibungsunterlagen aufgenommen:

– Forderung nach der Erstellung einer gesonderten Betonrezeptur in Abstimmung mit dem von AG benannten Gutacher für das Bauwerk.
– Forderung nach der Aufstellung eines QS-Plans unter Berücksichtigung aller beteiligten. Hierbei ist eine klare Einteilung der Verantwortlichkeit von besonderer Bedeutung
– Forderung nach der Erstellung des Betonier- und Nachbehandlungskonzepts unter Berücksichtigung der Besonderheiten und Geometrie des Bauwerks
– Angaben zu einem Verarbeitungsversuch, zum Ort und zur Geometrie des Bauteils, das im Rahmen einer Probebetonage hergestellt wird.
– Angaben zu den zusätzlichen Untersuchungen im Rahmen der Erstprüfung wie Ermittlung der Spaltzugfestigkeit, des E-Moduls, des autogenen Schwindens, des Kriech- und Schwindverhaltens sowie der Frost-Tausalzbeständigkeit nach CDF-Verfahren

- Grenzen für die von AN aufzustellende Betonrezeptur, für den w/z-Wert, maximale Zementmenge, bevorzugte Zementart usw.
- Aufforderung zur Bekanntgabe der Nachunternehmer für die Herstellung des Betons und für die Produktionskontrolle

Für die ersten beiden Brücken wurde eine beschränkte Ausschreibung mit öffentlichem Teilnahmewettbewerb durchgeführt. Hierzu wurden aus dem Kreis der Interenten bis zu 8 Firmen zu einem Gespräch eingeladen. Kriterium für diese Auswahl sind ihre Angaben über vorhandene Erfahrungen mit hochfestem Beton bzw. mit dem Betonbrückenbau. Im Rahmen des Gesprächs wurde überprüft, welche Bewerber tatsächlich über ausreichende Erfahrung in Herstellung und Einbau von Hochleistungsbeton verfügen. Bewerber, die keine ausreichende Erfahrung besitzen, können ebenfalls berücksichtigt werden, wenn sie geeignete Nachunternehmer einbinden. Ein weiteres sehr wichtiges Thema des Gesprächs ist die Planung des potentiellen AN für die Realisierung der zusätzlichen Untersuchungen gemäß der Ausschreibung im Rahmen der Bauvorbereitung zu hinterfragen. Das Interesse an Innovationen seitens der potentiellen AN kann hiermit relativ gut eingeschätzt werden. Die geeigneten Firmen werden aufgefordert, ein Angebot abzugeben. Den Zuschlag erhält die Fa. mit dem günstigsten Angebot.

Die zwei letzten genannten Bauwerke wurden öffentlich ausgeschrieben. Voraussetzung für die Telnahme am Wettbewerb sind Erfahrungen mit hochfestem Beton bzw. ausreichende Erfahrung mit BII Baustellen im Brückenbau. Der Auftrag wurde an den Anbieter mit dem günstigsten Angebot erteilt. Beim Anlaufgespräch wurde ausführlich über die Entwicklung der Betonrezeptur und den Umfang der Untersuchungen im Rahmen der Erstprüfung sowie andere Besonderheiten im Zusammenhang mit der Herstellung und dem Einbau des Hochleistungsbetons besprochen. Der AN wurde aufgefordert, innerhalb einer Frist von maximal 4 Wochen ein Konzept für die Erstellung der erforderlichen Betonrezeptur vorzulegen und einen Qualitätssicherungsplan gemäß der Richtlinie für hochfesten Beton unter Berücksichtigung der Angaben in der Baubeschreibung und ZTVK [13] beim AG abzugeben. Die Unterlagen wurden durch einen vom AG beauftragten Gutachter geprüft und ergänzt. Hierdurch wurde der AN auf die Besonderheiten des hochfesten Betons und die aufwendigere Bauvorbereitung hingewiesen. Während der Bauvorbereitung wurde der AN durch den vom AG beauftragten Gutachter schrittweise auf die Besonderheit bei Herstellung und Einbau von hochfesten Beton vorbereitet. In diesem Zusammenhang hat sich die Mitwirkung eines erfahrenden Betontechnologen auf der Seite des AN als sehr vorteilhaft erwiesen.

Erfahrungen an bisher durchgeführten Pilotprojekten haben gezeigt, dass im Prinzip alle Firmen mit ausreichenden Erfahrungen im Betonbrückenbau die Anforderungen im Zusammenhang mit hochfestem Beton voll erfüllen können. Bereits vorhandene Erfahrungen mit diesem neuen Werkstoff sind zwar vom Vorteil, jedoch kein Garant für den Erfolg. Das Interesse des AN, etwas Neues zu testen, ist höher zu bewerten als die fehlende Erfahrung bei Herstellung und Verarbeitung vom hochfesten Beton. Ein interessierter AN hat im Rahmen der Bauvorbereitung durch Erstprüfung, Vorbereitungsversuch und Probebetonage genügende Möglichkeiten, sich mit den Besonderheiten des hochfesten Betons vertraut zu machen. Die Mitwirkung eines erfahrenen

Betontechnologen seitens des AN erleichtert in diesem Fall die Zusammenarbeit mit dem von Bauherrn benannten Gutachter deutlich und trägt entscheidend zum Erfolg bei.

3.3   Betontechnologie

Für die Erstellung der erforderlichen Betonrezeptur und die Durchführung der Erstprüfung sind in der Regel ca. drei Monate erforderlich. In der Regel müssen in der Anfangsphase mehrere Rezepturen getestet werden, um einen den Anforderungen entsprechenden Beton unter Berücksichtigung der vor Ort zur Verfügung stehenden Ausgangsstoffe zu entwickeln.

Für den einwandfreien Einbau sollte das Ausbreitmaß im Bereich von 50 bis 54 cm (Konsistenzklasse F4) liegen. Wegen seiner Klebrigkeit, insbesondere bei Verwendung von Mikrosilika, lässt sich hochfester Beton mit steiferer Konsistenz nur sehr schwer verdichten; die beim Mischvorgang eingeschlossene Luft kann kaum ausgetrieben werden. Beton mit weicherer Konsistenz bereitet dagegen Schwierigkeiten bei Einstellung des Quer- und Längsgefälles und bei der Herstellung der Oberfläche.

Von großer Bedeutung ist die Robustheit der Mischung. Um den Beton richtig einstellen zu können müssen alle erforderlichen Zeiten für alle Teilprozesse von der Herstellung bis zum Einbau auf der Baustelle abgeschätzt werden. Ein Verarbeitungsfenster von mindestens 30 Minuten sollte hierbei angenommen werden. Beispiele hierfür können z.B. [2] entnommen werden. Der Beton sollte ausreichend robust sein, um eine einwandfreie Verarbeitung zu ermöglichen. Die Liegezeit nach dem Einbau sollte aber so klein wie möglich gehalten werden, damit negative Effekte wie Feuchtigkeitsverlust, langes Warten auf die Einstellung des Gefälles und eventuelle Rissbildung wegen der Traggerüstverformung minimiert werden können. Bild 9 zeigt als Beispiel eine günstige und eine ungünstige Rezeptur bezüglich der Robustheit der Mischung. Die Liegezeit bei der zweiten Rezeptur ist zu lang. Anzumerken ist, dass die Robustheit der Mischung hauptsächlich durch Fließmittelmenge und Verträglichkeit zwischen Fließmitteln und Zement beeinflusst wird. Aus diesem Grund kommt der Auswahl von Zement und Fließmittel bei der Erstellung der Rezeptur eine sehr große Bedeutung zu. Dabei ist anzumerken, dass in letzter Zeit fast ausschließlich Fließmittel auf Polycarboxylatether-Basis (PCE) zur Anwendung kamen. Die Zugabemenge ist deutlich geringer als bei herkömmlichen Fließmitteln.

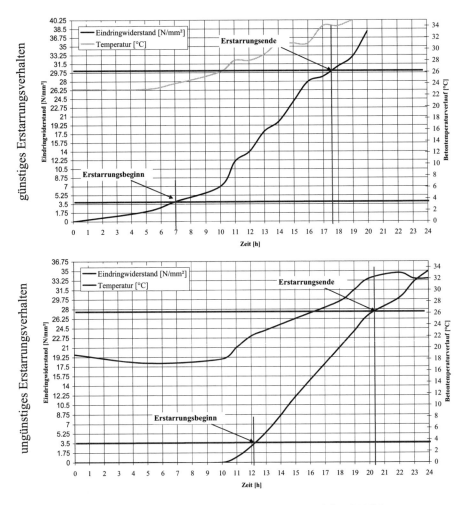

Bild 9: Beurteilung der Robustheit durch Penetrationsversuch bei 25°C Betontemperatur

Die Frischbetontemperatur sollte auf 25°C begrenzt werden. Aus diesem Grund ist die Herstellung des Überbaus in der Nacht keine Seltenheit. Als ein weiterer Vorteil einer Nachtschicht hat sich die günstige Auswirkung auf maximale Bauteiltemperatur herausgestellt. Diese sollte 70°C nicht überschreiten, um die Gefahr der Rissbildung im jungen Betonalter und dadurch Gefügeschädigungen zu minimieren, die die Dauerhaftigkeitseigenschaften des Betons negativ beeinflussen können. Diese Einschränkung wurde bei den hier genannten Bauwerken im Allgemeinen eingehalten. Bei der Muldebrücke in Glauchau lag jedoch die maximale Bauteiltemperatur in einigen Bauabschnitten höher als 70°C. Im Zusammenhang mit der Temperaturbegrenzung sollte ein Zementgehalt mehr als 400 kg/m³ vermieden werden. Weiterhin ist die Verwendung von CEM I 52,5 R wegen der hohen und vor allem schnellen Wärmeentwicklung möglichst zu vermeiden, Die gleichzeitige Verwendung von Zement und Flugasche hat sich hierbei als vorteilhaft erwiesen. In den drei erst genannten Bauwerken wurde der Zement CEM I 42,5 R-HS verwendet. Bei der Bogenbrücke in Wölkau kam CEM III/A R NA mit einem Hüttensandanteil zwischen 35 und 50 % zum Einsatz. Bezüglich der Festigkeit ist die Anwendung von allen bauaufsichtlich zugelassenen Zementen möglich. Die Einschränkungen gemäß DIN-Fachbericht Beton [8] müssen jedoch beachtet werden. Hiernach darf Flugasche und Mikrosilika nicht gemeinsam mit Zement verwendet werden, der bereits hohe Gehalte an Zusatzstoff Typ II enthält. Hintergrund für diese Einschränkung ist eine mögliche Alkalitätsreduzierung des Porenwassers infolge der puzzolanischen Reaktion, so dass der Korrosionsschutz für die Bewehrung nicht dauerhaft sichergestellt werden kann. Dies stellt eine Vorsichtmaßnahme dar. Zum einen ist das Gefüge des hochfesten Betons wesentlich dichter als das des normalfesten Betons, zum anderen wird die Alkalität des Porenwassers nicht nur von Kalziumhydroxyd bestimmt, so dass die Korrosionsgefahr für die Bewehrung bei hochfestem Beton wesentlich geringer als bei normalfesten Beton sein dürfte. Weitere Untersuchungen hierzu wären sinnvoll.

Ohne die Anwendung von Mikrosilica sind Festigkeitsklassen über C70/85 unter baupraktischen Bedingungen nicht mehr zu realisieren. Bei C60/75 ist eine Anwendung von Mikrosilica nicht zwingend erforderlich. Im Interesse einer gleich bleibenden Qualität ist seine Anwendung aber auch hier zu empfehlen. Bei C70/85 liegt der benötigte Mikrosilicagehalt bei ca. 25 bis 35 kg (Feststoff) je 1 m³ Beton. Für C60/75 sind ca. 15 bis 25 kg erforderlich. Hinweise zur Sieblinie der Gesteinkörnungen können [2] entnommen werden. Der äquivalente Wasserzementwert sollte nicht kleiner als 0,33 sein. Bei der Erstprüfung sollte die Würfeldruckfestigkeit nach 28 Tagen ein Vorhaltemaß von ca. 15 N/mm² aufweisen. In Tabelle 3 ist eine typische Rezeptur für einen Beton C70/85 dargestellt.

Tabelle 3: Typische Rezeptur für einen Beton C70/85

Ausgangsstoffe		Gehalt [kg/m³]
Zement CEM I 42,5 R-HS	z	380
Mikrosilicasuspension	sf	60
Steinkohlenflugasche	fa	70
Gesteinkörnung., Sieblinie A-B 16 Sand 0/2 Kies 2/8 Kies 8/16		630 378 790
Zugabewasser	w	112
Fließmittel	fm	1,5 % v. z
$w/b = \dfrac{w + 0,5 \cdot sf + fm}{z + 0,5 \cdot sf + 0,4 \cdot fa}$		0,34

Die Auswirkung der Temperaturänderung auf das Verhalten von Frischbeton sollte ebenfalls im Rahmen der Bauvorbereitung untersucht werden. Es hat sich gezeigt, dass die Untersuchungen für zwei unterschiedliche Temperaturen (10 und 25 °C) völlig ausreichend sind. Hierdurch ist vor allem die Robustheit des Betons nachzuweisen.

Die Festigkeit nach 28 Tagen wird nur unwesentlich von Frischbetoneigenschaften beeinflusst.

Im Prinzip sollte der Beton so eingestellt werden, dass eine Nachdosierung auf der Baustelle nicht notwendig sein wird. Da unerwartete Ereignisse in der Baupraxis häufig vorkommen, ist es dennoch ratsam, im Rahmen der Bauvorbereitung die Auswirkung der Fließmittelnachdosierung zu testen und die Korrelation zwischen Fließmittelmenge und Zunahme des Ausbreitmaßes zu ermitteln. Aufbauend auf diesen Ergebnissen sollten klare Handlungsanweisungen für die Baustelle vorliegen.

Der Verarbeitungsversuch ist ein fester Bestandteil der Bauvorbereitung. Bei diesem Versuch wird die Mischanlage auf ihre Tauglichkeit für die Herstellung von hochfestem Beton überprüft. Die nicht routinemäßigen Abläufe bei der Betonherstellung werden aufeinander abgestimmt. Die erforderliche Zeiten für alle Teilprozesse bei der Herstellung, Beladung und Prüfung des Frischbetons im Werk werden ermittelt. Die Ermittlung der zu erwartenden Leistung der Mischanlage ist hierbei besonders wichtig, da sie in vielen Fällen die maximale Betonierleitung auf der Baustelle bestimmt. Nach einem erfolgreichen Verarbeitungsversuch kann mit der Probebetonage die Vorbereitungsphase abgeschlossen werden. Hierbei sollten außer dem QS-Plan auch das Betonier- und Nachbehandlungskonzept unter praktischen Bedingungen getestet werden. Aus diesem Grund sollte das im Rahmen der Probebetonage herzustellende Bauteil so gewählt werden, dass mindestens die Betonmenge eines Fahrzeugmischers verarbeitet wird und die Möglichkeit zur Herstellung eines Gefälles und zur Bearbeitung der Oberflächen gegeben ist. Die erforderlichen Baustelleneinrichtungen für den Einbau und die Nachbehandlung des hochfesten Betons können hiermit ermittelt werden. Eine Abstimmung zwischen Betonherstellung, Transport und Einbau muss erreicht werden.

3.4   Einbau und Nachbehandlung

Die Herstellung des Überbaus darf erst in Angriff genommen, nachdem alle Vorbereitungen erfolgreich abgeschlossen sind. Der Überbau wird in der Regel lagenweise hergestellt, wobei die Lagendicke nicht größer als 30 cm sein sollte. Bei der Festlegung des Betonierkonzepts ist neben der Verarbeitungszeit des Betons die Neigung des hochfesten Betons zur Bildung der sog. Elefantenhaut insbesondere bei sommerlicher Temperatur zu berücksichtigen. Diese Eigenschaften können zu unerwünschter Rissbildung und somit zur Schwächung des Betongefüges führen. Um einerseits die Verzahnung zwischen unteren und oberen Lagen sicher zu erreichen und andererseits die Auswirkung der Elefantenhaut zu minimieren, ist eine versetzte Lagenanordnung (Bild 10) sinnvoller als die Realisierung der jeweiligen Lagen über die gesamte Bauwerkslänge. Mit der versetzten Lagenanordnung hat die Betoniermannschaft ebenfalls mehr Zeit für die Bearbeitung der Oberflächen.

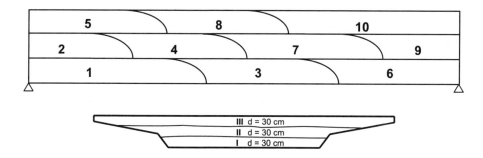

Bild 10: Versetzte Lagenanordnung zur Minimierung der Auswirkung von Elefantenhaut

Wegen seiner Fließfähigkeit lässt sich der hochfeste Beton relativ leicht verteilen. Seine Klebrigkeit führt aber dazu, dass für das Pumpen mehr Energie benötigt wird. Die Klebrigkeit hat vor allen Auswirkungen auf die Entlüftung des Betons bei der Verdichtung. Die eingeschlossene Luft lässt sich deutlich schwerer als bei normalfestem Beton mit vergleichbarer Konsistenz austreiben. Aus diesem Grund sollte für die Verdichtung ca. 30 % mehr Kapazität im Vergleich zum Normalbeton eingeplant werden. Die langsame Entlüftung erfordert, dass die Oberflächenbearbeitung einschließlich der Einstellung der Längs- und Querneigung nicht unmittelbar nach Abschluss der Verdichtungsarbeit realisiert werden sollten. Wegen des Feuchtigkeitsverlustes muss unmittelbar nach der Verdichtung eine feuchtigkeitsdichte Folie aufgebracht werden. Die nach der Verdichtung auftretenden Luftblasen können zu einer deutlichen Verschlechterung der Oberflächenqualität führen, wie Bild 11 verdeutlicht. Der Beton muss so zu sagen beruhigt werden, bevor die Oberfläche bearbeitet werden kann. Der treffende Zeitpunkt für die Oberflächenbearbeitung hängt von der Betonrezeptur ab und sollte möglichst im Rahmen der Probebetonage ermittelt werden.

In Zusammenhang mit der Oberflächenbearbeitung ist weiterhin zu bemerken, dass die Verwendung von Flügelglättern zum Scheiben der Oberfläche in der Regel nicht möglich ist. Dies ist auf das wesentlich schnellere Ansteifen des Betons im oberflächennahen als im innenliegenden Bereich zurückzuführen. Nach der Einstellung des Gefälles mit Rüttelbohle kann die Oberfläche nur noch punktuell durch Handscheiben verbessert werden. Bisherige Erfahrungen zeigen, dass oft eine Nachbesserung in den Randbereichen erforderlich ist. Aus den genannten Gründen ist die Wahl der Rüttelbohle und die Qualität dieses Arbeitsgangs sehr entscheidend für die Oberflächenqualität. Rüttelbohlen mit hoher Frequenz und geringer Amplitude erweisen sich in diesem Zusammenhang als günstig. Die Eignung der Rüttelbohle sollte bereits bei der Probebetonage getestet werden.

Die Minimierung des Feuchtigkeitsverlustes durch Nachbehandlung ist bei Anwendung von hochfestem Beton im Brückenbau von größter Bedeutung. Wegen des geringen Wassergehaltes und seiner besonderen Eigenschaften entsteht bei hochfestem

Beton nach der Verdichtung kein Wasserfilm auf der Oberfläche. Im Zusammenhang mit der Bildung der sog. Elefantenhaut führt der Feuchtigkeitsverlust sehr schnell zur Rissbildung. Bei den flächigen Bauteilen im Brückenbau tritt dieses Phänomen wesentlich deutlicher in Erscheinung als im Hochbau auf. Unmittelbar nach der Verdichtung sollte die Oberflächen mit einer feuchtigkeitsdichten Folie abgedeckt werden. Eine bessere Alternative stellt die Befeuchtung mit einem Sprühnebel der Oberfläche dar. Die Entfernung der Folie für die Einstellung des Quer- und Längsgefälles und für die Bearbeitung der Oberflächen sollte so kurz wie möglich gehalten werden. Die Schaffung von Wasserpuffer an der Betonoberfläche nach der Herstellung des Gefälles bei sommerlicher Temperatur ist empfehlenswert. Für den Schutz vor Sonnenschein bzw. winterlichen Kälte sollte der Überbau mit einer Wärmedämmung abgedeckt werden. Die Abdeckung mit einer Wärmedämmung sollte mindestens drei Tage lang dauern und darf auf keinen Falls zum Zeitpunkt der maximalen Temperatur entfernt werden. Sehr gute Erfahrung wurde mit der Teilvorspannung zum Zeitpunkt des Erreichens der maximalen Bauteiltemperatur gemacht. Hierbei wurde in der Regel eine zentrische Spannung von ca. 2 MN/m^2 aufgebracht. Zwangrisse infolge Temperaturentwicklung und autogenen Schwindens können hierdurch effektiv vermieden werden.

Bild 11: Schlechte Oberflächenqualität durch Luftblasen

Eine gute Qualitätssicherung ist die wichtigste Voraussetzung für eine erfolgreiche Anwendung von hochfestem Beton im Brückenbau. Sie ist einem QS-Plan zu belegen. Hierbei ist die Festlegung der Aufgabenbereiche der einzelnen am Bauwerk beteiligten Verantwortlichen besonders wichtig. Einzelheiten über die Qualitätssicherung bei hochfesten Beton können [14] entnommen werden. An dieser Stelle muss erwähnt werden, dass die Vernachlässigung der Qualitätssicherung nicht nur zu einer größeren Streuung der Qualität sondern insgesamt die erfolgreiche Herstellung des Bauwerks gefährdet. Die Anwendung von hochfestem Beton erfordert spezielle Kenntnisse, sodass auch in Zukunft keine Abstriche bei der Qualitätssicherung gemacht werden dürfen. Bei guter Qualitätssicherung ist die Streuung der Materialeigenschaften deutlich geringer als bei normalfestem Beton, aus diesem Grund ist der zusätzliche Sicherheitsfaktor kritisch zu hinterfragen.

4 Zusammenfassung und Ausblick

Die erfolgreiche Durchführung der Pilotprojekte zeigte, dass die Realisierung von Brücken aus hochfestem Beton eine lösbare Aufgabe für die am Bau beteiligten Firmen mit Erfahrungen im Betonbrückenbau darstellt. Voraussetzung hiefür ist eine gute Zusammenarbeit zwischen allen am Projekt beteiligten Verantwortlichen. Lernprozesse des AN, sowie ein hoher Grad an Sensibilität für die Besonderheiten von Hochleistungsbeton, der eine aufwändigere Arbeitsvorbereitung erfordert, sind von großer Bedeutung. Während die Grundlagen für den Entwurf und die Bemessung als vollständig vorhanden betrachtet werden können, sollten weitere Untersuchungen zur Reduzierung der Sensibilität des Betons durchgeführt werden, insbesondere im Zusammenhang mit der Oberflächenbearbeitung.

Eine breitere Anwendung des Hochleistungsbetons im Brückenbau ist nur dann zu erwarten, wenn gezielt die besseren Dauerhaftigkeitseigenschaften genutzt werden und entsprechende Konstruktionen zur besseren Ausnutzung seiner hohen Druckfestigkeit entwickelt werden.

Literatur

[1]   DIN 1045-1: Tragwerke aus Stahlbeton und Spannbeton, Teil1: Bemessung und Konstruktion.

[2]   König, G.; Tue, N.; Zink, M.: Hochleistungsbeton, Bemessung, Herstellung und Anwendung.

[3]   DIN-Fachberichte 102: Betonbrücken, Deutsches Institut für Normung, ISBN: 3-433-01725-5, Ausgabe März 2003.

[4]   Zilch, K.; Hennecke M.: Hochleistungsbeton im Brückenbau in Deutschland. Bauingenieur, Heft 7, S. 347-349. Springer VDI Verlag, 2004.

[5]   DIN 4227 Teil 1: Spannbeton; Bauteile aus Normalbeton mit beschränkter oder voller Vorspannung. Ausgabe Juli 1988. Betonkalender 1989 Teil 2, Verlag Ernst & Sohn, Berlin 1989.

[6]   DIN 1072: Straßen- und Wegbrücken. Lastannahmen. Ausgabe Dezember 1985.

[7]   DAfStb-Richtlinie für hochfesten Beton, Ausgabe August 1995, Deutscher Ausschuß für Stahlbeton, Vertriebsnummer 65024, Beuth Verlag GmbH.

[8]   DIN-Fachbericht 100: Beton, Deutsches Institut für Normung, Ausgabe 2001.

[9]   König, G.; Grimm, R.: Hochleistungsbeton. Betonkalender, Ernst & Sohn, 2000.

[10]   Deutsches Institut für Bautechnik (DIBt); Allgemeine bauaufsichtliche Zulassung Z-13.1-91 für Bilfinger + Berger Vorspanntechnik GmbH, Litzenspannverfahren B+BL in B 85. Berlin, November 1998.

[11]   Maurer, R.: Bauwerksmonitoring am Beispiel Brücke über die Zwickauer Mulde, Glauchau. Im gleichen Tagungsband.

[12]   Reintjes, K-H.: Zur Weiterentwicklung einiger Bauweisen für den Brückenbau im Zuge der A17. Im gleichen Tagungsband.

[13]   ZTVK - Zusätzliche Technische Vertragsbedingungen für Kunstbauten, Ausgabe 1996 (ZTVK-96).

[14]   Dehn, F.: Qualitätssichernde Maßnahmen bei der Verwendung von Hochleistungsbeton im Brückenbau. Im gleichen Tagungsband.

Zur Weiterentwicklung einiger Bauweisen für den Brückenbau im Zuge der A 17

Karl-Heinz Reintjes

1 Einführung

Mit dem Neubau der Autobahn zwischen Dresden und Prag, in Deutschland A 17, in Tschechien D 8 genannt, wird eine wichtige Verbindung im europäischen Fernstraßennetz hergestellt. Über die Funktion der Fernverkehrsbeziehung hinaus verbessert die A 17 die Erschließung des südöstlichen Sachsen, erhöht die Attraktivität der im Einzugsbereich liegenden Standorte und bewirkt eine wesentliche Entlastung der nachgeordneten Straßen.

Im Verlauf der 45 km der A 17 von der A 4 ausgehend bis zur Bundesgrenze befinden sich sieben Anschlussstellen, 9 Großbrücken, 6 Tunnel und 70 kleinere Brücken. Es kommen die verschiedensten Bauverfahren zum Einsatz.

Die Weiterentwicklung des Ingenieurbaus geschieht auf den Gebieten der Baustoffe, der Bauverfahren und der Rechenansätze meist in kleinen Schritten, manchmal im Pilgerschritt, möglichst unter Vermeidung von Fehlschritten, aber so dass nach einem Zeitraum von vielleicht 20 Jahren von dem Brückenbauer ein deutlicher Unterschied festgestellt werden kann.

Im folgenden soll an zwei Beispielen dargestellt werden, wie in der Praxis des Brückenbaus der A 17 sich die Gelegenheit ergab und die Möglichkeit ergriffen wurde, der Fortentwicklung von Bauweisen Impulse und Richtung zu geben. Es handelt sich zum einen um Versuche zur Ausweitung des Einsatzbereiches von Betongelenken, zum anderen um den Einsatz des selbstverdichtenden Betons.

2 Untersuchungen zu den Betongelenken der Lockwitztalbrücke

2.1 Aufgabenstellung

Die Brücke über das Lockwitztal ist eine insgesamt 723 m lange Brücke, 5 km südlich von Dresden gelegen, mit der Stützweitenfolge 48 – 60 – 65 – 70 – 85 – 2 x 125 – 85 –

Dipl.-Ing. Karl-Heinz Reintjes, Deges, Berlin

60 m. Die Brücke ist zweigeteilt, die Überbauten sind 3 m hohe Stahl-Beton-Verbundkästen, die in den 4 größten Brückenfeldern durch Stahlbetonhalbbögen unterstützt werden. Über den 3 Hauptstützen ist in den Kästen eine umgelenkte Vorspannung ausgeführt. Über die Brücke wurde auf Grund ihrer Besonderheiten bereits mehrfach berichtet (Bild 1).

Bild 1: Visualisierung der Brücke Lockwitztal

Der Überbau der Lockwitztalbrücke ist auf den 3 Hauptstützen sowie auf den Bogenständern mittels Betongelenken gelagert. Betongelenke stellen unter der Voraussetzung, dass jedes Risiko des Auftretens von größeren Setzungsunterschieden ausgeschlossen werden kann, in vielen Fällen eine geeignete Möglichkeit dar, Überbauten zu lagern. Es kann erwartet werden, dass die Dauerhaftigkeit der Betongelenke nicht kleiner ist als die der Brücke. Wartungs- und Instandhaltungsnotwendigkeiten sind gering, wenn die ggf. durch das Gelenk geführte Bewehrung gegen korrosive Einflüsse geschützt wird (s. ZTV-ING). Der Platzbedarf auf den Stützenköpfen ist gering, da die zulässige Pressung groß ist und Pressenansatzpunkte nicht ausgebildet werden. Die aufnehmbaren Winkelverdrehungen von bis zu 15 ‰ sind für den üblichen Einsatzbereich groß genug und im Zusammenhang mit hohen Pfeilern können auch größere Verschiebungen des Überbaus aufgenommen werden. Betongelenke stellen daher in vielen Fällen eine Option dar, der nachgegangen werden sollte.

Bei der Lockwitztalbrücke sind die Betongelenke der 3 Hauptstützen mit einer Gelenkhalsfläche von 0,35 x 1,00 m ausgeführt Die Gelenkblöcke haben eine Fläche von 1,20 x 1,50 m und eine Höhe von 0,55 bzw. 0,30 m (Bild 2). Die Betongüte ist B 45. Die Bogenständer auf den Halbbögen sind ebenfalls mit Betongelenken ausgeführt. Auf diese Gelenke wird an dieser Stelle nicht näher eingegangen.

Für das Betongelenk der Hauptstütze in der Achse 6 wurden für die gewählte Ausführungstechnologie folgende statische Größen ermittelt:

Normallast N von -4,6 bis -10,5 MN, resultierende Querkraft Q von -2,0 bis +2,8 MN und Drehwinkel α von +0,7 bis +3,2 ‰. Das Verhältnis Q/N erreicht maximal 0,40.

Die in diesem Fall maßgebenden Größen sind N = -7,0 MN, Q = 2,8 MN und α von 1,7 bis 2,3 ‰. Die Größen an den Achsen 7 und 8 bewegen sich in ähnlichen Bereichen.

In den Bemessungsregeln für Betongelenke ist zu finden, dass das Verhältnis Q/N kleiner 0,25 sein soll, und dass bei einem Verhältnis zwischen 0,125 und 0,25 die Querkraft durch Bewehrung aufgenommen werden soll. Anderenfalls kann die Gelenkfläche geneigt oder eine Vorspannung ausgeführt werden (z.B. Franz 1983, Leonhardt 1986). Da im Fall der Lockwitztalbrücke eine Neigung der Gelenkfläche infolge der die Richtung wechselnden Querkräfte keine Möglichkeit darstellte und eine Gelenkvorspannung mit erheblichem Aufwand verbunden ist, wurde die Stichhaltigkeit der Bemessungsregel überprüft und schließlich wurden ergänzende Versuche ausgeführt.

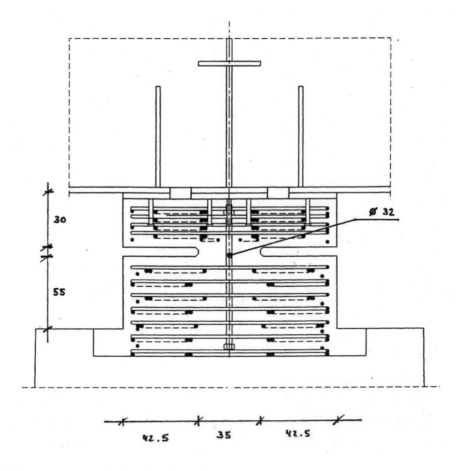

Bild 2:   Betongelenk der Brücke, Querschnitt

2.2   Bisherige Versuchsergebnisse

Im Gebrauchszustand der Betongelenke sind Randspannungen bis zum 4-fachen der Würfeldruckfestigkeit, plastische Verformungen und Rissbildungen zulässig. Einer rechnerischen Nachbildung und mechanischen Modellierung entziehen sich diese Zustände auch heute noch weitgehend. Die Bemessung erfolgt auf Grund der im wesentlichen bis 1965 durchgeführten Versuche. Der Schwerpunkt der Versuche lag in der Untersuchung der maximalen Normalkräfte im Zusammenhang mit größeren Winkelverdrehungen, wobei auch veränderliche Größen und hohe Wiederholungszahlen untersucht wurden. Die Rückstellmomente und der Einfluss von Bewehrung wurden ebenfalls untersucht. Ergebnis der Untersuchungen waren die Bemessungsregeln, nach denen auch heute noch verfahren wird. Zugelassen wird eine mittlere Normalspannung im Betonhals von ca. 85 % bis 130 % der Würfeldruckfestigkeit und Drehwinkel bis 15 ‰.

In einem Fall sind bisher Versuche mit Verhältnissen Q/N bis 1,0 durchgeführt worden (Base 1962). Auf Grund der Grenzen der Versuchsanordnung geben diese Versuche aber keinen Aufschluss über die Wirkungen bei gleichzeitigem Auftreten von großen Normal- und großen Querkräften.

Die Durchsicht der vorhandenen Untersuchungen ergab damit, dass zu den Verhältnissen, wie sie bei den Betongelenken der Lockwitztalbrücke vorliegen, keine Aussage gemacht werden konnte. Es wurden daher Versuche entworfen und durchgeführt, die der Fragestellung von hohen Normal- und hohen Querkräften nachgingen.

2.3   Durchführung der Versuche

Die neuen Versuche sollten Aufschluss darüber geben, ob und wie weit die übliche Bemessung von Betongelenken, die Normalkraft und Winkelverdrehungen berücksichtigt, zu ergänzen ist, wenn eine große Querkraft zusätzlich auftritt. Der Schwerpunkt der Untersuchungen wurde nicht bei den Winkelverdrehungen und der Dauerfestigkeit gesetzt, da diese Themen in den bisherigen Untersuchungen umfangreich untersucht worden sind und bei der Lockwitztalbrücke nur vergleichsweise kleine Drehwinkel auftreten. Die Versuche sollten möglichst nahe die Verhältnisse der Betongelenke der Lockwitztalbrücke nachbilden.

Es wurde flg. Versuchsanordnung entworfen (Bild 3). In dem Versuchskörper wurden 2 Betongelenke ausgebildet, um eine symmetrische Lastabtragung zu erzielen. Die Normalkraft sollte max. 3,5 MN betragen. Sie wurde in horizontaler Richtung zentrisch über 4 Pressen je Seite und Spannglieder aufgebracht. Die Querkraft Q wurde vertikal über die Pressenanlage aufgebracht. Die zwei Gelenkhälse waren demnach mit $Q/2$ belastet. Sie erhielten die Abmessungen 0,55 x 0,35 m und damit ungefähr die halbe Fläche des Betongelenks im Bauwerk. Die untere Auflagerung an den Gelenkblöcken konnte so verstellt werden, dass sich die angezielten Drehwinkel einstellten. Die   Kräfte   wurden   durch   die   Pressen   gemessen.   Die

Relativverschiebungen der Gelenköffnungen und die Vertikalverschiebungen wurden durch Wegaufnehmer gemessen.

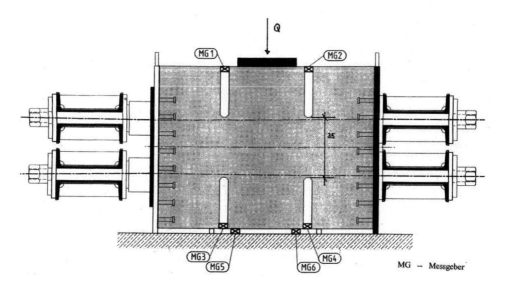

Bild 3:   Versuchsanordnung

Es wurden 3 Versuchskörper hergestellt und geprüft. Die Abmessungen der Gelenkhälse, der Gelenkblöcke sowie die Bewehrung der Gelenkblöcke wurden nach den üblichen konstruktiven Regeln gewählt. In die Gelenkhälse wurden jeweils 6 gerade Stahlstäbe, Durchmesser 32, eingelegt, in die Versuchskörper 1 und 2 GEWI BSt 500 S, in den Versuchskörper 3 DW St 1080/1230. Das ist die Hälfte der Bewehrung, die in die Betongelenke des Bauwerks eingelegt wurde. Die Versuchskörper wurden in B 45 mit der Bauwerksrezeptur hergestellt.

In einer ersten Versuchsphase wurden die zu erwartende Winkelverdrehungen auf den Probekörper aufgebracht. Zunächst wurde durch Aufbringen einer Querkraft eine Winkelverdrehung von 2 ‰ eingestellt. Danach wurde eine Normalkraft von 3,5 MN aufgebracht und durch Veränderungen der Querkraft wechselseitig 100 Winkelverdrehungen von ±1 ‰ aufgebracht. Mit diesen Drehwinkeln wurde die Schädigung der Betongelenke nachgebildet, die sich während der Standzeit des Bauwerks ergibt (2 ‰ einmalig durch ständige Last und ± 0,5 ‰ durch Wechsellast, wobei auf Grund einer näherungsweisen Abschätzung ein Vergrößerungsfaktor von 2 für den wechselnden Drehwinkel eingeführt wurde, um die Wiederholungszahl auf 100 reduzieren zu können).

In der zweiten Versuchsphase wurde bei einer Normalkraft von 3,5 MN die Querkraft stufenweise gesteigert.

In der dritten Versuchsphase wurde bei einer Normalkraft von $N = 0$ die Querkraft bis zum Bruch gesteigert (nur bei Versuch 3 durchgeführt).

2.4   Versuchsergebnisse

Die Versuchsergebnisse können wie folgt zusammengefasst werden:

In der ersten Versuchsphase traten keine Risse auf.

In der zweiten Versuchsphase traten die ersten Risse im Gelenkhals bei einer Querkraft von ca. 2 MN und bei einer Vergrößerung des Drehwinkels von 1 ‰ auf. Die Risse vergrößerten sich mit der stufenweisen Vergrößerung der Querkraft. Diese konnte bis 8,5 (Versuch 2) bzw. bis 7 MN (Versuch 3) und einem zusätzlichen Drehwinkel von 5 ‰ gesteigert werden, ohne das sich durch verstärkte Rissbildung ein Versagen ankündigte. Die Querkraft konnte bei den Versuchen auf Grund der Grenzen der Pressenanlage nicht weiter gesteigert werden.

In der dritten Versuchsphase (nur bei Versuch 3 durchgeführt) trat ein Schubbruch des Betonhalses bei einer Querkraft von 5,8 MN ein. Hier war ab einer Last von 3 MN verstärkte Rissbildung und eine progressive Verformung festzustellen (Bild 4).

Bild 4:   Versuchskörper 2 in der Versuchseinrichtung

Auf die Betongelenke des Bauwerks übertragen, führen die Versuchsergebnisse zu folgenden Aussagen:

Bei einer Normalkraft von $N = 7$ MN ist mindestens eine Querkraft von ca. 8 MN ohne Versagen aufnehmbar. Über den etwaigen Einfluss einer Veränderlichkeit der Querkraft kann allerdings keine Aussage getroffen werden. Zu dem beim Bauwerk vorliegenden Verhältnis von $Q/N = 0{,}40$ im Gebrauchszustand kann im Zusammenhang mit den Ergebnissen der Versuche anderer Autoren eine Sicherheit von größer 2,0 bis zum Bruch erwartet werden.

Über diese Aussagen hinaus, die für die Betongelenke der Hauptstützen der Lockwitztalbrücke eine Ausbildung mit einfacher Bewehrung (ohne Vorspannung) zulassen, sind weitere Bemessungsregeln allgemeiner Art zu erwarten, wenn die noch im Gang befindliche Versuchsauswertung zum Abschluss gekommen ist. Der Einsatzbereich von Betongelenken wird damit erweitert.

3 Selbstverdichtender Beton (SVB 65) und hochfester Rüttelbeton (B 65) bei der Bogenbrücke Wölkau

3.1 Entwurf des Bauwerks

Auf den 45 km der A 17 befinden sich 25 Überführungsbauwerke. Der Großteil dieser Überführungen liegt ca. 5 m über der Autobahn und damit werden diese Brücken in der Regel als Balkenträger und Zweifeldbrücken gebaut. Nur bei 2 Brücken liegt die A 17 im Einschnitt, so dass andere Tragsysteme infrage kommen, wie z.B. Sprengwerke oder Bogenbrücken. Hier soll über die Überführung eines Wirtschaftsweges über die A 17, die Bogenbrücke Wölkau, 6 km südlich von Dresden gelegen, berichtet werden.

Die Brücke liegt im Zuge der A 17 an einer exponierten Stelle. Sie ist für die Autofahrer auf der A 17 auf weiter Strecke sichtbar und in Richtung Süden ergibt sich an dieser Stelle ein Ausblick auf die Berge der Sächsischen Schweiz. Es lag nahe, hier ein gut proportioniertes, feingliedriges Bauwerk zu planen, das eine möglichst große Durchsicht zulässt.

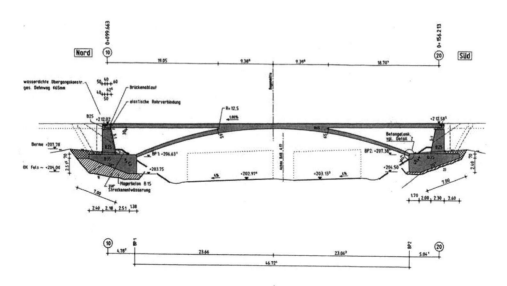

Bild 5: Längsschnitt des Bauwerks

Gewählt wurde ein flacher Bogen mit einem Bogenstich von 5,1 m bei einer Bogenstützweite von 47,5 m, der mit dem Überbau einen breiten Verschmelzungsbereich von 19 m besitzt (Bild 5). Im Scheitelpunkt hat der Bogen bzw. der Überbau eine Bauhöhe von 0,75 m und an den beiden Enden des Verschmelzungsbereiches eine Höhe von 1,75 m. Die Auflagerpunkte des Bogens wurden mit Betongelenken geplant, um eine abnehmende Dicke der Bogenstiele von 60 bis 45 cm zuzulassen. Der Überbau hat eine Stützweite von 56,7 m zwischen den Endauflagern (Elastomerlager). Die Arme des Überbaus haben Stützweiten von 19,0 bzw. 18,7 m. Die Bauhöhe der Überbauarme wurde zu 0,6 m konstant festgelegt. Bei der Schlankheit von 32 war der Überbau mit Vorspannung (8 Glieder, P_{zul} = 2,7 MN) auszuführen.

Die Breite des Überbaus beträgt 4,50 m. Als Querschnitt wurde ein einstegiger Plattenbalken gewählt. Die Breite des Balkens sowie des Bogens beträgt 2,50 m. Die Oberfläche des Überbaus hat eine Längsneigung bis zu 1 % und eine Querneigung von 2,5 % (Bild 6). Der Baugrund ließ eine verschiebungsarme Flachgründung zu.

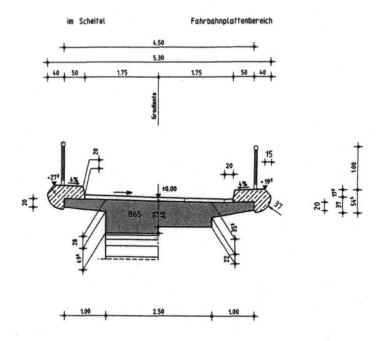

Bild 6: Querschnitt des Überbaus

Die angezielten schlanken Querschnitte des Bogens und des Überbaus waren nur mit einer Betonfestigkeit von ca. B 65 zu verwirklichen. Maßgebend waren die Querschnitte des Bogens und des Überbaus nahe des Verschmelzungsbereiches und die Querschnitte im Fußbereich des Bogens. Entscheidend für die Bemessung des Bogens und des Überbaus war der Lastfall Verkehr auf halbem Überbau und die Verformungen nach Theorie 2. Ordnung unter Berücksichtigung des infolge der anzusetzenden Imperfektionen gerissenen Bogens.

3.2   Wahl von Baustoff und Bauweise

Für den schlanken Bogen und Überbau wird konzentrierte Bewehrung erforderlich und im Bereich der Betongelenke liegt eine komplizierte Geometrie vor. Dies sind die typischen Einsatzmöglichkeiten für selbstverdichtenden Beton, mit dem bei diesen Bedingungen eine gute Bauwerksqualität und gute Sichtbetonverhältnisse erwartet werden können. Die mit ca. 25° geneigten Bogenstiele benötigen bei Einsatz von SVB eine Deckelschalung, diese wäre aber auch bei Rüttelbeton B 65 erforderlich, der mit einem Ausbreitmaß von ca. 53 cm hergestellt wird.

Denkbar wäre eine Ausführung der Bogenstiele als Fertigteile gewesen. Schalungsvorteile hat dies bei einem Bogen aber nicht. Auch bei dem Traggerüst ergeben sich kaum Vereinfachungen und der Transport und die Montage derartig schlanker Fertigteile erweist sich immer als problematisch. Die Ortbetonbauweise ist daher zu bevorzugen, zumal damit Arbeitsfugen und Bauschritte entfallen können.

Bei freien Oberflächen nivelliert sich der SVB mit seinem Setzfließmaß von > 70 cm nahezu wie eine Flüssigkeit aus. Verschiedentlich wurde aber berichtet (Petersson et al 1998, König et al 2002), dass durch eine besonders eingestellte Rezeptur auch Oberflächenneigungen bis 4 % herstellbar sind. Dies wurde zum Anlass genommen der Herstellbarkeit des Überbaus in SVB nachzugehen. Es wurde auch angezielt, Bogen und Überbau in einem Betoniervorgang herzustellen. Dazu hätte bei dem Überbau ein Oberflächengefälle von 2,5 % quer und 1 % längs hergestellt werden müssen. Im Labor (Dehn et al 2003) und im Jahr 2003 auf der Baustelle wurden Versuche durchgeführt, um eine passende Rezeptur und eine geeignete Technologie zur Herstellung der Überbauoberfläche zu finden.

Im Ergebnis der Versuche wurde aber schließlich davon abgesehen, den Überbau in SVB herzustellen. Der Zeitraum zwischen Bearbeitbarkeit der Oberfläche und Erstarrungsbeginn war zu kurz, um sinnvoll ein Abschieben überflüssiger Betonvolumina und die Herstellung der Oberfläche durchzuführen zu können. Über die Versuche wird an anderer Stelle berichtet.

Die Bogenstiele wurden in SVB 65 ausgeführt und der Überbau in Rüttelbeton B 65. Die Arbeitsfugen befanden sich im Bogen vor dem Verschmelzungsbereich.

3.3   Ausschreibung

Als Grundlagen für den Einsatz von SVB liegen derzeit die DAfStB-Richtlinien Hochfester Beton (1995) und Selbstverdichtender Beton (2001) vor. Im Straßenbrückenbau erfolgt der Einsatz nur über eine Zustimmung im Einzelfall für die bei dem jeweiligen Bauwerk entwickelte Rezeptur. Dieser Weg wurde auch hier gegangen. Für die Ausschreibung wurden Regeln für die Bemessung zusammengestellt, die von den Regeln für vergleichbare hochfeste Rüttelbetone allerdings nur auf einzelnen Gebieten abweichen, z.B. ist der E-Modul und die Verbundsteifigkeit tendenziell etwas geringer, Kriech- und Schwindmaß können je nach Rezeptur bis 30 % größer sein. Weiterhin wurden für die Ausschreibung die sehr viel umfangreicheren Eignungsprüfungen und Qualitätssicherungsmaßnahmen vorgegeben. Außerdem waren der Ablauf und der Zeitbedarf der Genehmigungsschritte im Rahmen der Zustimmung im Einzelfall vorzugeben. Im Rahmen der öffentlichen Ausschreibung wurde von dem Bauunternehmer und dem Betonhersteller Nachweise über besondere Fachkunde bzw. Erfahrungen mit der Herstellung von hochfestem Beton oder SVB verlangt.

3.4   Ausführung

Die Rezeptur des SVB und des B 65 wurde in den vorgeschriebenen umfangreichen Eignungsprüfungen untersucht. Weiterhin wurde die Rezeptur des SVB bei der Betonage eines Fundaments und bei der Herstellung von 3 Probekörpern auf der Baustelle getestet und weiterentwickelt. Für die dann festgelegten Rezepturen wurden die Zustimmungen im Einzelfall erwirkt. Die Behandlung der Rezepturen erfolgt an anderer Stelle. Hier wird auf die Besonderheiten der Bauausführung eingegangen.

<u>Ausführung des Bogens in SVB.</u>

Das Bauwerk wurde auf einem bodengestützten Traggerüst hergestellt, das vom Grundgerüst her schon für die Betonage der Bogenstiele vollständig aufgestellt wurde. Nach der Erhärtung der Bogenstiele wurde das Gerüst für die Erstellung der Überbauarme ergänzt. Dabei konnte diese Gerüstergänzung auf den Bogenstielen auf den Bogenstielen abgesetzt werden, wobei die Lasten durch den Bogenbeton vollständig in das Bogentraggerüst weitergeleitet wurden.

Die Schalung ist an das Fließverhalten des SVB anzupassen. Die Fugen der Schalung sind abzudichten und die Schalung ist auf den hydrostatischen Druck des Frischbetons zu bemessen. Nur am höchsten Punkt der Schalung wurde eine Entlüftungsöffnung angeordnet. Hier konnte auch das Entlüftungsverhalten des SVB und das Sedimentationsverhalten visuell überprüft werden. Als Schalhaut wurden beschichtete Platten eingesetzt, die zusammen mit dem Trennöl bei der Betonage des Fundaments und der Probekörper getestet wurden. Die damit erreichte Betonoberfläche ist fast ohne Lunker und genügt höchsten Ansprüchen.

Bild 7:   Bogenstiel nach dem Ausschalen

Die beiden Bogenstiele besaßen eine Kubatur von zusammen 36 m³. Das Einpumpen in die Schalung erfolgte über Einfüllstutzen in der Seitenschalung. Die Steiggeschwindigkeit des Frischbetons in der Schalung wurde in Abstimmung auf das Entlüftungsverhalten des SVB nicht zu groß gewählt. Andererseits war die Verarbeitbarkeitszeit des SVB von 2,5 h nach Mischbeginn zu beachten, die die Höhe des Frischbetonspiegels über dem Einfüllstutzen begrenzte. Bei einer Verarbeitbarkeitszeit von 2,5 h resultiert nach Abzug der Herstellung und der Prüfungen im Werk, der Fahrzeit und der Prüfungen auf der Baustelle eine Restzeit von 30 bis 45 min. Die Einfüllstutzen wurden daran angepasst in einem Abstand von 4 m angeordnet. Für den Betoneinbau wurde eine Menge von 15 m³ in der ersten Stunde und jeweils 10 m³ in den zwei folgenden Stunden vorgesehen. Da Betonierpausen bei SVB infolge des schnellen Erstarrens der Betonoberfläche (Elefantenhaut) besonders kritisch sind, wurde ein zweites Betonwerk freigehalten und auf der Baustelle eine zweite Betonpumpe vorgehalten.

Die Betonage der Bogenteile fand im März 04 von 10 bis 15 h bei Temperaturen von 17 bis 21° statt. Die Betonage des ersten Bogenteils erfolgte plangemäß. Bei der Betonage des zweiten Bogenteils ergaben sich Verzögerungen, die sich in Verbindung mit einer nicht planmäßigen Rezeptur derart auswirkten, dass der Beton noch während der Betonage teilweise erstarrte. Beim Ausschalen wurden große Betonfehlstellen festgestellt, die den Abbruch dieses Bogenteils erzwangen. Auf die Erkenntnisse für die Rezepturentwicklung, die diese fehlerhafte Betonage erbracht hat, wird an anderer Stelle eingegangen. Bei der zweiten Betonage wurde auch dieser Teil des Bogens fehlerfrei hergestellt (Bild 7).

Ausführung des Überbaus in Rüttelbeton B 65.

Der Überbau mit dem Verschmelzungsbereich hat eine Kubatur von 130 m³. Die Verarbeitbarkeitszeit des Betons betrug auch hier 2,5 h. Als Verarbeitungsgeschwindigkeit wurde 25 m³ je Stunde vorgesehen. Der Betoneinbau erfolgte vom tiefsten Punkt ausgehend in ganzer Überbaubreite. Die Höhe der bis zu 4 Schüttfugen betrug ca. 40 cm. Der zeitliche Abstand zwischen dem Verdichten der einzelnen Lagen sollte 30 min nicht überschreiten. Bestätigt wurde auch hier die Erfahrung, dass der hochfeste Beton aufgrund seines spezifischen Fließverhaltens einen größeren Verdichtungsaufwand (ca. 30 %) benötigt, bis eine ausreichende Vernadelung der Lagen und Entlüftung erreicht ist. Die Betonherstellung erfolgte gleichzeitig in zwei Werken. Beim Ausfall eines Werks hätte das andere Werk die durchgehende Betonage sicherstellen können. Der Beton wurde durch eine Pumpe gefördert. Eine Ersatzpumpe stand bereit. Um bei der Betonage gleichmäßig kühle Bedingungen ohne Sonneneinstrahlung einzuhalten, wurde nachts gearbeitet.

Das Einstellen der endgültigen Gefälleverhältnisse wurde ca. 30 min nach Betoneinbau mit der Rüttelbohle abschließend hergestellt, Die Oberfläche steift dann sehr schnell an und lässt ein nachträgliches maschinelles Abscheiben kaum zu. Die Nachbehandlung erfolgte durch die Schalung bzw. durch sofortiges, faltenfreies Auslegen von Folien. Die Vorspannung und das Absenken der Schalung erfolgte plangemäß in mehreren Schritten. Das Strahlen der Oberfläche erfolgte 7 Tage nach der Betonage. Die Grenzwerte der Rauheit und der Abreißfestigkeit wurden ohne Nachbesserung erreicht. Die in den Eignungsprüfungen festgestellten Festbeton-eigenschaften unterschieden sich nicht wesentlich von den aufgrund der bisherigen Erfahrungen in die Statik eingebrachten Größen. Die Bauwerksvermessung vor Einbau der Kappen zeigte keine wesentlichen Abweichungen von den errechneten Verformungen.

Bild 8,9: Das fertige Bauwerk

3.5   Schlußfolgerung

Im Ergebnis kann festgestellt werden, dass die Verwendung von SVB und von hochfestem Rüttelbeton für Bogenbauwerke der hier beschriebenen Art eine sinnvolle Option darstellt. Es wird eine Beton- und Oberflächenqualität erreicht, die höchsten Ansprüchen genügt. Die erzielten schlanken Bauwerksabmessungen führen zu einem feingliedrigen Bauwerk, das zu der an dieser Stelle gewünschten, möglichst großen Transparenz führt (Bild 8, 9). Der Mehraufwand, der heute noch mit dem Einsatz von selbstverdichtendem und hochfesten Beton verbunden ist, wird damit gerechtfertigt. Es hat sich aber auch in diesem Fall gezeigt, dass der erfolgreiche Einsatz von selbstverdichtendem Beton eine umfangreiche Koordination und präzise Einhaltung der geplanten Abläufe voraussetzt.

Großbrücken im Zuge der A 71

Gundolf Denzer

Der Neubau der Autobahn A71/A73 zwischen Thüringen und Franken stellte aus Gründen der Topografie und des Landschaftsschutzes besondere Herausforderungen an den Brückenbau. Geplant sind 40 Großbrücken, von denen die längste fast 1200 m und die höchste 110 m misst. Dabei wurde auf jegliche Standardisierung verzichtet, vielmehr wurde auf jeden Standort individuell eingegangen. So entsteht eine Vielfalt von unterschiedlichen Brückentypen. Weiterhin wurde die Möglichkeit genutzt, Brücken für die Erprobung neuer Bauweisen auszuwählen, für die diese maßgeschneidert erscheinen. Die Brücken an der A 71 werden von Nord nach Süd vorgestellt.

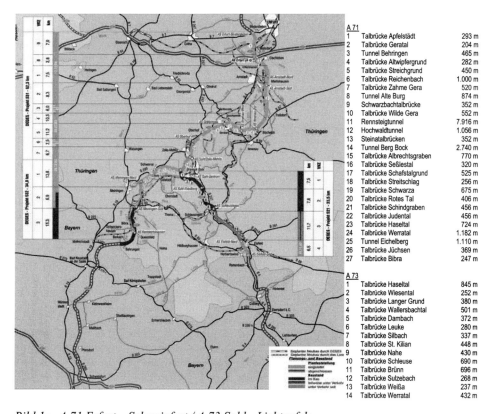

A 71		
1	Talbrücke Apfelstädt	293 m
2	Talbrücke Geratal	204 m
3	Tunnel Behringen	465 m
4	Talbrücke Altwipfergrund	282 m
5	Talbrücke Streichgrund	450 m
6	Talbrücke Reichenbach	1.000 m
7	Talbrücke Zahme Gera	520 m
8	Tunnel Alte Burg	874 m
9	Schwarzbachtalbrücke	352 m
10	Talbrücke Wilde Gera	552 m
11	Rennsteigtunnel	7.916 m
12	Hochwaldtunnel	1.056 m
13	Steinatalbrücken	352 m
14	Tunnel Berg Bock	2.740 m
15	Talbrücke Albrechtsgraben	770 m
16	Talbrücke Seßlestal	320 m
17	Talbrücke Schafstalgrund	525 m
18	Talbrücke Streitschlag	256 m
19	Talbrücke Schwarza	675 m
20	Talbrücke Rotes Tal	406 m
21	Talbrücke Schindgraben	456 m
22	Talbrücke Judental	456 m
23	Talbrücke Haseltal	724 m
24	Talbrücke Werratal	1.182 m
25	Tunnel Eichelberg	1.110 m
26	Talbrücke Jüchsen	369 m
27	Talbrücke Bibra	247 m

A 73		
1	Talbrücke Haseltal	845 m
2	Talbrücke Wiesental	252 m
3	Talbrücke Langer Grund	380 m
4	Talbrücke Wallersbachtal	501 m
5	Talbrücke Dambach	372 m
6	Talbrücke Leuke	280 m
7	Talbrücke Silbach	337 m
8	Talbrücke St. Kilian	448 m
9	Talbrücke Nahe	430 m
10	Talbrücke Schleuse	690 m
11	Talbrücke Brünn	696 m
12	Talbrücke Sulzebach	268 m
13	Talbrücke Weißa	237 m
14	Talbrücke Werratal	432 m

Bild 1: A 71 Erfurt – Schweinfurt / A 73 Suhl - Lichtenfels

Dipl.-Ing. Gundolf Denzer, Deges, Berlin

1   Talbrücke Altwipfergrund

Die Talbrücke Altwipfer-
grund überquert ein
Naturschutzgebiet mit
absolutem Bauverbot im
Talraum. Der Talraum
musste im Freivorbau
überbrückt werden.
Daraus ergab sich eine 3-
Feld-Brücke mit Stützen
von 82 - 115 - 82 m.

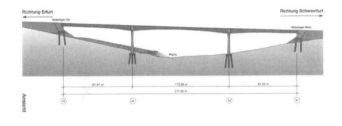

Bild 2:   Talbrücke
            Altwipfergrund

Die Überbauten stellen eine Neuheit im Deutschen Brückenbau dar. Es handelt sich
um einen Kastenquerschnitt, bei dem die Fahrbahn- und die Bodenplatte aus Beton
und die Kastenstege aus Trapezblechen bestehen. Brücken dieser Bauart existieren
bisher nur in Frankreich und Japan.

Der Vorteil dieser Bauweise liegt einerseits in der Gewichtsersparnis durch die Stahl-
stege und andererseits in der
effizienteren Wirkung der
Vorspannkräfte, da die Stege
sich der Vorspannung entziehen.
Darüber hinaus sichert die
erhöhte Querbiegesteifigkeit der
Trapezstege den Erhalt der
Querschnittsform des Kastens.
Die Verbesserung des
Beultragverhaltens schließlich
erlaubt den Verzicht auf
Beulsteifen.

Bild 3:   Leichte Montagehilfsmaßnahmen bei der Stegmontage

Die Konstruktionshöhen des gevouteten Tragwerks liegen bei 6,0 m über den Pfeilern
sowie 3,5 m in den Seitenfeldern und 2,8 m im Mittelfeld. Das vorgespannte Tragwerk
wird in Mischbauweise (Mischung aus externen Spanngliedern ohne Verbund und
internen Spanngliedern mit Verbund) erstellt.

Der gewählte Überbauquerschnitt bietet besonders günstige Voraussetzungen für eine Herstellung im Freivorbau, weil die Trapezstege als tragende Elemente des Vorbauwagens genutzt werden können. Dadurch ergibt sich im Vergleich zur Herstellung eines Kastenträgers in Massivbauweise eine verhältnismäßig leichte Schalwagenkonstruktion.

Gleichzeitig entfällt die im Spannbetonbau bestehende Notwendigkeit der zeitgleichen Herstellung aller Bauteile des jeweiligen Vorbauabschnittes. Entsprechend der für den Stahlbau zweckmäßigen Schusslänge der Stegbleche beträgt die Abschnittslänge der Vorbauabschnitte bei der Talbrücke Altwipfergrund 6,57 m.

Die Vorbauwagen für den Bau der Talbrücke Altwipfergrund wurden so konzipiert, dass drei nicht notwendigerweise zeitgleich auszuführende Arbeitstakte möglich wurden.

–   Montage der vorauseilenden Trapezträgerstege
–   Herstellung der Betonuntergurte zwischen den Kastenstegen
–   Herstellung der Betonobergurte und der Kragplatten mit Nachläuferschalungen.

Aus Termingründen kamen 4 Vorbauwagen zum Einsatz, so dass jeweils gleichzeitig von den Mittelstützen her vorgebaut wurde. Standfelder der 4 Vorbauabschnitte sind 9,88 m lange Überbaufelder im Bereich der Mittelstützen, die durch Hilfsstützen gestützt sind.

Bild 4:   *Standfeld nach Montage des Vorbauwagens; Herstellen der Standfelder an den Innenstützen*

2 Talbrücke Reichenbach

In ca. 60 m Höhe überquert die Reichenbachtalbrücke ein langgestrecktes, offenes, landschaftlich reizvolles Tal. Die 1.000 m lange Brücke hat 14 Felder mit einer maximalen Stützweite von 105 m. Im Bereich der großen Felder ist der Überbau als Voutenträger ausgebildet mit max. 6,5 m Bauhöhe. Der Überbau ist ein einteiliger Stahlverbundquerschnitt, der bei verschiedenen Brücken der Thüringer Waldautobahn zur Anwendung kommt. Gerade in landschaftlich sensiblen Lagen bringt die Ausführung getrennter Überbauten Probleme mit sich. Vor allem dort, wo der Überbau den Talraum in sehr großer Höhe quert, ergeben sich mitunter gestalterisch unbefriedigende Lösungen, weil die für jeden Überbau erforderlichen Stützen den Talraum verstellen.

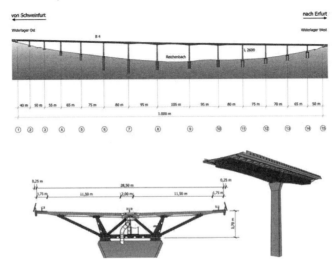

Bild 5: Talbrücke Reichenbach

Bei einteiligen Überbauten muss jederzeit - wie bei der Regelbauweise - die Möglichkeit bestehen, Instandsetzungsarbeiten unter weitgehender Aufrechterhaltung des Verkehrs ausführen zu können. Weil sich bei den in Frage kommenden Stützweiten die Verbundbauweise als besonders wirtschaftlich erwiesen hat und bei dieser Bauweise die Fahrbahnplatte als Verschleißteil gesehen werden muss, ergaben sich für die Planung, Berechnung und Konstruktion der einteilig auszuführenden Überbauten weitreichende, über die Festlegungen der üblichen Normen hinausgehende Anforderungen für die Fahrbahnplattenauswechselung.

– 4/0-Verkehr auf einer Brückenhälfte
– halbseitiger Abbruch der Fahrbahnplatte an beliebiger Stelle.
  Die Abschnittslängen sollen >15 m betragen.

Bei allen von DEGES ausgeführten einteiligen Überbauten hat sich gezeigt, dass der geforderte Lastfall mindestens für die Bemessung der Fahrbahnplatte, der Verdübelung, der äußeren und inneren Längsträger sowie der Obergurte des Haupttragwerks bemessungsmaßgebend ist und daher gegenüber einer Bemessung nach DIN 1072 zu Mehrmengen führt, die robuste und dauerhafte Bauwerke erwarten lassen. Die Wirtschaftlichkeit dieser Bauweise ist ab einer Höhe von ca. 50 m über Tal gegeben.

Der Kastenträger wird in Querrichtung im Abstand von 5 m durch Querrahmen und Diagonalstreben ausgesteift. Die beidseitig weit über die Stege des Hohlkastens auskragende Fahrbahnplatte wird durch geneigte Druckstreben aus Stahlrohren gestützt, die im Abstand der Querverbände angeordnet sind.

Die parallel-gurtigen Teile der Stahlkonstruktion werden von beiden Widerlagern aus im Taktschiebeverfahren eingeschoben; die gevouteten Überbauquerschnitte werden eingehoben. Zum Einsatz kamen 2 Taktanlagen. Zeitgleich mit dem Taktschiebevorgängen wurden 4 Pfeilerkopfschüsse mit einem 800 t-Gittermast-Raupenkran auf die Pfeilerköpfe gehoben und dort befestigt. Im Anschluss wurden die gevouteten Mittelfelder mittels eines elektronisch gesteuerten Litzenhubsystems eingehoben und mit dem Pfeilerkopfschüssen verschweißt. Das maximale Gewicht eines Mittelfeldes betrug 750 t.

Bild 6: Talbrücke Reichenbach

Bild 7: Talbrücke Reichenbach

3 Talbrücke Zahme Gera

Die 520 m lange Talbrücke überquert ein ca. 65 m tief eingeschnittenes Tal der Zahmen Gera. Wesentliche Randbedingungen für die Gestaltung des Bauwerks lieferten eine nahe gelegene Ortschaft sowie mehrere schützenswerte Biotope im Flusstal

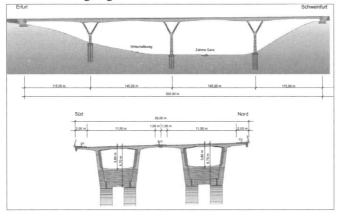

und besonders an den Talflanken. Hier sei der westliche stark geneigte (ca. 40°) Hang als Biotop besonders hervorgehoben, der frei überspannt werden musste.

Bild 8: Talbrücke Zahme Gera

Man hat sich für die Lösung eines schlanken, gevouteten, vorgespannten 4-Feld-Balkens auf 3 biegesteif angeschlossenen und in der Ansicht Y-förmigen Pfeilern bei freier Auflagerung an den Widerlagern entschieden. Die Stützweiten betragen 115+145+145+115 m. Durch die obere Spreizung der Y-förmigen Stützen konnte der Hohlkasten des Überbaus trotz der großen Spannweite schlank gehalten werden. Im Feld und an den Widerlagern wurden 3,80 m Konstruktionshöhe und über den Gabelästen 6,70 m festgelegt. Es ergibt sich daraus ein minimales Verhältnis zur Stützweite von ca. I/38 bzw. I/22.

Die in der Brückenansicht Y-förmig gestalteten Pfeiler haben in der Gabel eine innere Spreizung von ca. 25 m bei einer Höhe von ca. 20 m. Die Ansichtsbreite der Gabeläste verringert sich von 2,50 m am Knoten bis auf 2,00 m an der Unterkante Überbau. Die massiven Gabeläste schließen biegesteif an den Überbau sowie den Pfeilerschaft an.

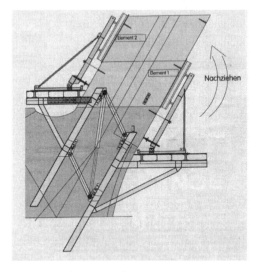

Die Gabeläste erhalten einen hantelförmigen Vollquerschnitt mit den Hauptabmessungen 2,5 - 2,0 x 6,0 m.

Für die Herstellung der Gabeläste wurde speziell für diesen Einsatz eine "Schreitschalung" entwickelt. Mit dieser "Schreitschalung" wurden die beiden Gabeläste in 13 Betonierabschnitten von 1,50 m hergestellt. Mit Hilfe von Hydraulikzylindern bewegt sich die "Schreitschalung" an den schrägen Gabelästen ohne Kranhilfe in die nächste Betonierstellung.

Bild 9: Talbrücke Zahme Gera

In der halben Gabelhöhe wurde zur Begrenzung der Kragmomente ein mit Gewi-Spanngliedern vorgespanntes Druckrohr eingebaut. Vor dem Betonieren des jeweils letzten Gabelschusses war eine weitere Durchspannung aus Gewi-Spanngliedern zur Begrenzung der Biegemomente erforderlich.

Als Tragsystem wurde ein einzelliger, gevouteter, in Längsrichtung beschränkt vorgespannter Hohlkasten vorgesehen. Die Längsvorspannung des Überbaus erfolgte in Mischbauweise, gemäß dem Allgemeinen Rundschreiben Straßenbau (ARS) Nr. 17/1999. Die interne Vorspannung in der Fahrbahn- und Bodenplatte wurde durch eine externe Vorspannung im Kasteninnern ergänzt.

Die Herstellung der beiden Überbauten erfolgte von den Achsen 20, 30 und 40 aus im Freivorbau. Für die Herstellung der Waagebalken kamen vier Vorbauwagen gleichzeitig zum Einsatz. Die Grundetappe des Freivorbaues mit einer Gesamtlänge von 32 m wurde auf einem herkömmlichen Lehrgerüst in drei Betonierabschnitten - Bodenplatte, Stege, Fahrbahnplatte - hergestellt.

Der Freivorbau erfolgte mit maximalen Taktlängen bis zu 5,00 m im Feldbereich bei den leichten Querschnitten. Mit den größeren Bauhöhen und Querschnittsabmessungen zum Pfeilerbereich hin mussten die Taktlängen bis auf 3,30 m verringert werden. Bei der Herstellung der "Waagebalken" waren Schrägabspannungen erforderlich mit Verankerung im Boden.

Bild 10: Talbrücke Zahme Gera

4 Talbrücke Wilde Gera

Für das tief eingekerbte Tal der Wilden Gera, das in 110 m Höhe überbrückt werden muss, wurde das erste Mal der einteilige Stahlverbundquerschnitt - wie bei der Reichenbachtalbrücke beschrieben – konzipiert. Der einteilige Überbauquerschnitt hat eine Bogenlösung ermöglicht, die als Sondervorschlag angeboten wurde. Mit 252 m Spannweite ist die Wilde Gera die größte Bogenbrücke Deutschlands.

Bild 11 Talbrücke Wilde Gera

Als Bogenquerschnitt wurde ein 10,3 m breiter, zweizelliger Hohlkasten mit Wandstärken von 30 - 40 cm gewählt. Die Bauhöhe beträgt am Kämpfer 5,5 m und verringert sich zum Scheitel auf 3,3 m.

Jede Bogenhälfte wurde im Freivorbau von den Kämpfern aus parallel von beiden Seiten mit 24 Takten mit Abschnittslängen von 6 m hergestellt. Mittels Abspannungen wurden die größer werdenden Auskragungen über die Kämpferpfeilerachsen hinaus nach hinten zurückgehängt. Ab dem jeweils 13. Takt waren zusätzliche Hilfspylone auf den Kämpferpfeilern notwendig, um eine ausreichende Neigung der Abspannung zu erzielen. Die Einleitung der Rückhängekräfte der Bogenhälften wurde mit Felsankern realisiert.

Nach der Herstellung der letzten Takte im frei auskragenden, abgespannten Zustand erfolgte vor dem Betonieren des Schlussstückes ein vorgezogener Bogenschluss. Dafür wurde ein Stahldruckstück eingesetzt und durch geringfügiges Ablassen der Abspannung so auf Druck beansprucht, das die Beanspruchungen aus Temperaturschwankungen während des Erhärtens des Schlussstückes aufgenommen wurden.

Bild 12: Talbrücke Wilde Gera

Der Brückenüberbau ist ein Verbundquerschnitt, bestehend aus einem trapezförmigen Stahltrog und seitlichen Fachwerkabstrebungen sowie der Betonfahrbahnplatte für beide Richtungsfahrbahnen mit einer Breite zwischen den Geländern von 26,5 m. Die Konstruktionshöhe ergibt sich aus der Neigung der Schrägstreben mit 3,74 m.

Die Überbausegmente wurden vom Werk Stahlbau Plauen mit Sondertransportern zur Baustelle gefahren. Durch die Randbedingung des Transports ergibt sich eine Aufteilung des Stahlüberbaus mit einer Gesamtlänge von 552 m in 26 Schüsse. Jeder einzelne Schuss setzt sich aus je 2 halben Brückenkästen und der beidseitigen Fachwerkkonstruktion zusammen. Diese bestehen aus den Schrägstreben, dem oben liegenden Zugband und dem Randlängsträger.

Der Zusammenbau der einzelnen Montageteile erfolgte hinter dem Widerlager West. Auf der 80 m langen Montagefläche –dem sogenannten Taktkeller– wurden jeweils drei Schüsse mit 3 x 21 m Länge vormontiert bzw. vorgerichtet und vollständig miteinander verschweißt und anschließend eingeschoben.

Nach Einschub des Stahltroges und Umsetzung des Überbaus auf seine endgültigen Lager wurde die Stahlbetonfahrbahnplatte mit zwei Schalungseinheiten hergestellt, die zeitlich versetzt etwa in Bogenmitte zusammentrafen.

5 Talbrücke Albrechtsgraben

Eine weitere Bogenbrücke mit einteiligem Querschnitt überquert in einer Höhe von 80 m den Albrechtsgraben mit einer Gesamtlänge von 770 m. Die Bogenstützweite beträgt 170 m. Die Herstellung des Bogens erfolgte auf einem bodengestützten Lehrgerüst; abschnittsweise von beiden Kämpfern aus in Schüssen von je 10 m. Der in 47 Schüsse unterteilte Stahltrog für den Verbundquerschnitt des einteiligen Überbaus wurde von beiden Widerlagern eingeschoben.

Bild 13: Talbrücke Albrechtsgraben

Bild 14: Talbrücke Albrechtsgraben

Bild 15: Talbrücke Albrechtsgraben

6   Talbrücke Seßlestal

In unmittelbarer Nachbarschaft zur Talbrücke Albrechtsgraben überquert die Seßlestalbrücke ein landschaftlich sehr reizvolles Tal des Thüringer Waldes in 50 m Höhe und einer Gesamtlänge von 320 m. Auch hier kam der einteilige Querschnitt zur Ausführung. Durch die geringe Flächeninanspruchnahme des Unterbaus beim einteiligen Querschnitt in dem schiefwinklig kreuzenden Talraum mit Talzone konnte die maximale Stützweite von 110 auf 87,5 m reduziert werden. Neben der besseren Gestaltung zeigt sich hier besonders die Wirtschaftlichkeit dieser Bauweise.

Bild 16: Talbrücke Seßlestal

7 Talbrücke Werratal

Die Brücke überquert das Werratal bei Meiningen in maximal 34 m Höhe mit einer Gesamtlänge von 1.194 m. Sie ist damit die längste Brücke der Thüringer Waldautobahn. Die maximale Stützweite beträgt 85 m. Um das Tal bei der relativ flach kreuzenden Autobahn (im Bereich einer Bundesstraße ca 10 m) offen zu halten, wurde eine schlanke Überbaukonstruktion mit luftdicht verschweißten, voutenförmigen Kastenträgern ohne inneren Korrosionsschutz gewählt. Damit konnte die Bauhöhe im Randbereich auf 2,10 m reduziert werden. Im Bereich der Stützen des Hauptfeldes beträgt sie 4,85 m. In den Auflagerachsen sind die beiden Hauptträger (zweiteiliger Überbau) durch Querträger verbunden. Die Montage erfolgte mit Autokran. Vorteil diese Bauweise ist nicht nur ihre Wirtschaftlichkeit, sondern auch die kurze Bauzeit.

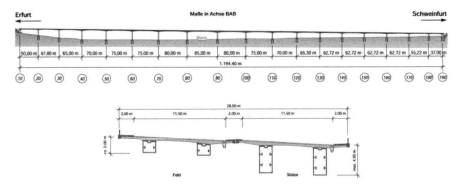

Bild 17: Talbrücke Werratal

Bild 18: Talbrücke Werratal

8   Haseltalbrücke

Die Haseltalbrücke wird im Zuge der A 73 (Suhl - Coburg - Nürnberg) erstellt, die bei Suhl von der A 71 Erfurt - Schweinfurt abzweigt. Direkt am Autobahndreieck überbrückt das 850 m lange Bauwerk das Haseltal in einer Höhe von ca. 80 m. Dabei werden die Hasel, eine Bahnlinie, eine Landesstraße sowie ein Gewerbepark und eine Wohnbebauung am Südhang überbaut.

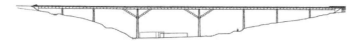

Bild 19: Haseltalbrücke Suhl - Ansicht

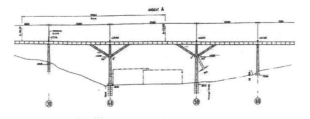

Bild 20: Haseltalbrücke Suhl - Teilansicht

Die Haseltalbrücke prägt das Stadtbild am Eingang von Suhl. Für dieses dominante Bauwerk wurden verschiedene Varianten - Bogenlösungen und Unterspannungen sowie auch Lösungen mit Überspannungen - untersucht. Vorzugsvariante wurde eine Balkenbrücke mit einer Stützweite von zunächst 140 m. Im Bereich der großen Stützweite sollte der Pfeilerkopf mit flachliegenden Schrägstreben aufgelöst werden.

Aufgrund eines inzwischen unter Denkmalschutz gestellten Industriegebäudes unter der Brücke und der bei der Baugrunduntersuchung festgestellten erheblichen Altlasten, deren Beseitigung Kosten in Millionenhöhe verursacht hätte, musste die Stützweite auf 175 m vergrößert werden. Angepasst an die Hangneigung und an die Zwangspunkte ergaben sich Stützweiten von 70, 88,5, 125, 175, 125, 95, 92,5 und 74 Metern und damit eine Gesamtlänge von 845 m.

Die beiden Talpfeiler werden im unteren, sich nach oben ebenfalls verjüngenden Bereich wie die Hangpfeiler ausgeführt. In einer Höhe von ca. 53 m über Talgrund sind Betonkonsolen ausgebildet, an denen ca. 45 m lange, stählerne Streben zur Reduzierung der großen Stützweiten der Hauptfelder biegesteif anschließen.

Bild 21: Haseltalbrücke Suhl

Für den Überbau wurde eine Stahlverbundkonstruktion mit einem einteiligen Querschnitt gewählt mit einer Bauhöhe von 5 m.

Da für das Einschieben infolge des gekrümmten Überbaues auch im Bauzustand eine torsionssteife Stahlkonstruktion vorhanden sein muss, wird der Querschnitt im Sinne einer robusten Konstruktion über die gesamte Brückenlänge zwischen den Kastenstegen mit einem Stahldeck ausgebildet. Damit ist in allen Bauzuständen und auch bei eventuell zukünftig erforderlichen Fahrbahnplattenwechseln eine geschlossene Torsionsröhre vorhanden, die den Einschub der Stahlkonstruktion und auch einen Wechsel der Fahrbahnplatte erheblich vereinfacht.

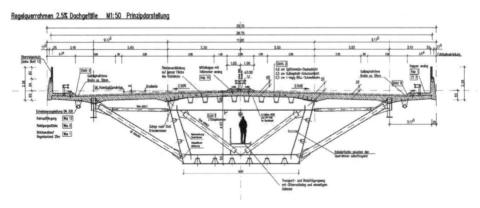

Bild 22: Haseltalbrücke Suhl

Die Stahlkonstruktion wird von beiden Widerlagerseiten aus eingeschoben und in der Mitte nach entsprechenden Bewegungen auf den Pfeilern miteinander geschlossen. In den 125 m-Seitenfeldern sind für das Einschieben Hilfsstützen erforderlich. Infolge der Klothoide müssen die Verschublager auf der Südseite querverschieblich ausgebildet werden. Nach dem Schließen der Kastenträger werden die Schrägstreben montiert und ebenfalls biegesteif mit den Talpfeilern und dem Überbau verbunden.

Anschließend wird die Betonfahrbahnplatte mittels zweier Schalwagen, die unterhalb der endgültigen Fahrbahnplatte auf den Untergurten der Längsträger und den Überständen der Kastenträger rollen, abschnittsweise im Pilgerschrittverfahren hergestellt.

Bild 23: Haseltalbrücke Suhl

Bild 24: Haseltalbrücke Suhl

9 Talbrücke St. Kilian

Nicht weniger attraktiv wird diese Talbrücke am Ortseingang von Schleusingen.

Um das Bauwerk in ca. 25 m Höhe über Tal möglichst transparent zu halten, wird der Überbau als Rohrfachwerk mit Betonfahrplatte im Verbund konzipiert, abgestützt auf schlanken Rundstützen.
Dieses Bauwerk ist zur Zeit im Bau. Im Zuge der A 73 sind weitere interessante Großbrücken im Bau.

Bild 25: Talbrücke St. Kilian

Die A 71 soll Ende 2005 und die A 73 2 Jahre später durchgehend befahrbar sein.

Bauwerksmonitoring am Beispiel - Brücke über die Zwickauer Mulde

Reinhard Maurer, Andreas Arnold

Zusammenfassung

Im Jahr 2001 wurde im Freistaat Sachsen die Brücke über die Zwickauer Mulde bei Glauchau in B 85 (C70/85) errichtet. Nachfolgend wird über die Erfahrungen aus Planung, Bau und Messungen im Rahmen einer Probebelastung sowie aus Langzeitmessungen berichtet. Möglich durch die hohe Druckfestigkeit des Betons in Verbindung mit der Vorspannung beträgt die maximale Schlankheit des Überbaus 39,0/1,05 = 37! Damit wird der Erfahrungsbereich üblicher Schlankheiten bei Spannbetonbrücken deutlich verlassen. Aus diesem Grunde sowie aufgrund der Verwendung des Hochleistungsbetons wird das Bauwerk wissenschaftlich begleitet, um die Bemessungsansätze und Konstruktionsgrundsätze für den Hochleistungsbeton am Bauwerk unter Baustellenbedingungen zu verifizieren.

Wie die Erfahrung gezeigt hat, kann der Hochleistungsbeton B 85 (C70/85) unter Baustellenbedingungen zielsicher hergestellt werden, sofern die dazu notwendigen Maßnahmen im Rahmen der Qualitätssicherung erfolgen und das Baustellenpersonal entsprechend sensibilisiert und angeleitet wird. Auf der Grundlage der bisher durchgeführten Langzeitmessungen einschließlich statischer und dynamischer Probebelastung kann festgestellt werden, dass sich das Bauwerk aus Hochleistungsbeton mit seiner außergewöhnlich großen Schlankheit hinsichtlich des Trag- und Verformungsverhaltens einwandfrei verhält.

1   Die Brücke über die Zwickauer Mulde bei Glauchau

Die Brücke im Zuge der B175 über die Zwickauer Mulde bei Glauchau in Sachsen stellt die bisher größte Anwendung von Hochleistungsbeton im Brückenbau in Deutschland dar. Das Bauwerk weist 2 getrennte Überbauten auf, die über jeweils 5 Felder durchlaufen (Bild 1). Die Herstellung erfolgte abschnittsweise auf konventionellem Traggerüst. Dadurch hat jeder Überbau 4 Koppelfugen.

Prof. Dr.-Ing. Reinhard Maurer, Dipl.-Ing. Andreas Arnold, Universität Dortmund

Beim Querschnitt handelt es sich um einen einstegigen Plattenbalken (Bild 3). Die Konstruktionshöhe der Überbauten beträgt 1,05 m. Bei einer maximalen Spannweite von 39 m ergibt sich damit eine Schlankheit von

$$\lambda_{max} = \frac{l}{h} = \frac{39,0 \text{ m}}{1,05 \text{ m}} = 37.$$

Bild 1:   Brücke über die Zwickauer Mulde bei Glauchau (Freistaat Sachsen)

Bild 2:   Brückenuntersicht im Bauzustand

Diese außergewöhnliche Schlankheit, bei welcher der bisherige Erfahrungsbereich bei Spannbetonbrücken deutlich verlassen wird, ist nur möglich durch die hohe Festigkeit des Betons B 85 (C70/85) in Verbindung mit der Vorspannung. Eine weitere Steigerung der Schlankheit wäre aufgrund des Platzbedarfs der Spanngliedkopplungen im Bereich der Koppelfugen an konstruktive Grenzen gestoßen. Mit zunehmender

Schlankheit steigt der Spannstahlbedarf an. So beträgt infolge der sehr großen Schlankheit der Spannstahlbedarf bei der Muldebrücke Glauchau ca. 40 kg/m² Brückfläche.

Insgesamt wurden ca. 2600 m³ Hochleistungsbeton verarbeitet. Die max. Betonmenge eines Bauabschnittes betrug ca. 300 m³ bei einer Betonierleistung von ca. 40 m³/h. Für die zielsichere Herstellung des Hochleistungsbetons unter Baustellenbedingungen kam dem Qualitätssicherungsplan eine zentrale Bedeutung zu.

Die Anwendung des B 85 (C70/85) erfolgte auf der Grundlage einer Zustimmung im Einzelfall. Die Vergabe erfolgte nach beschränkter Ausschreibung unter Vorschaltung eines Teilnahmewettbewerbs.

Die Betonrezeptur war gemäß Ausschreibung vom ausführenden Bauunternehmen zu entwickeln. Vor der Betonage des Überbaus erfolgten Verarbeitungsversuche sowie die Herstellung eines Probebauteils in B 85. Dadurch wurde das Baustellenpersonal für das gegenüber Normalbeton abweichende Verhalten sowie die größere Empfindlichkeit gegenüber Schwankungen bei den Ausgangsstoffen sensibilisiert.

Aufgrund der neuartigen und außergewöhnlich schlanken Konstruktion wurden vor der endgültigen Verkehrsfreigabe Probebelastungen durchgeführt und dabei an ausgewählten Punkten Verformungen und Dehnungen gemessen.

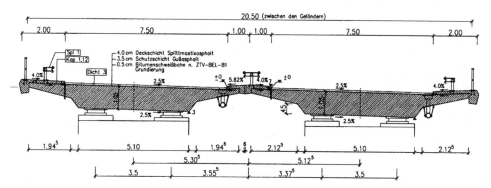

Bild 3: Querschnitt

Durch Messungen während der Herstellung sowie Langzeitmessungen wird das Pilotprojekt wissenschaftlich begleitet, um die Bemessungsansätze und Konstruktionsgrundsätze für den Hochleistungsbeton am Bauwerk unter Praxisbedingungen zu verifizieren. Um Aufschlüsse über die zeitabhängigen Verformungen des Betons zu gewinnen, wurden zusätzlich die Lagerverschiebungen im Rahmen von Langzeitmessungen aufgezeichnet.

2 Der Hochleistungsbeton B 85 (C70/85)

2.1 Druckfestigkeit

Das Pilotprojekt bot die Möglichkeit, Einflüsse auf die Bauteilfestigkeit zu untersuchen. Im Rahmen der Güteüberwachung wurden sowohl im Betonwerk als auch auf der Baustelle jedem Transportbetonfahrzeug Beton für Probewürfel entnommen. Dadurch konnten die Streuungen bei der Herstellung des B 85 ermittelt werden. Des Weiteren erfolgten Prüfungen an Bohrkernen, die an den Probekörpern des Verarbeitungsversuches entnommen wurden. Die an diesen Bohrkernen festgestellten Festigkeiten können mit den Festigkeiten der Proben verglichen werden, die bei der Herstellung genommen und nach DIN 1048 gelagert wurden. Durch die Bohrkernentnahme, die über einen längeren Zeitraum wiederholt wurde, konnten Erkenntnisse über die zeitabhängige Festigkeitsentwicklung gewonnen werden. Wie Ergebnisse der Festigkeitsprüfungen zeigen, haben die Maßnahmen zur Qualitätssicherung der Betonqualität überzeugend gegriffen. Die Druckfestigkeitsprüfungen an den insgesamt 452 Probekörpern von den 10 Betonierabschnitten ergaben folgende Ergebnisse:

Anzahl der Probekörper	n	= 452
Mittelwert der Druckfestigkeit	β_{wm}	= 104,6 N/mm²
Standardabweichung	s	= 5,2 N/mm²
Variationskoeffizient	v	= 5,0 %

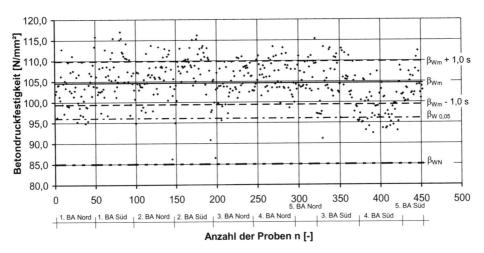

Bild 4: Druckfestigkeitsprüfung im Rahmen der Güteüberwachung auf der Baustelle (bezogen auf 200er Würfel)

Die Ergebnisse beziehen sich auf Probewürfel der Kantenlänge 200 mm. Die Umrechnung der Festigkeiten von β_{w100} auf β_{w200} erfolgte mit dem in der Richtlinie für hochfesten Beton festgelegten Wert 0,92. In Bild 4 ist die Auswertung der Druckfestigkeitsprüfungen aller auf der Baustelle entnommenen Proben dargestellt.

Die tatsächlichen Festigkeiten des Betons im Bauwerk können in Abhängigkeit von Transport, Einbau, Verdichtung, Nachbehandlung sowie durch den gesamten Erhärtungsprozess am Bauwerk gegenüber den in der Eignungsprüfung bzw. den im Rahmen der Güteüberwachung ermittelten Werten abweichen. Zur Überprüfung o. g. Einflüsse wurden aus einem Kranfundament mit den Abmessungen 10 x 1,5 x 1,0 m, welches im Rahmen des Verarbeitungsversuches als Probebauteil hergestellt wurde, zu verschiedenen Zeitpunkten Bohrkerne zur Festigkeitsuntersuchung am Bauteil entnommen. Die an zylindrischen Prüfkörpern mit den Abmessungen $\varnothing = 130$ mm, $h \approx 130$ mm ermittelten Festigkeiten wurden auf eine einheitliche Würfeldruckfestigkeit β_{w200} umgerechnet und mit den Werten der Eignungsprüfung sowie der Güteüberwachung verglichen. Der zeitliche Verlauf der Festigkeitsentwicklung wurde zusätzlich entsprechend CEB-FIP Model Code 90 wie folgt abgeschätzt:

$$\beta_{Wm(t)} = \beta_{cc(t)} \cdot \beta_{Wm}$$

dabei ist:

$$\beta_{cc(t)} = \exp\left\{ s \left[1 - \left(\frac{28}{t/t_1} \right)^{0,5} \right] \right\}$$

$s = 0,2$ für 52,5 R   (Beiwert für den Zement)

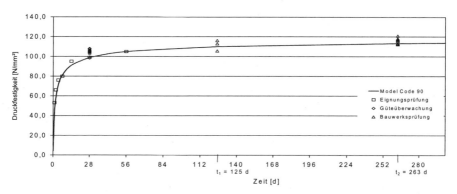

Bild 5: Vergleich der Betonfestigkeiten und zeitlicher Verlauf bezogen 200-er Würfel

Für β_{Wm} wird der Mittelwert der 28-Tage-Festigkeit der Eignungsprüfung $\beta_{Wm} = 99$ N/mm² verwendet, so dass der Kurvenverlauf den zeitabhängigen Mittelwert der Druckfestigkeit beschreibt. Es ergibt sich eine gute Übereinstimmung zwischen Kurvenverlauf und Messwerten.

Eine signifikante Verringerung der am Bauteil gemessenen Festigkeiten gegenüber den Werten der Eignungsprüfung und der Güteüberwachung konnte im vorliegenden Fall nicht festgestellt werden. Der anzusetzende Abminderungsfaktor zur Berücksichtigung einer verringerten Festigkeit am Bauwerk nach der Richtlinie für hochfesten Beton beträgt im vorliegenden Fall

$$\left(1,0 - \frac{\beta_{WN}}{600}\right) = 1,0 - \frac{85}{600} = 0,86 \, .$$

Demgegenüber beträgt das Verhältnis der Mittelwerte der Bauteilfestigkeit zu Rechenfestigkeit nach $t_1 = 125$ Tagen:

$$t_1 : \quad \frac{obs\,\beta_{Wm(t1)}}{cal\,\beta_{Wm(t1)}} = \frac{112}{110} = 1,02 > 0,86$$

2.2 E-Modul

Der E-Modul des B 85 wurde im Rahmen der Eignungsprüfung nach DIN 1048 Teil 5 bestimmt. Das Mittel aus 3 Messungen ergab 47000 MN/m² und liegt aufgrund des hohen Splittgehaltes (52 M-%) rd. 10 % über dem nominellen Wert $E = 43000$ MN/m² der Richtlinie für hochfesten Beton.

2.3 Konsistenzmaß

Entsprechend der Richtlinie für hochfesten Beton (August 1995) wurde für den Einbau des hochfesten Betons die Konsistenzklasse KF festgelegt. Um einerseits eine gute Pumpfähigkeit und Verdichtung sicherzustellen und andererseits der Entmischungsgefahr entgegenzuwirken, wurde das Ausbreitmaß auf 55 cm $\leq a \leq$ 62 cm begrenzt. Auf der Baustelle wurde das Ausbreitmaß an jedem Fahrzeug kontrolliert. Bei Unterschreitung des zulässigen Grenzwertes musste Fließmittel nachdosiert werden. Bei Überschreitung des Grenzwertes wurde die Lieferung abgewiesen. Insgesamt wurden 3 Transportfahrzeuge abgewiesen.

Neben der richtigen Konsistenzklasse ist bei Brückbauwerken zusätzlich von Bedeutung, über welchen Zeitraum der Beton unempfindlich gegenüber Traggerüstverformungen ist. Die Phase, ab welcher der Beton nicht mehr verarbeitbar ist, wird durch den Erstarrungsbeginn gekennzeichnet (Bild 6). Die Konsistenz kann dort nicht zur Beschreibung des Erstarrungsverhaltens verwendet werden. Die Untersuchung des Erstarrungsverhaltens erfolgte daher entsprechend der DAfStb-Richtlinie für Beton mit verlängerter Verarbeitbarkeitszeit. Zur Beschreibung des Betonverhaltens während der Erstarrungsphase wurde der Eindringversuch in Anlehnung an ASTM C 403-88 verwendet. Der Versuch zeigte, dass der vorliegende Beton über einen sehr langen Zeitraum unempfindlich gegenüber etwaigen Traggerüstverformungen ist (Bild 7).

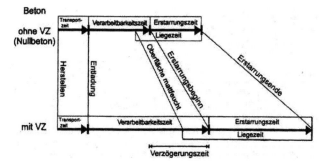

Bild 6: schematische Darstellung der Begriffe bei nichtverzögertem und verzögertem Beton

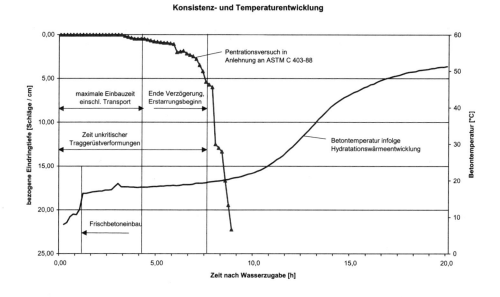

Bild 7: Konsistenz- und Konsistenzentwicklung über die Zeit nach Wasserzugabe

2.4 w/b-Wert

Der Wasserbindemittelwert nach Eignungsprüfung betrug $w/b = 0,32$. Für die Bauausführung wurde der Toleranzbereich mit $0,28 \leq w/b \leq 0,35$ vorgegeben.

3 Die Langzeitmessungen

3.1 Temperaturmessungen

Im ersten Bauabschnitt des nördlichen Überbaus wurden in einem Querschnitt 28 Temperaturmesspunkte angeordnet, um das Temperaturfeld im Überbauquerschnitt infolge der freigesetzten Hydratationswärme messen zu können (Bild 8).

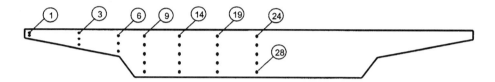

Bild 8: Verteilung der Temperaturmessgeber über den Querschnitt

Die Ausschreibung enthielt die Vorgabe, dass die maximale Temperatur im Bauteil 70 °C nicht überschreiten sollte, um eine Schädigung des Betons zu vermeiden. Die zeitliche Entwicklung des Temperaturfeldes ist in Bild 9 zusammen mit der Lufttemperatur dargestellt.

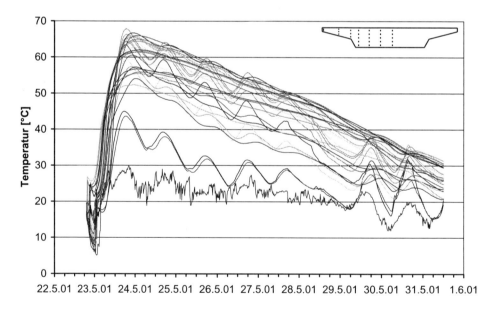

Bild 9: Lufttemperatur und Hydratationswärmeentwicklung (28 Messpunkte)

Eine Auswertung in Form von Isothermen ist in Bild 10 dargestellt.

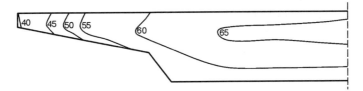

Bild 10: Temperaturverteilung bei Erreichen der Maximaltemperatur infolge Hydratationswärmeentwicklung

Die maximalen Temperaturen der einzelnen Bauabschnitte sind, soweit vorhanden, in (Tabelle 1) zusammengefasst.

Tabelle 1: Maximaltemperaturen der Bauabschnitte infolge Hydratationswärme

BA	Datum	T_{Luft} [°C]	T_{FB} [°C]	$\max T$ [°C]	ΔT [K]
1. BA Nord	22.05.2001	5	22	69	47
1. BA Süd	20.06.2001	10	24	68	44
2. BA Nord	10.07.2001	18	30	72	42
2. BA Süd	30.07.2001	15	27	72	45
4. BA Nord	06.09.2001	15	24	65	41
5. BA Süd	27.11.2001	5	15	54	39

Die höchsten Temperaturen mit 72 °C wurden im Sommermonat Juli erreicht, während in der kühlen Jahreszeit im November eine maximale Temperatur von 54 °C gemessen wurde.

Die gemessenen Temperaturfelder sind als Langzeitmessungen für den Zeitraum 05.2001 bis 05.2004 verfügbar. Den Auswertungen liegen jeweils 5 charakteristische Werte zugrunde:

T_o Temperatur im oberen Messfühler

T_u Temperatur im unteren Messfühler

T_N rechnerisch ermittelte, mittlere Bauwerkstemperatur

ΔT_M rechnerisch ermittelte, linear veränderlicher Temperaturanteil

T_{Luft} Lufttemperatur

Diese Messungen ergeben wertvolle Erkenntnisse über den Aspekt der Anwendung von Hochleistungsbeton hinaus. Die extremalen gemessenen Temperaturen während dieses Zeitraumes sind in Tabelle 2 enthalten.

Tabelle 2: Extremaltemperaturen

Temperaturanteil	max		min	
	ohne Belag[1]	mit Belag[2]	ohne Belag[1]	mit Belag[2]
T_{Luft} [°C]	33,5	32,9	-16,7	-11,8
T_N [°C]	30	31	-6,4	-8,9
ΔT_M [K]	12,8	10,8	-3,2	-4,1
T_O [°C]	40,9	37,9	-7,6	-10,8
T_U [°C]	27,5	30,6	-7,1	-8,7

[1] Zeitraum vom 1.07.2001 - 30.06.2002
[2] Zeitraum vom 1.07.2002 - 21.05.2004

Im Vergleich dazu ergeben sich beispielsweise die maximalen Temperaturunterschiede ΔT_M nach DIN Fachbericht 101 wie folgt:

ohne Belag: max $\Delta T_M = 1,5 \cdot 15 = 22,5$ K
mit Belag: max $\Delta T_M = 12,3$ K

Bild 11 enthält einen Ausschnitt aus den Messungen während der heißen Jahreszeit mit starker Sonneneinstrahlung. Deutlich zu erkennen sind die Temperaturschwankungen im Tagesgang. Der Gradient erreicht sein Minimum gegen 08^{00} Uhr morgens (fast Null), sein Maximum gegen 18^{00} Uhr.

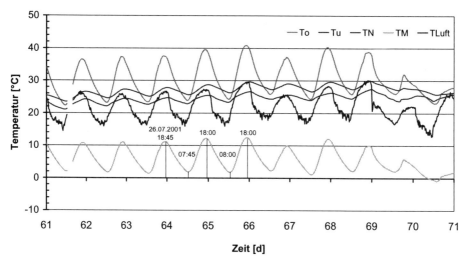

Bild 11: Temperaturverlauf über 10 Tage im Sommer

Die Temperaturfelder T lassen sich analytisch in einen konstanten T_N, einen linear veränderlichen T_M und in einen nichtlinearen Temperaturanteil T_E aufspalten (Bild 12).

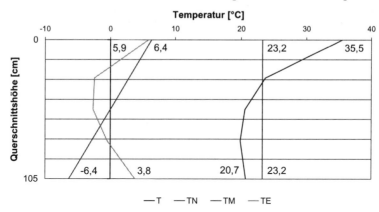

Bild 12: Temperaturverlauf über den Querschnitt infolge klimatischer Einflüsse
max$\Delta T_M = 12,8$ K

3.2 Dehnungsmessungen

Die Langzeitdehnungsmessungen haben das Ziel, Erkenntnisse über das zeitabhängige Verformungsverhalten des Betons infolge Kriechens und Schwindens am Bauwerk zu gewinnen.

Gemessen wird jeweils die Gesamtdehnung. Diese enthält summarisch mehrere Anteile:

– Temperaturdehnung
– elastische Dehnung infolge Spannungsänderungen
– zeitabhängige Dehnungen: Kriechen, Schwinden

Da an jedem Schwingsaitenaufnehmer neben der Dehnung gleichzeitig die Temperatur gemessen wird, lässt sich der temperaturbedingte Anteil der Dehnung separieren.

3.3   Lagerverschiebungen

Beim Überbau Nord wurden mit Beginn der Herstellung des ersten Bauabschnittes alle Lagerverschiebungen des elastisch gelagerten Überbaus ohne Längsfestlager mit Schwingsaitenaufnehmern gemessen.

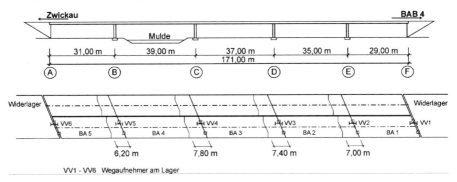

Bild 13: Wegaufnehmer zur Messung der Lagerverschiebung

Der rechnerische Ruhepunkt wurde unter der Annahme eines Schubmoduls $G = 1{,}0$ MN/m² für alle Lager des insgesamt 171 m langen Bauwerkes ermittelt.

Beispielhaft sind in Bild 14 und Bild 15 die Lagerverschiebungen in Achse A und F mit der dazugehörigen mittleren Bauwerkstemperatur als Langzeitmessung dargestellt. Die direkte Abhängigkeit der Lagerverschiebung vom Temperaturverlauf ist deutlich zu erkennen.

Auf der Grundlage der gemessenen Temperaturen im Querschnitt kann der Einfluss der mittleren Bauwerkstemperatur auf die Lagerverschiebungen eliminiert werden. Die Verkürzung des Überbaus infolge autogenen Schwindens geschieht in den ersten 12 Stunden nach Betonage jedes Bauabschnittes. Das Schwindmaß infolge autogenen Schwindens wurde im Rahmen der Eignungsprüfung experimentell durch die TU Berlin ermittelt und mit $\varepsilon_{cas} = -0{,}22$ ‰ angegeben. Nach Abzug der Überbau-verkürzung infolge autogenen Schwindens unter Berücksichtigung der jeweils veränderlichen Lage des Ruhepunktes während der abschnittsweisen Herstellung ergeben sich die beispielhaft in Bild 16 und Bild 17 dargestellten zeitabhängigen Lagerverschiebungen infolge zeitabhängiger Verkürzungen des Betonüberbaus. Die Gegenüberstellung der rechnerischen Verschiebungen infolge Kriechens und Schwindens nach DAfStb Heft 525 zeigt in Lagerachse F eine sehr gute Übereinstimmung. In Lagerachse A erreichen die gemessenen Werte nur rund 65 % der berechneten.

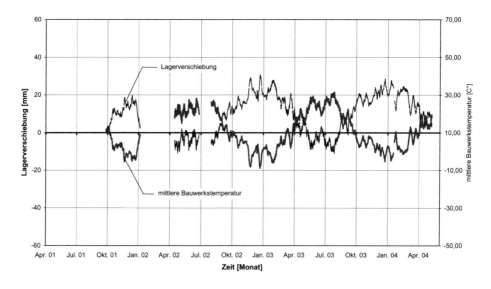

Bild 14: Lagerverschiebung Achse A mit zugehöriger mittlerer Bauwerkstemperatur

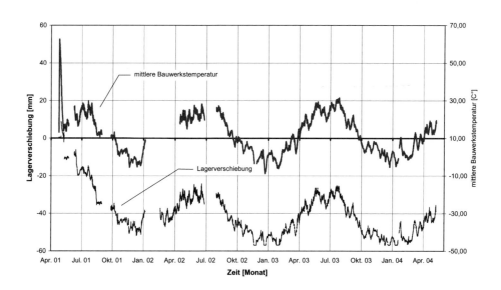

Bild 15: Lagerverschiebung Achse F mit zugehöriger mittlerer Bauwerkstemperatur

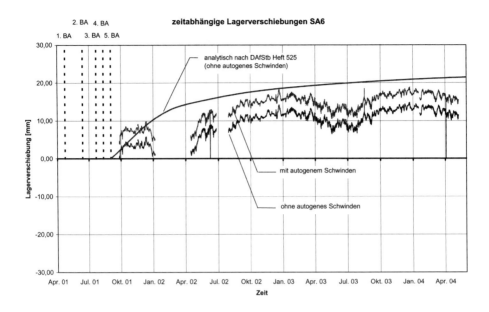

Bild 16: Lagerverschiebung in Achse A infolge Kriechens und Schwindens des Betons

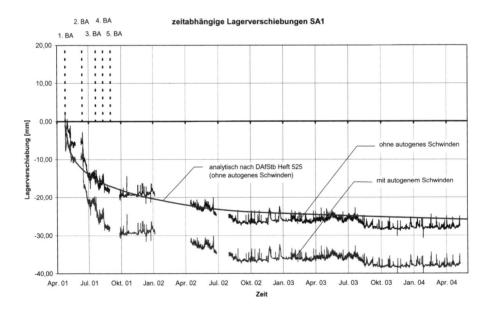

Bild 17: Lagerverschiebung in Achse F infolge Kriechens und Schwindens des Betons

4 Die Messungen im Rahmen der Probebelastung

4.1 Anordnung der Messstellen

Die Dehnungsmessungen im Rahmen der Probebelastung wurden am nördlichen Überbau in Feldmitte des Hauptfeldes (4. BA), über der Stütze B und in Feldmitte des Endfeldes (5. BA) durchgeführt. Die Lage der Schwingsaitenaufnehmer ist in den folgenden Bildern ersichtlich.

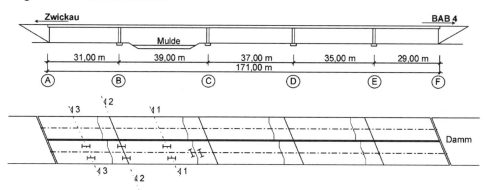

Bild 18: Lage der Dehnungsaufnehmer im Grundriss

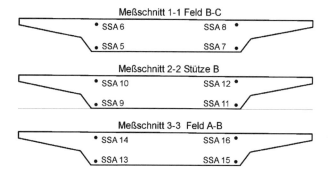

Bild 19: Lage und Bezeichnung der Dehnungsaufnehmer im Querschnitt

4.2 Laststellungen

Die Probebelastungen wurden mit zwei voll beladenen Muldenkippern mit einem Gesamtgewicht von ca. 34 to/Fahrzeug vorgenommen. Die Achslasten sind unmittelbar vor Beginn der Probebelastungen über eine Wägeeinrichtung ermittelt worden.

Die Belastungsanordnung geht aus Bild 21 hervor. Insgesamt wurden fünf statische Laststellungen jeweils drei Mal realisiert und messtechnisch erfasst. Dabei wurden die Fahrzeuge so angeordnet, dass sich jeweils die maximalen und minimalen Momente in den Feldern 1 und 2 ergaben, sowie das minimale Stützmoment über die 1. Innenstütze und das maximale Torsionsmoment in Feld 2.

Bild 20: Belastungsfahrzeuge

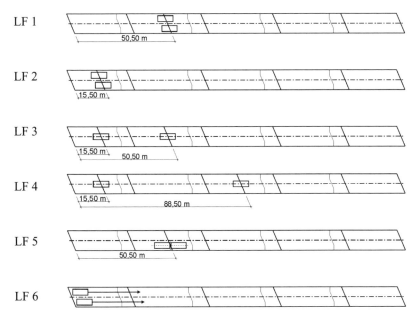

Bild 21: Belastungsanordnung, Laststellungen 1-6

4.3 Tragwerksmodell für die rechnerischen Untersuchungen

Die Modellierung des Tragwerkes erfolgte als Stabwerk. Die Krümmung des Überbaus im Grundriss wurde berücksichtigt. Die Erfassung der Nachgiebigkeit der Lagerung auf Elastomerlagern erfolgte über die entsprechenden Federsteifigkeiten der Lagerungspunkte in x-, y- und z-Richtung. Die Ermittlung der ideellen Querschnittswerte erfolgte unter Berücksichtigung sowohl der Spannglieder als auch des Betonstahls.

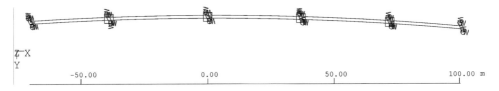

Bild 22: Grundriß des Tragwerkmodells für die Standsicherheitsnachweise und die Nachrechnung der Probebelastungen

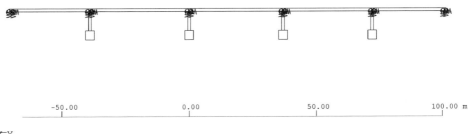

Bild 23: Ansicht des Tragwerkmodells

4.4 Durchbiegungen des Überbaus

Die Berechnung der Durchbiegungen erfolgte am Tragwerksmodell nach den elementaren Methoden der Stabstatik. Mit Hilfe der lokalen Dehnungsmessungen und der integralen Durchbiegungsmessungen wurde anhand der Berechnungsergebnisse eine Kalibrierung des tatsächlich im Tragwerk vorhandenen E-Moduls zu 52.000 MN/m² vorgenommen. Beispielhaft sind in Bild 24 und Bild 25 die berechneten und gemessenen Werte vergleichend gegenübergestellt.

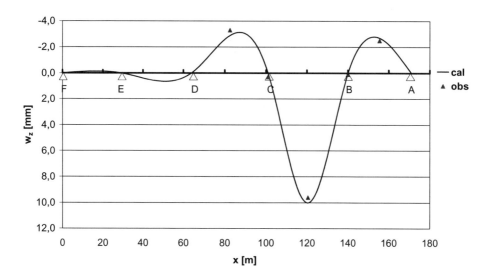

Bild 24: Vergleich gemessener und berechneter Durchbiegungen, Laststellung 1

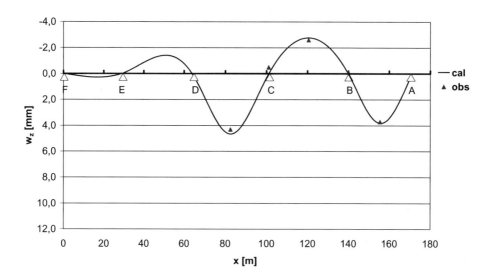

Bild 25: Vergleich gemessener und berechneter Durchbiegungen, Laststellung 4

Der Vergleich der Messwerte mit den Rechenwerten zeigte in allen Laststellungen eine gute Übereinstimmung. Die mit rund 10 mm größte gemessene Durchbiegung des längsten Feldes ergibt bei der Spannweite von 39 m ein Verhältnis von nur

$$w = 10 \text{ mm} = \text{l}/3900 \text{ !}$$

Die Probebelastung mit 2 Fahrzeugen à 34 t entspricht immerhin 75 % der SLW 60/30 Lastgruppe nach DIN 1072.

4.5   Dehnungsänderungen im Querschnitt des Überbaus

Beispielhaft sind in Bild 26 die gemessenen Dehnungsänderungen für die Feldmitte des 39 m Feldes unter der Laststellung 1 dargestellt.

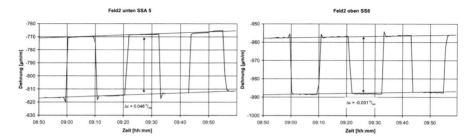

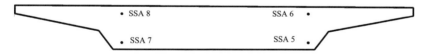

Bild 26: gemessene Dehnungsänderung, SSA 5 und SSA 6 bei Laststellung 1

Die gemessenen Dehnungen lassen sich für alle Laststellungen mit der elementaren Balkenstatik sehr gut nachvollziehen (Bild 27, Bild 28).

$$\sigma = \frac{N}{A_i} + \frac{M_y}{I_{y,i}} \cdot z \qquad \varepsilon = \frac{\sigma}{E}$$

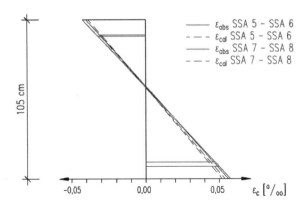

Bild 27: Vergleich der gemessenen und berechneten Dehnungsebenen in Feldmitte Feld B-C für Laststellung 1

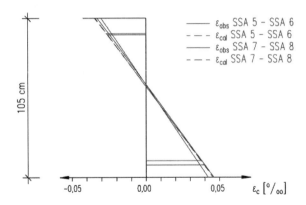

Bild 28: Vergleich der gemessenen und berechneten Dehnungsebenen in Feldmitte Feld B-C für Laststellung 5 (exzentrische Lasteinleitung)

Experimentelle Tragsicherheitsbewertung von Massivbrücken

Volker Slowik, Lutz-Detlef Fiedler, Gerd Kapphahn

1   Anwendungsgebiet und Nachweiskonzept

In den letzten etwa zehn Jahren sind Methodik und technische Ausrüstung für experimentelle Tragsicherheitsbewertungen von bestehenden Massivbrücken in entscheidendem Maße weiterentwickelt worden. Jedoch findet diese Ingenieurmethode wenig Akzeptanz in der Fachwelt und bei den Brückeneignern. Gründe dafür sind einerseits Unsicherheiten bezüglich der prognostizierten Restnutzungsdauer und andererseits eine eher neubaufreundliche Infrastrukturförderpolitik. Die aus einer Verlängerung der Nutzungsdauer von Brückenbauwerken resultierende Schonung von finanziellen und Umweltressourcen tritt bei der Entscheidung über Abriss und Neubau gelegentlich in den Hintergrund. In diesem Beitrag sollen einige technische Aspekte der experimentellen Tragsicherheitsbewertung behandelt und sinnvolle Anwendungsfälle gezeigt werden.

Es ist zunächst klarzustellen, dass es sich bei der experimentellen Tragsicherheitsbewertung, die im Regelfalle Probebelastungen einschließt, um eine Spezialmethode handelt, die nur in Ausnahmefällen angewendet werden sollte, nämlich genau dann, wenn ein rechnerischer Tragsicherheitsnachweis nicht erbracht werden kann und begründete Aussichten auf die Erschließung von Tragreserven durch das Experiment bestehen. Der übliche rechnerische Nachweis der Tragsicherheit setzt die Kenntnis der relevanten Tragwerkseigenschaften im aktuellen Zustand sowie der Lagerungs- und Belastungsbedingungen voraus. Insbesondere bei bestehenden Bauwerken ist diese Voraussetzung in einigen Fällen nicht gegeben. Gründe dafür können unvollständige Bauwerksdokumentationen, unbekannte Auswirkungen von Bauschäden oder -mängeln auf das Tragverhalten sowie Unsicherheiten bei der Beschreibung des statischen Systems bzw. der mechanischen Randbedingungen sein. In derartigen Fällen wird zunächst versucht, mittels Bauaufnahme und Materialuntersuchungen weitere Informationen zum Brückenbauwerk zu gewinnen oder genauere, physikalisch begründete Annahmen bezüglich der fehlenden Rechenvoraussetzungen zu treffen. Gelingt es dennoch nicht, den rechnerischen Tragsicherheitsnachweis zu erbringen, besteht die Möglichkeit einer experimentellen Tragsicherheitsbewertung an der bestehenden Brücke, d.h. in situ. Dabei werden die infolge kontrollierter Einwirkungen, im Regelfalle infolge von Kräften, auftretenden

Prof. Dr.-Ing. Volker Slowik, Dr.-Ing. Lutz-Detlef Fiedler, Dr.-Ing. Gerd Kapphahn,
HTWK Leipzig

Bauwerksreaktionen gemessen. Derartige Belastungsversuche liefern Ergebnisse mit einem hohen Aussagewert, da sich der tatsächliche Zustand des Brückentragwerkes und die tatsächlichen Randbedingungen in den Bauwerksreaktionen widerspiegeln.

Aufgrund der in vergleichsweise weiten Grenzen variierenden Eigenschaften von Beton und Mauerwerk sowie den konstruktionsbedingt teilweise schwer beschreibbaren mechanischen Randbedingungen können insbesondere bei Massivbrücken häufig Tragreserven durch Belastungsversuche erschlossen werden. Zieht man in Betracht, dass dadurch unter bestimmten Umständen auf teure Ertüchtigungsmaßnahmen oder gar Abriss und Ersatzneubau verzichtet werden kann, ergibt sich ein erhebliches Einsparpotential bezüglich der Kosten und der natürlichen Ressourcen. Außerdem können auf der Grundlage der vorliegenden experimentellen Ergebnisse die Maßnahmen der Bauwerkserhaltung effizienter gestaltet werden.

Durch Probebelastungen dürfen in keinem Fall die Tragsicherheit oder die Dauerhaftigkeit des Bauwerkes beeinträchtigt werden. Die Experimente müssen schädigungsfrei verlaufen. Der Deutsche Ausschuss für Stahlbeton hat in einer Richtlinie „Belastungsversuche an Betonbauwerken" [1] technische Regeln zur experimentellen Tragsicherheitsbewertung im Hochbau aufgestellt. Eine spezielle Richtlinie für Brückenbauwerke existiert nicht. Es wird sinngemäß diejenige für den Hochbau angewandt. Letztere beinhaltet unter anderem Angaben zum Sicherheitskonzept für Belastungsversuche, Regeln für die Durchführung und Auswertung der Experimente sowie Kriterien für das Erreichen der so genannten Versuchsgrenzlast, d.h. des Belastungsniveaus, bei dem „gerade noch keine Schädigung auftritt, welche die Tragfähigkeit und Gebrauchstauglichkeit des Bauwerks im zukünftigen Nutzungszeitraum beeinträchtigt" [1]. Der Anwendungsbereich für Belastungsversuche ist laut Richtlinie auf besondere Fälle begrenzt, in denen die Tragsicherheit „trotz gründlicher Bauwerksuntersuchung und Berechnung" [1] sonst nicht nachgewiesen werden kann. Die experimentelle Tragsicherheitsbewertung stellt demnach eine Spezialmethode dar, deren Anwendbarkeit in jedem einzelnen Fall zu überprüfen und zu begründen ist. Eine selbstverständlich einzuhaltende Bedingung besteht darin, dass „gegen unangekündigtes Versagen Vorsorge getroffen wird" [1]. Die Richtlinie schreibt weiterhin vor, dass Vorbereitung, Durchführung und Auswertung von Belastungsversuchen „nur durch qualifiziertes Fachpersonal" [1] zu erfolgen haben.

An der HTWK Leipzig wird in enger Kooperation mit anderen Hochschulen unter der fachlichen Leitung von K. Steffens [2], Hochschule Bremen, seit mehr als zehn Jahren kontinuierlich an der Verbesserung der Methodik zur experimentellen Tragsicherheitsbewertung gearbeitet [3][4]. Es hat sich erwiesen, dass den Bedingungen der Schädigungsfreiheit von Belastungsversuchen sowie der Vorsorge gegen unangekündigtes Versagen am besten entsprochen werden kann, wenn erstens ein Belastungssystem zur Anwendung kommt, bei welchem eine Verringerung der Bauwerkssteifigkeit automatisch zur Entlastung führt, und zweitens die Echtzeit-Beobachtung möglichst aussagekräftiger Messergebnisse ermöglicht wird, was bei der Versuchsdurchführung ein sofortiges Reagieren auf Veränderungen im Tragverhalten gestattet.

Vor der Durchführung eines Belastungsversuches wird rechnerisch eine so genannte *Versuchsziellast* für jeden sicherheitsrelevanten Lastfall ermittelt. Dieses Belastungsniveau ergibt sich unter Berücksichtigung von Sicherheitsfaktoren aus den Verkehrslasten und zusätzlichen, beim Belastungsversuch nicht wirkenden Eigenlasten. Wird diese Versuchsziellast im Belastungsversuch schädigungsfrei erreicht, ist der Tragsicherheitsnachweis für den entsprechenden Lastfall erbracht. Das Belastungsniveau, bei dem gerade noch keine Schädigung eintritt, bezeichnet man bei der experimentellen Tragsicherheitsbewertung als *Versuchsgrenzlast*. Diese muss anhand der gemessenen Bauwerksreaktionen in Echtzeit zuverlässig erkannt werden und ist keinesfalls zu überschreiten. Nach Erreichen der Versuchsziellast im Experiment wird im Allgemeinen auf eine weitere Laststeigerung bis zur Versuchsgrenzlast verzichtet, um das Risiko einer Schädigung zu minimieren.

2   Belastungstechnik

Belastungsversuche mit Gravitationslasten, beispielsweise mit Schwerlastfahrzeugen auf Brückenüberbauten, sind zwar vergleichsweise kostengünstig, gestatten wegen fehlender Absturzsicherheit jedoch nur die Eintragung vergleichsweise geringer Lasten, was im Regelfalle für eine Tragsicherheitsbewertung nicht ausreicht. Es ist sinnvoller, die Prüflasten hydraulisch zu erzeugen und die Gegenkräfte in eine möglichst steife Verankerung einzuleiten. Dazu können Reaktionsrahmen aus Stahl zum Einsatz kommen, die an den Auflagern des zu prüfenden Bauteils verankert werden. Mittels quasi weggesteuerter hydraulischer Prüfzylinder werden Kräfte erzeugt, die zwischen dem zu prüfenden Brückenüberbau und dem Reaktionsrahmen wirken. Bild 1 zeigt einen solchen Reaktionsrahmen. Die Stahlrahmen werden an den Brückenauflagern verankert und die Lasterzeugung erfolgt durch Hydraulikzylinder, die zwischen Fahrbahn und Rahmen angeordnet sind. Verringert sich plötzlich die Steifigkeit des Bauteils, beispielsweise infolge von Rissbildungen, reduziert sich die Prüflast. Ein solches Belastungssystem wird auch als „selbstsichernd" bezeichnet [2].

Die Anwendung von Reaktionsrahmen erfordert mehrtägige Montagearbeiten, den Transport von mehreren Tonnen Stahl zum Untersuchungsort und entsprechende Verkehrseinschränkungen. Um die Belastungsversuche an Straßenbrücken effektiver als in der Vergangenheit durchführen zu können, wurde im Rahmen eines Forschungsprojektes ein spezielles, rasch und flexibel einsetzbares Belastungsfahrzeug, genannt BELFA, entwickelt [4], [5], [6]. Es befindet sich seit dem Jahre 2001 im Einsatz und kam bisher an etwa 40 Brückenbauwerken zur Anwendung. Ein wesentlicher Vorteil des neuen Gerätes besteht in den vergleichsweise kurzen Straßensperrzeiten, die für die Brückentests erforderlich sind. Das BELFA kann auf öffentlichen Straßen zum Einsatzort bewegt werden. Es besteht aus einer geringfügig modifizierten serienmäßigen Zugmaschine und einem speziellen Sattelauflieger, der von einem Hauptträgerpaar und einem fünfachsigen Nachläufer gebildet wird. Zur Durchführung der Belastungstests erfolgt eine Teleskopierung des Fahrzeuges, um Brücken mit bis zu 18 m Spannweite überdecken zu können. Bild 2 zeigt das BELFA im teleskopierten Zustand während eines Belastungsversuches. Das gesamte Fahrzeug, einschließlich Zugmaschine, wird mittels hydraulischer Stützen, die sich über den Brückenauflagern oder außerhalb der Brückenspannweite befinden, angehoben. Damit wird die Gesamtlast des BELFA, einschließlich Zugmaschine und Nachläufer, von diesen Stützen aufgenommen und kann im Belastungsversuch als Reaktionskraft für die Prüfkräfte dienen. Letztere werden durch fünf entlang des Hauptträgers frei verschiebliche und einzeln steuerbare hydraulische Prüfzylinder erzeugt. Die Positionen der Prüfzylinder und die Prüfkräfte sind frei wählbar und damit den technischen Standards für Lastannahmen bei Brücken, beispielsweise nach DIN 1072 [7], anpassbar. Mit zunehmenden Prüflasten erfolgt eine Lastumlagerung von den Stützen auf die Prüfzylinder. Im Notfall kann der Hydraulikdruck schnell abgebaut werden, was eine sofortige Entlastung der zu untersuchenden Brücke bewirkt. Am Ende des Fahrzeuges ist eine Bedienerkabine angeordnet, in welcher die Steuer- und Messtechnik untergebracht ist und zwei den Belastungsversuch durchführende Ingenieure Platz finden. Je nach Testprogramm benötigt man einen halben bis einen Tag für die Belastungsversuche, wozu mindestens drei Personen erforderlich sind. Der Auf- und Abbau einer Messbasis unter der Brücke und die Applikation der Sensoren für die Verformungsmessung erfordern etwa einen weiteren Arbeitstag. Jedoch können diese Arbeiten im Regelfall ohne Verkehrseinschränkung erfolgen.

Bild 1: Experimentelle Tragsicherheitsbewertung mit Reaktionsrahmen an einer Brücke in Mecklenburg-Vorpommern

Bild 2: Belastungsfahrzeug BELFA auf einer Massivbrücke in Berlin

Bild 3: Belastungsfahrzeug BELFA auf einer Massivbrücke in Berlin, Simulation der Belastung durch SLW 30 nach DIN 1072 in Feldmitte

Um eine schädigungsfreie Überfahrt der BELFA-Zugmaschine vor dem eigentlichen Brückentest zu ermöglichen, erfolgt die Teleskopierung zunächst nur nach vorn. Das führt zur Entlastung der Zugmaschine und damit bei ihrer langsamen Brückenüberfahrt zu vergleichsweise geringen Beanspruchungen des Bauwerkes. Während einer derartigen Überfahrt, die ab Brückenklasse 12 nach DIN 1072 [7] möglich ist, werden bereits die Bauwerksreaktionen messtechnisch erfasst und beurteilt, um eine eventuelle Überlastung zu verhindern.

Die maximale Summe der Prüfkräfte beträgt 2500 kN. Reicht die Gesamtmasse des BELFA als Reaktionskraft nicht aus, kann zusätzlich mit Stahlgewichten oder mit Wasser in zur Ausrüstung gehörigen Faltsilos ballastiert werden. Außerdem besteht die Möglichkeit einer Verankerung des BELFA-Hauptträgers an den Brückenauflagern.

Das Prinzip des Belastungsfahrzeuges kam auch zur Prüfung von Bahnbrücken zum Einsatz [8][9]. Ein Forschungsteam der Hochschule Bremen, der HTWK Leipzig und der Deutschen Bahn AG verwendeten einen vorhandenen Schwerlastwagen als Prototyp eines solchen Belastungsfahrzeuges. Der Wagen wurde mit Stahl ballastiert, um die Gegenkraft für die Prüfkräfte generieren zu können. Hydraulische Pressen dienten zur Erzeugung der Prüfkräfte auf die Schiene, siehe Bild 4. Auf diese Weise können Brücken mit einer Spannweite von bis zu 15 m getestet werden. Bild 5 zeigt den Prototyp des Belastungsfahrzeuges bei der Prüfung einer Mauerwerksgewölbebrücke.

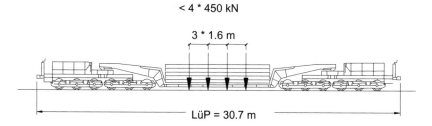

Bild 4:   Prototyp eines Belastungsfahrzeuges für Bahnbrücken [8]

Die Ermittlung der bei Belastungsversuchen an Brücken einzutragenden Prüfkräfte stellt einen wichtigen Bestandteil der Versuchsplanung dar. Bei Straßenbrücken müssen zusätzlich zu den Achslasten Flächenlasten in der Vorspur sowie auf der Brückenrestfläche berücksichtigt werden. Das Belastungsfahrzeug BELFA gestattet jedoch nur die Simulation der Achslasten. Um dennoch ein den technischen Regeln für die Lastannahmen adäquates Beanspruchungsniveau erreichen zu können, sind die Prüflasten über eine Äquivalenz der extremalen Schnittgrößen zu ermitteln. Zur Simulation der Fahrzeuglasten in der Nebenspur dienen gewöhnlich beladene LKW oder Kranfahrzeuge.

Die Versuchsvorbereitung schließt weiterhin eine Auswertung der Bauwerksunterlagen, zusätzliche statische Berechnungen und eventuell experimentelle

Voruntersuchungen zur Bestimmung von geometrischen und Materialparametern ein. In einigen Fällen sind numerische Simulationen des Versagens der zu prüfenden Konstruktion erforderlich, um die Sicherheit während des Versuches gewährleisten und die Größe der erforderlichen Prüflasten errechnen zu können, siehe Abschnitt 4.

Bild 5:   Belastungsversuch an einer Mauerwerksgewölbebrücke der Deutschen Bahn AG

3   Messtechnik

Bei Belastungsversuchen an Brückenbauwerken sind Auflagerverschiebungen, Durchbiegungen des Überbaus sowie lokale Dehnungen die wichtigsten Messgrößen. Für die Durchbiegungsmessung werden im Regelfall induktive Wegaufnehmer eingesetzt. Die dazu notwendigen unverschieblichen Bezugspunkte erfordern den

Aufbau einer Messbasis, siehe Bild 6. Dieser Messbasisaufbau wird mit zunehmender Spannweite schwieriger und die Anfälligkeit gegenüber äußeren Einflüssen, z.B. Wind, wächst. Das messbasisfreie Ermitteln von Durchbiegungen, beispielsweise mittels optischer Verfahren, ist beim gegenwärtigen Stand der Technik noch zu fehlerbehaftet. Neueste Ergebnisse mit einem digitalen Präzisionsnivellier sind jedoch vielversprechend und deuten auf eine Anwendungsmöglichkeit bei großen Brückenspannweiten hin. Für den Bereich der Spannweiten bis zu etwa 18 m stellen derartige Messsysteme eine Ergänzung, jedoch noch keine Alternative dar. Ist der Aufbau einer Messbasis unmöglich, kann die Durchbiegung auf indirektem Wege über Neigungsmessungen ermittelt werden. Die Messung der Durchbiegung liefert ein "integrales" Ergebnis, welches das globale Verhalten des gesamten Tragwerkes gut widerspiegelt. Aus diesem Grunde eignet sich die Last-Durchbiegungskurve in besonderer Weise für eine Online-Beobachtung während des Belastungsversuches.

Zur Messung von Stahldehnungen, auch an Bewehrungen, kommen im Regelfall Dehnungsmessstreifen zum Einsatz. Soll die Dehnung von Mauerwerk oder möglicherweise gerissenem Beton gemessen werden, ist eine vergleichsweise große Bezugslänge erforderlich. Für diese Fälle haben sich induktive Wegaufnehmer bewährt, mit welchen die Verschiebung zwischen zwei etwa 1 m entfernten Bezugspunkten gemessen wird.

Bild 6: Messbasis zur Durchbiegungsmessung unter einer Stahlbetonbrücke

Bei Brückenbauwerken, die mittels des Belastungsfahrzeuges BELFA geprüft werden, ist es erforderlich, eventuelle Verschiebungen oder Verdrehungen der Widerlager zu erfassen. Während die horizontale Relativverschiebung zwischen zwei Widerlagern mittels induktiver Wegaufnehmer messbar ist, besteht ein technisches Problem bei der Messung von Vertikalverschiebungen, d.h. von Setzungen. Ein dazu notwendiger Bezugspunkt muss sich außerhalb der Setzungsmulde, d.h. in möglichst großem Abstand vom Fundament befinden. Für diese Messungen werden deshalb im Allgemeinen optische Verfahren eingesetzt.

Zusätzlich zu den Verformungsmessungen hat sich die Schallemissionsanalyse als ein Standardverfahren zur begleitenden Messung bei Belastungsversuchen etabliert [10], [11]. Die Schallemissionsanalyse ist ein hochempfindliches Verfahren zur Detektion sich bildender Mikrorisse. Bei der Rissbildung werden Schallwellen erzeugt, die mittels an der Bauteilaußenseite angebrachter piezoelektrischer Aufnehmer erfasst werden. Bei stetig ansteigender Belastung von Betonkörpern kündigt sich das Versagen durch Mikrorissbildungen an. Ziel der Schallemissionsmessungen ist es, eventuelle Rissbildungen frühzeitig zu erkennen und so eine Schädigung des Bauwerkes durch unzulässige Rissweiten oder gar ein lokales oder globales Versagen zu vermeiden. Am untersuchten Bauwerk werden die Schallemissionssensoren in den Bereichen angeordnet, in denen entweder zuerst mit einer Rissentwicklung zu rechnen ist oder die als besonders kritisch einzuschätzen sind. Die Schallemissionsanalyse ist insbesondere dazu geeignet, den Übergang von Zustand I zu Zustand II bei Stahlbetonbrücken zu ermitteln.

4   Auswertung

Die bei der experimentellen Tragsicherheitsbewertung gewonnenen Erfahrungen zeigen, dass die Mehrzahl der Prüfprojekte eine kombinierte Anwendung experimenteller und rechnerischer Methoden erfordert [12]. Dabei kommt der Bildung von wirklichkeitsnahen Rechenmodellen eine große Bedeutung zu. Möglichst realistische Simulationen der Belastungsversuche sind erforderlich

–   zur Bestimmung der im Experiment einzutragenden Testlasten, siehe dazu Abschnitt 2,
–   zur Abschätzung des Risikos einer unerwarteten Schädigung des Tragwerkes während des Belastungsversuches,
–   zur Extrapolation der experimentellen Ergebnisse über die Versuchsgrenzlast hinaus, um Versagensmechanismen zu erkennen und zu veranschaulichen, sowie
–   zur Berechnung von Lastfällen, welche nicht experimentell untersucht werden können, unter Verwendung eines experimentell verifizierten Rechenmodells.

Finite-Elemente-Modelle eignen sich in besonderer Weise für diese Aufgaben aufgrund der genauen geometrischen Abbildung der Tragwerke in 2D oder 3D, der wirklichkeitsnahen Berücksichtigung der mechanischen Randbedingungen mit geeigneten Bodenmodellen sowie der Möglichkeit, nichtlineare Materialgesetze zu verwenden. Letztere sind erforderlich, um die bei Massivbauwerken charakteristischen Entfestigungsprozesse durch Rissbildungen nachbilden zu können. Dabei hat sich das Modell des verschmierten Risses der nichtlinearen Bruchmechanik als geeignet erwiesen.

Im Regelfall erfolgen Finite-Elemente-Berechnungen bereits im Rahmen der Vorbereitung von Belastungsversuchen. Liegen später die experimentellen Ergebnisse vor, können die Eingabeparameter, hauptsächlich die Materialeigenschaften des Überbaus sowie des Baugrundes betreffend, aktualisiert werden, um eine gute Übereinstimmung zwischen Rechenergebnissen und experimentellem Befund zu erzielen. Auf diese Weise wird ein experimentell gestütztes Rechenmodell erhalten, welches sowohl zur Extrapolation der experimentellen Ergebnisse als auch zur Berechnung weiterer Lastfälle anwendbar ist. Bei den Berechnungen werden gewöhnlich eine nichtlineare Spannungs-Dehnungslinie im Druckbereich sowie verschmierte Rissbildung mit Zugdehnungsentfestigung angenommen. Das Programm ATENA, Cervenka Consulting Prag, ist ein dazu geeignetes numerisches Werkzeug.

Das größte Hindernis auf dem Weg zur Erstellung eines wirklichkeitsnahen Rechenmodells sind die unbekannten Materialeigenschaften des Betons bzw. des Mauerwerkes sowie des Bodens. Auch durch aufwendige Materialuntersuchungen wäre es kaum möglich, für nichtlineare Simulationen ausreichend verlässliche Werte für die entsprechenden Größen zu erhalten. Gründe dafür sind hauptsächlich systematische und statistische Einflüsse auf die räumliche Verteilung der lokalen Materialeigenschaften und Maßstabseffekte. Jedoch ist es möglich, die Rechenergebnisse an die experimentellen anzugleichen und so durch inverse Analyse auf die lokalen Materialeigenschaften zu schließen. Bezüglich der simulierten Rissbildung hat sich gezeigt, dass die Zugfestigkeit des Materials einen deutlich größeren Einfluss auf das globale Tragwerksverhalten hat als die Entfestigungseigenschaften.

Als problematisch erweist sich die Nutzung von 2D-Modellen zur Nachbildung von 3D-Tragwerken. Insbesondere mehrgleisige Eisenbahnbrücken erfordern aufgrund der planmäßig außermittigen Belastung teilweise die Nutzung von 3D-Modellen. Nichtlineare 3D-Berechnungen sind beim gegenwärtigen Stand der Technik noch sehr zeitaufwendig, jedoch mit dem oben genannten numerischen Werkzeug möglich.

Bild 7 zeigt als Beispiel eine massive Gewölbebrücke in Sachsen während eines Belastungsversuches mit dem BELFA. Diese Brücke erlitt während der Flutkatastrophe im Jahre 2002 Schädigungen und war danach aus Sicherheitsgründen vollständig gesperrt. Mittels der Belastungsversuche sollte eine zusätzliche Grundlage für die Entscheidung über Weiternutzung, Abriss bzw. Ertüchtigung geschaffen werden. Die Nutzung des Belastungsfahrzeuges erforderte bei diesem Bauwerk eine besondere Versuchsvorbereitung, die Finite-Elemente-Berechnungen einschloss, Bild 8. Bei der Überfahrt der Zugmaschine wurden Lasten eingetragen, die über denen lagen, für die die Brücke ursprünglich geplant war. Aufgrund der vorher durchgeführten numerischen Bruchsimulationen konnte jedoch davon ausgegangen werden, dass im ungünstigsten Fall Risse im Gewölbering nahe der Kämpfer auftreten, Bild 9. Bei einer derartigen Bildung von Rissgelenken würde die Tragsicherheit des Tragwerkes weiterhin gewährleistet sein. Die begleitenden Messungen bei der tatsächlichen Überfahrt ergaben jedoch keine Hinweise auf eine stattgefundene Bildung neuer Risse.

Bild 7: Belastungstest an einer massiven Gewölbebrücke mit dem Belastungsfahrzeug BELFA

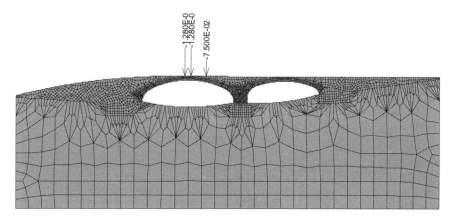

Bild 8: Finite-Elemente-Modell der Brücke in Bild 7

Bild 9: Durch numerische Simulation erhaltenes Rissbild für die Brücke in Bild 7

Nach Beendigung der Belastungsversuche kam das Finite-Elemente-Modell bei der Auswertung der Messergebnisse erneut zur Anwendung. Durch den Vergleich der im Belastungsversuch aufgetretenen Anstrengungen mit den für verschiedene Belastungen errechneten konnte das Sicherheitsniveau für verschiedene Brückenklassen abgeschätzt werden.

Die untersuchte denkmalgeschützte Mauerwerksgewölbebrücke wird weitergenutzt. Jedoch waren Ertüchtigungsmaßnahmen erforderlich, um die Tragsicherheit auch für die zukünftig geplante Nutzung gewährleisten zu können. Bei der Planung dieser Baumaßnahmen erwies sich das Vorhandensein eines experimentell verifizierten Rechenmodells wieder als vorteilhaft. So konnten die Wirkung der Betonierlasten ermittelt und die Überfahrt eines schweren Bohrfahrzeuges, welches zur Verstärkung des mittleren Brückenauflagers erforderlich war, numerisch simuliert werden. Für beide Lastfälle ergab sich ausreichende Tragsicherheit.

Ein weiteres Beispiel für die kombinierte Anwendung experimenteller und numerischer Methoden ist die Untersuchung der in Bild 5 dargestellten zweigleisigen Eisenbahnbrücke. Das Haupttragwerk ist ein Gewölbering mit 58 cm Dicke aus Mauerwerk. Die lichte Weite beträgt 4,32 m. Auf rechnerischem Wege war keine ausreichende Tragsicherheit nachweisbar, weshalb sich eine experimentelle Tragsicherheitsbewertung anbot. Außerdem sollten im Experiment die Auswirkungen kleinerer Schäden am Überbau untersucht werden. Es erfolgte die Einleitung von simulierten Achslasten gemäß den relevanten Regeln für Lastannahmen. Die maximal eingetragene Gesamtlast betrug 1800 kN. Bis zu diesem Lastniveau traten keine neuen Risse auf und an der Bogeninnenseite ergaben sich nur geringe Zugdehnungen. Somit war einerseits die Tragsicherheit auf experimentellem Wege nachgewiesen, andererseits war die Frage nach dem zu erwartenden Versagensmechanismus mit der Durchführung des Experimentes noch nicht beantwortet.

Es erfolgten Simulationen des Verformungs- und Versagensverhaltens des Bauwerkes mittels nichtlinearer Finite-Elemente-Berechnungen. Bild 10 zeigt das verwendete 2D-Modell. Die Nutzung eines solchen Modells für die Nachbildung eines 3D-Problems stellt eine wesentliche Vereinfachung dar, die hier eine Unterschätzung der Durchbiegung zur Folge hatte und bei der Interpretation der Rechenergebnisse Berücksichtigung fand. Es zeigte sich, dass bei diesem Brückenbauwerk im Gegensatz zu anderen Gewölbebrücken nur ein geringer Einfluss der Bodensteifigkeit auf die Tragfähigkeit zu verzeichnen ist. Als Grund dafür wird die vergleichsweise starke Widerlagerkonstruktion angenommen.

Wie auch im Experiment traten bei der numerischen Simulation unter der maximal erreichten Testlast von 1800 kN noch keine Schädigungen auf. Erste Risse zeigten sich unter einer nachgebildeten Belastung von 3000 kN und bei 4000 kN konnte kein Gleichgewichtszustand mehr gefunden werden. Bild 11 zeigt das erhaltene Rissbild. Zusätzlich zu den Biegezugrissen an der Bogenunterseite entstehen Spaltzugrisse im Bogen aufgrund großer Druckkräfte.

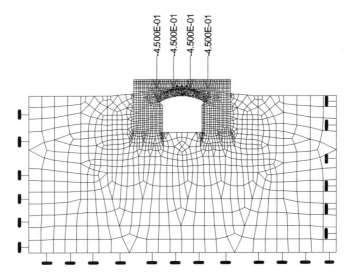

Bild 10: Finite-Elemente-Modell der Brücke in Bild 5

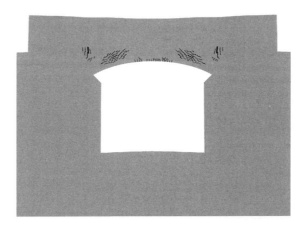

Bild 11: Durch numerische Simulation erhaltenes Rissbild für die Brücke in Bild 5

Im Belastungsversuch konnte bereits ausreichende Tragsicherheit nachgewiesen werden. Die Bruchsimulation ergab eine noch höhere Tragsicherheit. Jedoch ist zu beachten, dass sich im Experiment ein leichtes horizontales Ausweichen der Flügelmauern senkrecht zur Brückenspannrichtung zeigte. In einer 3D-Berechnung könnte überprüft werden, ob möglicherweise das Versagen der Flügelmauern und nicht das Versagen des Gewölberinges die Tragfähigkeit der Brücke begrenzt.

5 Schlussbemerkungen

Eine experimentelle Tragsicherheitsbewertung von Massivbrücken durch Probebelastung ist genau dann gerechtfertigt, wenn ein rechnerischer Nachweis der Tragsicherheit nicht erbracht werden kann und begründete Aussichten auf die Erschließung von Tragreserven durch das Experiment bestehen. Methodik und Ausrüstung für Probebelastungen wurden in den vergangenen Jahren deutlich weiterentwickelt. Zur Gewährleistung der Schädigungsfreiheit bedarf es bei Probebelastungen eines geeigneten Belastungssystems und eines messtechnischen Aufbaus, mittels welchem Vorankündigungen von Schädigungen erkannt werden können.

In der Vergangenheit konnten in vielen Fällen auf diesem Wege die erforderlichen Nachweise für die Weiter- bzw. Umnutzung von Brückenbauwerken erbracht werden, was Einsparungen von finanziellen und Umweltressourcen zur Folge hatte.

Häufig ist die zuverlässige Beschreibung des Tragverhaltens der untersuchten Brücke nur möglich, wenn experimentelle und rechnerische Methoden kombiniert angewandt werden. Dies erfordert eine geometrisch exakte Modellbildung mittels der Finite-Elemente-Methode sowie die Nutzung wirklichkeitsnaher Materialgesetze. Das Modell des verschmierten Risses der nichtlinearen Bruchmechanik erweist sich als ein geeigneter Ansatz für Bruchsimulationen. Derartige Simulationen können einerseits Bestandteil der Versuchsvorbereitung sein und dienen andererseits der Interpretation experimenteller Befunde.

Literatur

[1] Richtlinie des Deutschen Ausschuss für Stahlbeton, Belastungsversuche an Betonbauwerken, September 2000.

[2] Steffens, K.: Experimentelle Tragsicherheitsbewertung von Bauwerken, Ernst & Sohn Berlin 2002.

[3] Experimentelle Tragsicherheitsbewertung von Brücken in situ zur Substanzerhaltung und zur Verminderung der Umweltbelastung, Kooperatives Forschungsprojekt 01RA 9601/6 (EXTRA II), gefördert durch das Bundesministerium für Bildung und Forschung, Abschlussbericht, Herausgeber K. Steffens, Hochschule Bremen, Eigenverlag 1999.

[4] Entwicklung, Bau und Erprobung eines Belastungsfahrzeuges (BELFA), Kooperatives Forschungsprojekt 01RA 9901/0, gefördert durch das Bundesministerium für Bildung und Forschung, Abschlussbericht, Herausgeber K. Steffens, Hochschule Bremen, Eigenverlag 2002.

[5] Steffens, K.; Opitz, H.; Quade, J.; Schwesinger. P.: Das Belastungsfahrzeug BELFA für die experimentelle Tragsicherheitsbewertung von Massivbrücken und Abwasserkanälen, Bautechnik 78(2001) 6, 391-397.

[6]   Slowik, V.;   Sommer, R.;   Gutermann, M.:   Experimentelle Tragsicherheits-
        bewertung von Straßenbrücken mit Hilfe des Belastungsfahrzeuges BELFA,
        Beton- und Stahlbetonbau 97(2002) 10, 544-549.

[7]   DIN 1072, Straßen- und Wegbrücken, Lastannahmen, Dezember 1985.

[8]   Knaack, H.-U.; Schröder, C.; Slowik, V.; Steffens, K.: Belastungsversuche an
        Eisenbahnbrücken mit dem Belastungsfahrzeug BELFA-DB. Bautechnik
        80(2003) 1, 1-8.

[9]   Gutermann, M.; Slowik, V.; Steffens, K.: Experimental safety evaluation of
        concrete and masonry bridges. International Symposium Non-Destructive
        Testing in Civil Engineering (NDT-CE), Berlin, September 16-19, 2003.

[10]   Kapphahn, G.: Schallemissionsanalyse (SEA) bei experimentellen Tragwerks-
        untersuchungen, Fachtagung Bauwerksdiagnose 1999, München, DGZfP-
        Berichtsband 66-CD.

[11]   Kapphahn, G.; Leister, N.: Schallemissionsuntersuchungen zum Tragverhalten
        schlanker Stahlbetonbalken, Fachtagung Bauwerksdiagnose 2001, Leipzig,
        DGZfP-Berichtsband 76-CD.

[12]   Slowik, V.: Combining experimental and numerical methods for the safety
        evaluation of existing concrete structures, In: V.C. Li, C.K.Y. Leung, K.J.
        Willam and S.L. Billington, Fracture Mechanics of Concrete Structures,
        Proceedings of Framcos-5, IA-FraMCoS, 2004, Vol. 2, 701-707.

Brücken im Zuge der A 38

Carsten Ahner

1 Einleitung

Die Bundesautobahn A 38 wird eine großräumige Fernverbindung von Göttingen über den Harz nach Leipzig herstellen. Der vom Autobahnamt Sachsen betreute Teil der A 38 schließt den Autobahnring um den Großraum Leipzig. Hierbei werden die bestehenden Autobahnen A 9 Berlin-München und A 14 Halle-Leipzig-Dresden verbunden. Dieser Abschnitt der A 38 dient großräumig gesehen der Entlastung der A 14. Für Leipzig und sein Umland stellt er aber eine wichtige Ost-West-Verbindung im südlichen Raum wieder her, die durch den Braunkohleabbau zerstört bzw. in der Zeit des Abbaus nicht realisierbar war. Die neue Autobahn soll voraussichtlich 35.000 bis 55.000 Fahrzeuge pro Tag aufnehmen. Aus dieser Randbedingung wurde für diesen Streckenabschnitt ein 4-streifiger Autobahnquerschnitt mit einer Regelbreite von 29,50m (RQ 29,5) gewählt.

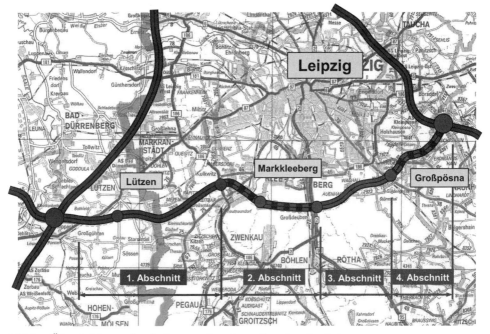

Bild 1: Übersichtkarte Autobahnen und geplante Streckenabschnitte

Dr.-Ing. Carsten Ahner, Autobahnamt Sachsen

Die A 38 im Süden von Leipzig wurde in vier Plan- und Bauabschnitte unterteilt. Der 1. Abschnitt beginnt an der Bundesstraße 87 und endet an der B 186. Dieser wurde im Dezember 2000 für den Verkehr frei gegeben. Die Abschnitte 2. bis 4. von der B 186 bis zum Autobahndreieck Parthenaue sind derzeit im Bau. Die Abschnitte unterteilen sich dabei wie folgt: 2. Abschnitt von der B 186 bis zur B2, 3. Abschnitt von der B2 bis zur Staatsstraße 38 und 4. Abschnitt von der S 38 bis zur A 14 einschließlich dem Autobahndreieck an der A 14.

2 Übersicht über die im Bau befindlichen Abschnitte

2.1 2. Bauabschnitt

Der 2. Bauabschnitt verläuft größtenteils durch die ehemaligen Braunkohletagebaugebiete Zwenkau und Cospuden. Dadurch entstehen vielfältige Probleme bei der Gründung des Autobahndammes und im Besonderen bei der Gründung der Ingenieurbauwerke. Ein Hauptproblem ist die starke Setzungsempfindlichkeit. Es werden für die nur locker aufgeschütteten Kippenböden Setzungen von 0,5m bis 2,00m erwartet. Der Bau dieses Abschnittes wurde daher in 2 Arbeitsschritte unterteilt. Im ersten Schritt wurde der aufgefüllte Boden durch Großgeräte verdichtet und der Damm überschüttet hergestellt. Die Überschüttung soll in 15 Monaten Liegezeit den Boden soweit verdichten, dass der größte Teil der Setzungen abgeklungen ist. Im zweiten Schritt wird nach der Konsolidierungsphase der eigentliche Straßenkörper profiliert und der Oberbau erstellt.

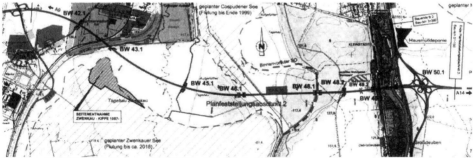

Daten: 9,515 km Autobahn und 3,390 km Bundesstraße B 2
        2 Anschlussstellen („Neue Harth" am Belantis-Freizeitpark und „Leipzig-Süd" an der B 2)
        5 Brücken im Zuge der Autobahn
        4 Überführungsbauwerke
        5 Regenrückhaltebecken
        85 ha Gestaltungsmaßnahmen
        85 ha Ausgleichs- und Ersatzmaßnahmen

Bild 2: Übersicht über den 2. Bauabschnitt

Durch die gewählte Linienführung ergab sich die Notwendigkeit, dass in diesem Abschnitt 2 Großbrücken zu bauen sind. Das eine Bauwerk überführt die Autobahn über die Weiße Elster und die Bahnlinie Leipzig-Zeitz und weist eine Länge von 292m auf und das andere über den Bahnhof Gaschwitz (Bahnlinie Leipzig-Zwickau-Hof), die

Staatsstraße 72 und die Pleiße. Diese Brücke (Bauwerk 49.1) ist die Größte der Südumgehung Leipzig mit einer Länge von 455m.

Tabelle 1: Übersicht über die Bauwerke im 2. Bauabschnitt

Bauwerk*	Kreuzung	Herstellung Überbau		Länge [m]	Breite [m]
Ü 42.1	S75	Spannbeton	Leergerüst	45	12
A 43.1	DB, Elster	Spannbeton	Taktschieben	293	29
Ü 45.1	WW	Spannbeton	Leergerüst	37	6
A 46.1	Landschaft	Stabbogen	Leergerüst	70	33
A 48.1	Floßgraben	Stabbogen	Leergerüst	70	33
Ü 48.2	WW	Spannbeton	Leergerüst	37	6
A 49.1	DB, S72, Pleiße	Spannbeton	Vorschubrüstung	455	29,5-31,5
A 49.2	FW-Leitung	Rahmen	Leergerüst	15	30
Ü 50.1	B2/A72	Stabbogen	Leergerüst	88	25,5+3,7+25,5

* Ü - Überführungsbauwerke; A - Bauwerke im Zuge der Autobahn

2.2   Der 3. Bauabschnitt

Der 3. Bauabschnitt verläuft durch den ehemaligen Tagebau Espenhain und schließt in Güldengossa an den Festlandbereich an. Zur Herabsetzung der großen Setzungen im Tagebaubereich erfolgen analog zum 2. Bauabschnitt zunächst Groberdbauarbeiten, bevor der Straßenbau erfolgen kann. Die Verdichtung des Bodens im Kippengelände wird zurzeit durchgeführt. Die Landschafts- und Gewässerverbundbrücke 52.1 ist mit 60m Spannweite die größte Brücke in diesem Abschnitt. Alle anderen Brücken in diesem Abschnitt sind Überführungsbauwerke mit normalen Abmessungen.

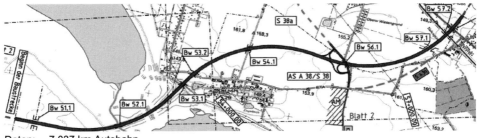

Daten: 7,037 km Autobahn
1 Anschlussstelle („Leipzig-Südost" an der Staatsstraße S 38a bei Liebertwolkwitz)
1 Autobahnmeisterei
1 Brücke im Zuge der Autobahn
8 Überführungsbauwerke
2 Regenrückhaltebecken
30,6 ha Gestaltungsmaßnahmen
45,3 ha Ausgleichs- und Ersatzmaßnahmen

Bild 3: Übersicht über den 3. Bauabschnitt

Die Bauwerke 51.1 und 52.1 befinden sich im Tagebaugebiet. Der Baugrund im Bereich dieser Bauwerke wird mit 20m tiefen Rüttelstopfsäulen verdichtet.

Durch diese Maßnahmen können die zu erwartenden Setzungen stark reduziert werden.

Tabelle 2: Übersicht über die Bauwerke im 3. Bauabschnitt

Bauwerk*	Kreuzung	Herstellung Überbau		Länge [m]	Breite [m]
Ü 51.1	WW	Spannbeton	Lehrgerüst	42	6,5
A 52.1	Landschaft	Stabbogen	Lehrgerüst	60	30,0
Ü 53.1	WW	Spannbeton	Lehrgerüst	44	5,0
Ü 53.2	K7923	Spannbeton	Lehrgerüst	43	11,0
Ü 54.1	GVS	Spannbeton	Lehrgerüst	43	10,5
Ü 56.1	S38a	Spannbeton	Lehrgerüst	43	13,5
Ü 57.1	WW	Spannbeton	Lehrgerüst	43	6,5
Ü 57.2	DB AG	Spannbeton	Lehrgerüst	43	6,7
Ü 57.2a	S38	Spannbeton	Lehrgerüst	43	13,0

* Ü - Überführungsbauwerke; A - Bauwerke im Zuge der Autobahn

2.3 Der 4. Bauabschnitt

Der 4. Bauabschnitt bindet die A 38 an die A 14. Die Strecke verläuft ausschließlich auf gewachsenen Baugrund. Zur Anbindung der A 38 ist es erforderlich, dass ein Teilstück der A14 ausgebaut wird. Die A 38 wird am Bauwerk 64.1 über die A 14 geführt. Während die Bauwerke entlang der A 38 auf der freien Fläche unabhängig von anderen Gewerken erstellt werden können, müssen entlang der A 14 die Bauwerke neben dem rollenden Verkehr gebaut werden. Da der Verkehr auf der A 14 zweistreifig in jede Richtung gewährleistet werden muss, können die Bauwerke im Zuge der Autobahn und die Fahrbahn nur in 2 Arbeitsschritten gebaut werden. Dazu wurde zunächst mit einer provisorischen Verbreiterung der Querschnitt einer Richtungsfahrbahn aufgeweitet, um 4 Fahrstreifen regelkonform anzulegen. Der Ausbau der verkehrsfreien Richtungsfahrbahn kann somit erfolgen. Nach der Fertigstellung dieser Richtungsfahrbahn wird der Verkehr darauf umgelegt. Dann kann die zweite Richtungsfahrbahn ausgebaut werden.

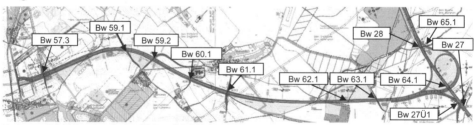

Daten: 7,713 km Autobahn A38 und 2,520 km A14
    1 Autobahndreieck „Parthenaue" A38 / A14
    5 Brücken im Zuge der Autobahn
    7 Überführungsbauwerke
    1 Parkplatz mit WC - „Pösgraben"
    6 Regenrückhaltebecken
    74,2 ha Gestaltungsmaßnahmen
    70,3 ha Ausgleichs- und Ersatzmaßnahmen

Bild 4: Übersicht über den 4. Bauabschnitt

Die Bauwerke im 4. Abschnitt sind konventionelle Überführungsbauwerke bzw. Brücken im Zuge der Autobahn. Eine Übersicht über die Bauwerke ist in der Tabelle 3 zusammengestellt.

Tabelle 3: Übersicht über die Bauwerke im 4. Bauabschnitt

Bauwerk*	Kreuzung	Herstellung Überbau		Länge [m]	Breite [m]
Ü 57.3	WW	Spannbeton	Lehrgerüst	43	4,5
Ü 59.1	S46	Spannbeton	Lehrgerüst	43	12,0
Ü 59.2	K7923	Spannbeton	Lehrgerüst	43	11,5
Ü 60.1	WW	Spannbeton	Lehrgerüst	43	4,5
Ü 61.1	K7901 / K8301	Spannbeton	Lehrgerüst	43	12,0
A 62.1	Threne	Stahlbeton	Lehrgerüst	12	30,0
Ü 63.1	HWW	Spannbeton	Lehrgerüst	43	6,0
A 64.1	AD A14 / A38	Spannbeton	Lehrgerüst	43	30,0
A 65.1	Threne	Stahlbeton	Lehrgerüst	12	15,0
A 27	Parthe	Stahlbeton	Lehrgerüst	18	31,0
Ü 27Ü1	K8360	Spannbeton	Lehrgerüst	44	10,0
A 28	Threne	Stahlbeton	Lehrgerüst	8	37,5

* Ü - Überführungsbauwerke; A - Bauwerke im Zuge der Autobahn

3 Geologische Besonderheiten im Tagebau

Der Baugrund im Tagebau setzt sich aus einem Kippensystem zusammen, welches aus einer Abraumförderbrückenkippe als Basiskippscheibe und den Absetzerkippen besteht. Die Gesamtmächtigkeit beträgt 50m bis 60m. Über die Abraumförderbrücke (AFB) erfolgte die Gewinnung und der Versturz von vorwiegend gleichmäßig abgelagerten vertikal geschichteten Feinsand bis Schluff. Dadurch entstand ein relativ gleichmäßig gemischter und nahezu homogener Kippenboden.

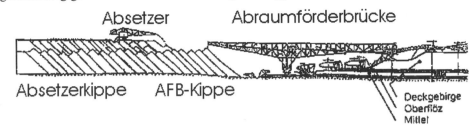

Bild 5: System der Förderung und Ablagerung im Tagebau

Die Absetzerkippen im oberen Bereich besitzen einen sehr inhomogenen Aufbau. Es werden die verschiedensten Lockergesteinskörper sporadisch und unter Umständen auf engstem Raum wechselnd aufgebaut. Zugabesetzerkippen, die im Tagebaufeld im Wesentlichen den unmittelbaren Baugrund bilden, besitzen einen lamellenartigen Aufbau.

Die Verkippung erfolgte von Ost nach West, wobei die AFB-Kippe den Absetzerkippen vorauseilte. Die trassenbezogenen Verkippungszeiten und damit Liegezeiten der Tagebaukippen sind sehr unterschiedlich.

Eine tiefere Lage der Bodenschichten bedeutet eine größere Verdichtung, da die überlagernden Schichten die Tieferen stärker zusammendrücken. Im Anschlussbereich zum Festland befindet sich noch ein Randschlauch, der nur mit Restmassen unregelmäßig verkippt wurde. Dieser ist in der Gesamthöhe des Tagebaus heterogen und daher besonders setzungsempfindlich.

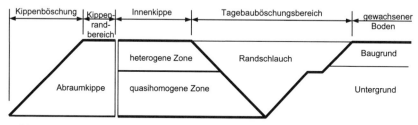

Bild 6: Kippenmodell mit allgemeiner Unterteilung

Die Grundwasserregeneration wird bis 2100 erwartet. Diese wird maßgeblich durch das Abschalten der Grundwasserabsenkungsanlagen, durch Niederschlagsereignisse und die Wiederherstellung der Grundwasserleiter in Folge der Flutung der Restlöcher beeinflusst. Die Regeneration des hydrologischen Gleichgewichts sorgt für eine weitere Verdichtung des Bodens, bei Hohlräumen kann es aber auch zu Sackungen kommen.

Diese wechselnden Verhältnisse führen dazu, dass der Kippenboden ein äußerst schwieriger Baugrund ist.

4 Beschreibung einzelner Bauwerke

4.1 Besonderheiten im Tagebaugebiet

4.1.1 Allgemeine Betrachtung

Der Untergrund im Tagebaugebiet ist nur bedingt geeignet für einen dauerhaften Verkehrsweg. Daher wurde speziell für die Ingenieurbauwerke überlegt, wie diese in diesem schwierigen Untergrund gestaltet werden sollen. Zur Aufnahme von größeren Setzungsunterschieden eignen sich besonders statisch bestimmte Tragsysteme. Daher wurden im Tagebau nur flach gegründete Einfeldbauwerke vorgesehen. Der Kippenboden wird im Bereich der Bauwerke durch Rüttelstopfsäulen stabilisiert. Der Einsatz von anderen Tiefgründungen, wie Bohrpfählen wurde verworfen, da diese zu kostenintensiv waren. Das Raster der Säulen wurde durch eine geotechnische Statik bestimmt, bei der das Gewicht des Bauwerkes die bestimmende Größe war. Damit im Anschluss an die Bauwerke keine Sackungen erfolgen, wurden die Säulen auch über die Widerlager hinaus fortgeführt, wobei das Raster vergrößert wurde. Dadurch konnte eine Schleppwirkung erzielt werden, die eine Sackung im Anschlussbereich der Brücke vermeidet.

Die Widerlager werden für beide Richtungsfahrbahnen ohne Raum- und Scheinfugen hergestellt. So können sich die Richtungsfahrbahnen nicht unterschiedlich setzen und Setzungsunterschiede werden durch die großen Widerlager ausgeglichen. Zur Aussteifung der Widerlager müssen diese massiv bewehrt werden. Die Fahrbahnübergänge sind zweigeteilt je Richtungsfahrbahn. Damit kann der Fahrbahnübergang ohne Vollsperrung nach einem Teilabbruch der Kammerwand gerichtet oder ausgetauscht werden.

Das Einlagern der Brücken wird so spät wie nur möglich erfolgen, um die Setzungen aus voller Eigenlast weitestgehend abklingen zu lassen. Dazu werden die Fahrbahnübergänge und die Kammerwand erst kurz vor Verkehrsfreigabe eingebaut und die Lagerfugen vergossen.

4.1.2   Stabbogenbrücken

Im Zuge der A 38 werden 4 Stabbogenbrücken gebaut. Diese Bauweise ermöglicht das überspannen einer relativ großen Öffnung mit einer schlanken und leichten Konstruktion. Dadurch wird der Raum unter der Brücke frei gehalten. Der Druckbogen wird mit den Längsträgern fest verbunden, damit dieser als Zugband wirkt. Das Bauwerk kann damit statisch bestimmt gelagert werden und entspricht einem Einfeldbalken. In der flachen Landschaft bilden die Bögen auch architektonisch einen besonderen Reiz aus.

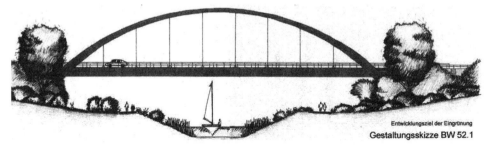

Bild 7:   Ansicht von Bauwerk 52.1

4.1.3   Überführungsbauwerke in Hochleistungsbeton

Die Überführungsbauwerke werden ebenfalls als Einfeldbauwerke ausgebildet. Durch die großen Stützweiten ergaben sich bei den normalen Betonen Überbauhöhen von über 2,10m bei Schlankheiten von 1/18 bis 1/22. Durch den Einsatz von Hochleistungsbeton kann der Querschnitt auf 1,30m (Schlankheit 1/30 bis 1/35) gedrückt werden, wodurch auch das Eigengewicht stark reduziert wird. Das geringere Eigengewicht verringert wiederum die Setzungen des Bauwerkes.

Da der Hochleistungsbeton im Straßen- und Brückenbau noch keine Regelbauweise ist, musste dafür eine Einzelzulassung beim BMVBW beantragt werden. Besondere

Bedeutung haben dabei die Betontechnologie, die Herstellung und die Nachbehandlung des Betons. Derzeit werden diese Punkte zwischen dem Auftragnehmer für zwei der drei Hochleistungsbetonbrücken, dem Betonlieferanten und dem Autobahnamt abgestimmt.

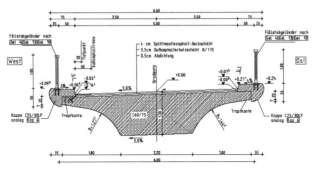

Bild 8: Querschnitt von Bauwerk 45.1

4.2 Großbrücke im Taktschiebeverfahren

4.2.1 Allgemeine Angaben

Die Autobahn A 38 benötigt durch die gewählte Linie eine Brücke, die aufgrund der Topografie und der daraus gewählten Gradiente der Fahrbahn eine Gesamtlänge von 292m erreicht. Die Aufteilung der Feldweiten wurde durch die Weiße Elster, die Bahnlinie und die Zubringerstraße zum Belantis-Park bestimmt, aber auch von der Herstellungsart. Aufgrund der großen Gesamtstützweite und der niedrigen Gesamthöhe sollte die Brücke im Taktschiebeverfahren gefertigt werden. Die Stützweiten der sieben Felder wurden mit 39-47m in das Gelände eingepasst, wodurch sich das Bauwerk harmonisch in die Landschaft einfügt.

Die Abmessungen der Brücke wurden mit den neuen Vorschriften der DIN-Fachberichte und der ZTV-Ing dimensioniert und für die Ausführung bemessen.

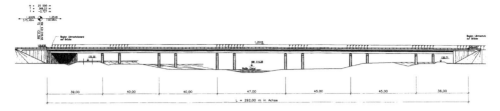

Bild 9: Ansicht des Bauwerkes 43.1

4.2.2 Gründung

Die Gründung der hohen schweren Widerlager und Flügel erfolgt auf Großbohrpfählen mit einem Durchmesser von 1,50m, wie auch die angrenzenden Pfeiler. Die Pfähle wurden in diesen Bereichen eingesetzt, da der tragfähige Baugrund erst in einer größeren Tiefe ansteht. Dagegen liegen im Bereich der Achsen 30-60 die tragfähigen Bodenschichten weiter oben, so dass diese Achsen flach gegründet werden können. Die Pfeiler befinden sich im Abflussbereich der Weißen Elster, daher werden diese durch einen Spundwandkasten gegen Auskolkung geschützt.

Die Widerlager sind 1,20m dicke Scheiben über die gesamte Brückenbreite. Nach oben weiten sich diese auf, um dem Wartungsgang für die Fahrbahnübergangskonstruktion Platz zu geben. Die Flügel sind parallel angeordnet. Die Längen werden durch die Gestaltung der Böschung der Dämme im Widerlagerbereich bestimmt.

Die aufgehenden Pfeiler haben eine Breite von 3,80m und eine Dicke von 1,60m. Die Stirnseiten sind durch halbkreisförmige Bögen abgerundet. Im Bereich der oberen 2m unter den Lagern werden die Pfeiler in Brückenquerrichtung hammerkopfförmig auf eine Breite von 6,50m verbreitert. Mit dieser Verbreiterung wird ausreichend Platz für die Anordnung der Lager und Lagersockel geschaffen. Im Bereich der Aufweitung wird die halbkreisförmige Ausrundung der Stirnseiten beibehalten.

4.2.3 Überbau

Der Überbau besteht aus einem für jede Richtungsfahrbahn getrennten Spannbetonkastenquerschnitt. Er läuft über sieben Felder durch. Die untere Breite des Kastens beträgt 5,50m. Die Stege sind schräg gestellt und haben eine Dicke von 0,45m. Die Konstruktionshöhe des Kastens ist 3,25m. Die Schlankheit des Überbaus beträgt 1/11 bis 1/15.

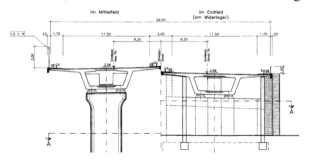

Bild 10: Querschnitt vom Bauwerk 43.1

Der Überbau wird in der so genannten Mischbauweise hergestellt, d. h. ca. 20% der vorhandenen Spannglieder sind extern angeordnet. Die in den Richtlinien vorgegebenen Parameter hinsichtlich der Spanngliedlängen, der maximalen zulässigen Spannkraft und der späteren Nachrüstung von zwei externen Spanngliedern je Steg wurden eingearbeitet.

Der Überbau wird mit einem Beton C40/50 gefertigt. Die hohe Betonfestigkeit wird für das schnelle Vorspannen nach 2 Tagen für das Taktschiebeverfahren benötigt. Der Überbau teilt sich in 14 Takte, wobei 2 Herstellungstakte je Feld benötigt werden. Der Vorbauschnabel mit einer Länge von 20m wird nicht auf eine Hilfsstütze zwischengelagert und ist daher sehr wirtschaftlich. Die Taktfertigungsanlage befindet sich hinter dem westlichen Widerlager und ist auf Bohrpfählen gegründet. Die südliche Richtungsfahrbahn wird als erstes gebaut, bevor die Anlage quer und längs an die nördlichen Teil des Widerlagers verschoben wird.

Bild 11: Bauzustände (linkes Bild: westliches Widerlager mit Überbau im 3. Takt und vorbereitete Gründung für die Taktfertigungsanlage für den nördlichen Überbau, rechtes Bild: Überbau mit Vorbauschnabel im 1. Feld)

Der Überbau wird insgesamt schwimmend gelagert, d. h. es gibt keinen Längsfestpunkt an einem Lager. Wegen der großen Länge des Überbaus sind in den Widerlagern Kalottengleitlager angeordnet. Auf den übrigen Pfeilerachsen sind freibewegliche Elastomerlager vorgesehen. Das Bewegungsspiel der Fahrbahnübergänge beträgt beidseits ca. 290mm. Der nördliche Überbau erhält aus Lärmschutzgründen eine 3,00m hohe Lärmschutzwand.

4.3 Großbrücke durch Vorschubrüstung

4.3.1 Allgemeine Angaben

Unterschiedliche Randbedingungen beschränkten die Linienführung der Autobahn, so dass die neue Autobahn A 38 die Bahnlinie im Bereich des Bahnhofes Gaschwitz kreuzt. Außerdem werden die Staatsstraße 72 und der Fluss Pleiße überquert. Im Bauwerksbereich verläuft die Achse der A 38 im Grundriss in einem Radius von R=5.500m bzw. 8.000m während die Gradiente im Aufriss ein Längsgefälle von etwa 0,7% besitzt. Der Kreuzungswinkel mit der Bahn beträgt ca. 98gon, mit der S 72 ca. 111gon sowie mit der Pleiße ca. 101gon.

Die Überführung der Richtungsfahrbahnen erfolgt auf zwei getrennten Überbauten. Bei einer Fahrbahnbreite von je 11,50m ergibt sich eine Gesamtbreite des Oberbaus von 30,35m. Im östlichen Teilabschnitt erfolgt eine Aufweitung der Gesamtbreite auf 32,35m zur Aufnahme der Beschleunigungs- bzw. Verzögerungsspuren der Anschlussstelle zur B 2. Das Quergefälle der Brücke ist auf beiden Richtungsfahrbahnen mit jeweils 2,5% über die Brückenlänge konstant und entgegengesetzt gerichtet, so dass sich ein so genanntes „Dachgefälle" ergibt. Es gibt zwischen den beiden Mittelkappen keinen Höhensprung.

Das Bauwerk ist für eine Belastung der Brückenklasse 60/30 nach DIN 1072 und für Militärlasten der Klasse MLC 100 (Einbahnverkehr) bzw. MLC 50/50 (Zweibahnverkehr) nach Stanag 2021 bemessen. Da der Baubeginn am 02.04.2003 erfolgte, wird das Brückenbauwerk nach den alten Vorschriften errichtet.

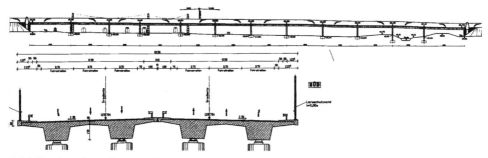

Bild 12: Ansicht und Querschnitt vom Bauwerk 49.1

Das Bauwerk bildet ein Durchlaufsystem über zwölf Felder. Aus den Zwängen der vorhandenen Örtlichkeit ergeben sich diese 12 Felder mit Stützweiten von 36,00m bis 42,00m.

Die Überführungshöhe ist aufgrund der Topografie mit ca. 7,5 - 10m sehr gering. Aus diesem Grund wird die erforderliche Lärmschutzwand (Süd 5m, Nord 3,5m) transparent mit Verbundsicherheitsglas ausgeführt. Die trennende Wirkung der Autobahn soll damit gemindert werden, wie in den Fotomontage (Bild 13) zu erkennen ist.

Bild 13: Fotomontage des Bauwerkes 49.1

4.3.2 Gründung und Pfeiler

Im Bereich des Bahnhofs Gaschwitz und der Pleiße erfolgen die Gründungen aus sicherheitstechnischen und wasserschutztechnischen Aspekten in Spundwandkästen. Die Setzungsempfindlichkeit der Gleisanlagen und der zu geringe vorhandene Platz für eine Flachgründung führten zur Wahl der Tiefgründung des Bauwerkes. Im Bahnhofsbereich sind die Platzverhältnisse besonders eng. Um ein unterschiedliches Setzungsverhalten der einzelnen Achsen zu vermeiden, wurde auch der übrige Bereich mit Bohrpfählen gegründet. Am östlichen Widerlager entsteht dadurch eine sehr steifes Bauteil, welches an den inhomogen aufgefüllten Randschlauch des Tagebaues anschließt. Zur Minderung der Setzungsunterschiede wurde dieser Dammbereich innerhalb der Groberdbauarbeiten überschüttet, um die spätere Belastung zu simulieren. Dadurch soll der größte Teil der möglichen Setzungen vorweggenommen werden.

Die Gestaltung der Pfeiler erfolgte unter Beachtung der Bedingungen der Konstruktion insbesondere der Lagersockel und der Anordnung von Pressen beim Lagerwechsel sowie der schlanken Gestaltung. Die Stützen haben Abmessungen von 2,5mx1,2m. Die Stirnseiten sind abgerundet. Am oberen Ende der Pfeiler werden Aussparungen für die Steckträger des Vorschubgerüstes vorgesehen. Diese werden abschließend mit einer perforierten Stahlplatte abgedeckt.

Im Bereich der Bahnanlagen müssen die Bahnvorschriften eingehalten werden. Aus diesem Grund werden dort Pfeilerscheiben mit einer Länge von 10m je Überbau angeordnet. Die Dicke der Pfeilerscheiben beträgt 1,2m. Die Stirnseiten werden kreisförmig abgerundet. Die Geometrie der Pfeilerscheiben ist so ausgelegt, dass auf die Nachweise „Stützenanprall" und „Stützenausfall" verzichtet werden kann.

4.3.3 Überbau

Die zwei getrennten Überbauten werden als zweistegige monolithische Spannbetonplattenbalken ausgebildet. Die Balken sind längs beschränkt vorgespannt und quer schlaff bewehrt. Dies ergibt bei den gewählten bzw. erforderlichen Stützweiten ein ausgewogenes Verhältnis zwischen Wirtschaftlichkeit und Gestaltung für die gewählten bzw. erforderlichen Stützweiten. Die Konstruktionshöhe beträgt 2,10 m bei einer Breite der Stegunterseiten von 2,50m. Die Plattendicken neben den Stegen wurden wegen der erhöhten Lasten aus den Lärmschutzwänden mit 0,50m festgelegt. Sie verjüngen sich jeweils zur Überbauaußenseite auf 0,25m und zur Überbaumitte auf 0,35m. Die Stegaußenseiten erhalten eine Neigung von 5:1 nach außen. Die Überbauten sind so konzipiert, dass die Stege über die ganze Länge in einer Achse verlaufen und die Verziehung mittels Anpassung der äußeren Kragplatte realisiert wird. Über den Widerlagern in Achse 10 und 130 und den Pfeilern in Achse 60 und 120 werden Querträger mit einer Breite von 1,75 bzw. 1,20m angeordnet. Der Überbau wird aus Beton B 35, Betonstahl B 500 S und Spannstahl St 1570/1770 gefertigt.

Bild 14: Bautenstand Überbau (linkes Bild: Überbau mit Vorschubrüstung, Bewehrung der oberen Lage, rechtes Bild: Querschnitte Überbau am Widerlager - linke Seite fertig gestellter Querschnitt mit Spanngliedverankerungen, rechte Seite Querschnitt mit Vorschubrüstung und Schalung)

Der Überbau wird mit Hilfe eines Vorschubgerüstes gefertigt. Damit kann im Bahnhofbereich und im Bereich der S 72 die Verkehrsverbindung weitestgehend aufrechterhalten werden. Zu Beginn wird der nördliche Überbau von Osten nach Westen gefertigt. Nach dem Umsetzen auf den südlichen Überbau wird dieser von Westen nach Osten hergestellt. Nach den ersten zwei Feldern für die zur Eingewöhnung der Mannschaft zwei Wochen benötigt werden, erfolgen alle weiteren im Wochenrhythmus. Der Vorteil des Vorschubgerüstes ist, dass die Fahrbahn aufgeweitet werden kann und der Wechsel der Gradiente im Radius kein Problem darstellt. Allerdings hat man den Nachteil, dass der Einbauort über die gesamte Baustelle wandert. Besonders im Bahnhofsbereich verlangt die Zulieferung der Baustoffe und das Verschieben der Rüstung ein hohes Maß an Koordinierung.

Literatur

[1]   Geotechnischer Bericht, Baugrundgutachten (BGU), Bundesautobahn BAB A 38, Südumgehung Leipzig, Ingenieurbauwerke, 30.08.2001.

[2]   Planfeststellungsunterlagen zum 2., 3. und 4. Planungsabschnitt der A 38, Autobahnamt Sachsen.

[3]   Ausschreibungsunterlage von Bauwerk 43.1 vom IB BSI, 2003.

[4]   Ausschreibungsunterlage von Bauwerk 49.1 vom IB ICL, 2002.

Talbrücke Korntal-Münchingen – Ein Beispiel für eine Rohrfachwerk-Verbundbrücke

Wolfgang Eilzer, Volkhard Angelmaier

1 Allgemeines

Im Zuge der Landesstraße L1141 von Stuttgart-Weilimdorf nach Markgröningen wird als Teil der 3,5 km langen Ortsumgehung der Gemeinde Korntal-Münchingen eine 300 m lange Talbrücke erforderlich. (Bild 1)

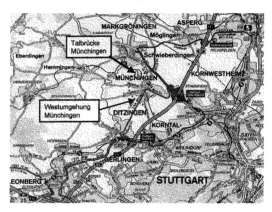

Bild 1: Übersichtslageplan

Das Brückenbauwerk liegt in einer landschaftlich reizvollen und sensiblen Umgebung. Das Naherholungsgebiet wird durch den Räuschelbach und die parallel dazu verlaufende Bahnlinie in zwei Talbereiche mit unterschiedlichem Landschaftscharakter geteilt.

Während der nordöstliche Bereich von Streuobstwiesen und einem sanft verlaufenden Hangrücken geprägt wird, findet man im südwestlichen Bereich ausgedehnte Getreidefelder vor.

Dipl.-Ing. Wolfgang Eilzer, Dipl.-Ing. Volkhard Angelmaier,
Leonhardt, Andrä & Partner, Dresden

Die Gradiente der Umgehungsstraße verläuft im Brückenbereich im Aufriß in einer Muldenausrundung, im Grundriß ist die Brücke in einer Krümmung mit Radien von 450 m und 740 m trassiert. (Bild 2)

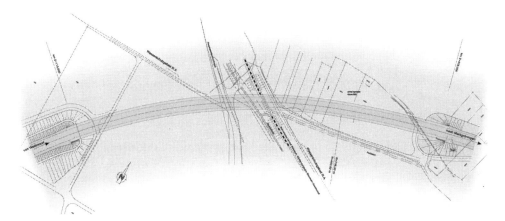

Bild 2:   Lageplan

2   Vorplanung

Im Zuge der Vorplanung wurde eine mehrstufige Variantenuntersuchung mit dem Ziel durchgeführt, ein Bauwerk zu entwerfen, das sich harmonisch in den sanften Talverlauf einfügt.

In einem ersten Schritt wurden unterschiedliche Lösungen unter den Gesichtspunkten

- Konstruktion und Form
- Gestaltung und Einpassung in die Landschaft
- Herstellung und Wirtschaftlichkeit

herausgearbeitet und gegenübergestellt.

Einzige Vorgaben dieser Variantenstudie waren eine feststehende Bauwerkslänge und ein unterhalb der Fahrbahn liegendes Tragwerk.

Auf dieser Grundlage erfolgte durch Variation von Stützweiten, Bauhöhen, Material, Überbauquerschnitt, Tragwerk, Pfeilerform etc. eine skizzenhafte Entwurfsdarstellung mit insgesamt acht Lösungsansätzen (Bild 3).

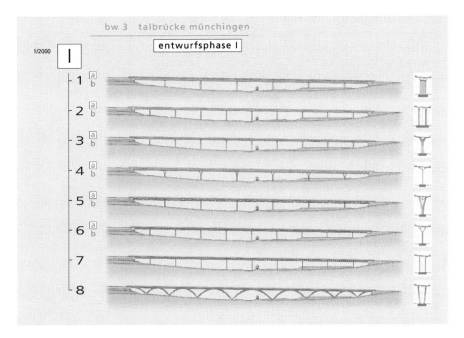

Bild 3:   Variantenvorauswahl

Konventionelle Lösungen wie Spannbetonhohlkasten und –plattenbalken wurden ebenso vorgestellt wie aufgelöste Stahlfachwerk- und Verbundkonstruktionen bis hin zu Überbauquerschnitten als tonnenförmige Gitterschalen und mehrfeldrige, untenliegende Bogenreihen.

Auf der Grundlage dieser Voruntersuchung wurde eine vertiefte Weiterbearbeitung von vier ausgesuchten Lösungen (Bilder 4 bis 8) durchgeführt.

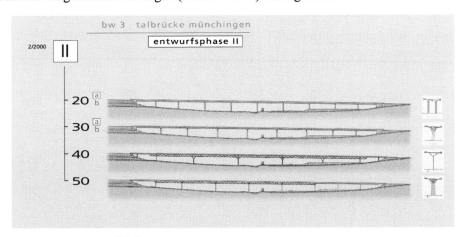

Bild 4:   Variantenvergleich

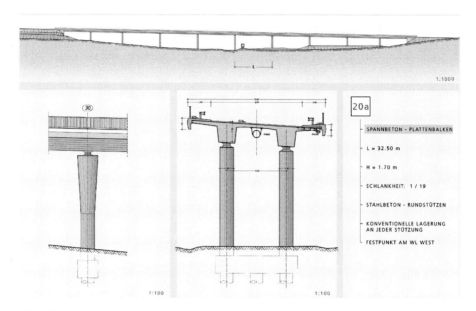

Bild 5: Variante 1 Spannbeton-Plattenbalken

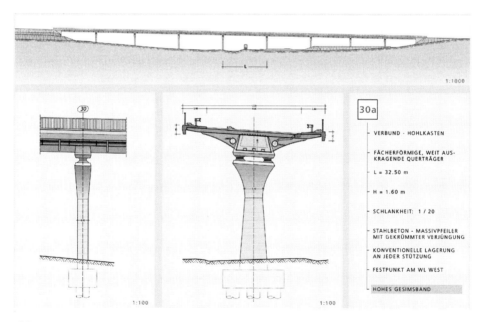

Bild 6: Variante 2- Verbund-Hohlkasten

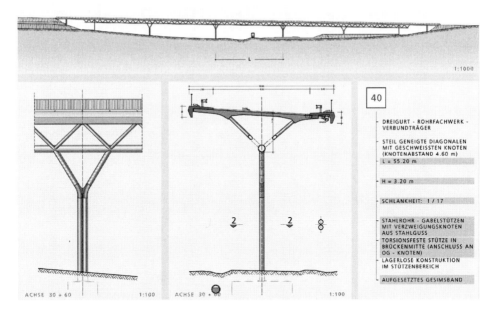

Bild 7: Variante 3 Dreigurt-Rohrfachwerk-Verbundträger

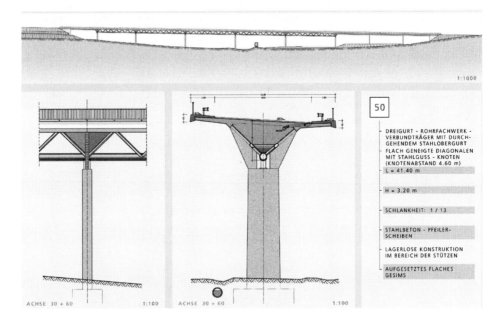

Bild 8: Variante 4 Dreigurt – Rohrfachwerk-Verbundträger

Als Vorzugslösung kristallisierte sich die Variante 4 heraus, die sich durch die sensible Anpassung an die unterschiedlichen Talsituationen am besten in die Landschaft einpasst. Unterstützt wurde die Entscheidungsfindung durch Computervisualisierungen (Bild 9).

Bild 9: Visualisierungen

Das 300 m lange Bauwerk erstreckt sich über neun Felder, wovon das westliche Endfeld und die drei östlichen Randfelder in Stahlbeton, die dazwischen liegenden fünf Hauptfelder als Rohrfachwerk-Verbundkonstruktion ausgebildet sind.

3   Entwurf

Die Stützweiten des 300 m langen Bauwerks betragen 22,80 m – 32,20 m – 4 x 41,40 m – 2 x 28,35 m und 22,70 m (Bild 10)

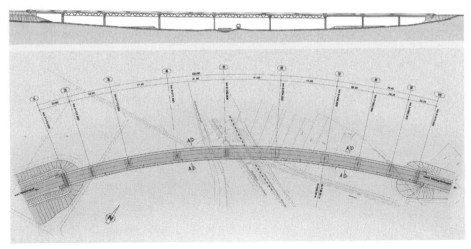

Bild 10: Ansicht und Grundriß

Die wesentlichen Merkmale des Entwurfs bestehen zum einen in der fugen- und bis auf die Widerlagerbereiche lagerlosen Gesamtkonstruktion, der parallelgurtigen Rohrfachwerk-Verbundkonstruktion und dem Systemwechsel von der Stahlrohr-Fachwerk-Konstruktion zur Stahlbeton-Massivplatte.

Die Transparenz des Fachwerkes hängt neben der Wahl des Winkels der Diagonalen vor allem auch von den Abmessungen der Fachwerkstäbe ab. Mit einer Bauhöhe von 3,13 m wurde bewusst eine maßvolle Schlankheit von 1:13 gewählt und dadurch sehr geringe Außendurchmesser (Diagonalen 267 mm, Untergurt 457 mm) ermöglicht (Bild 11).

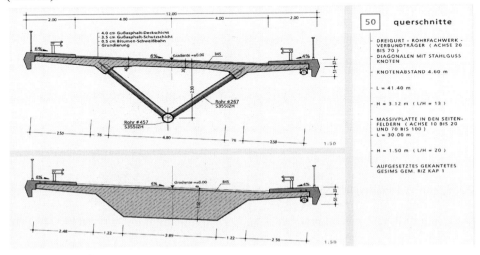

Bild 11: Querschnitte

Bei diesem „integralen" Bauwerk wirken Gründung, Unterbauten und Überbau in starkem Maße interaktiv zusammen, weshalb die Gesamtkonstruktion in Längsrichtung möglichst nachgiebig auszubilden ist bei gleichzeitig hoher Tragfähigkeit in vertikaler Richtung.

Für die Gründung wurde deshalb je Pfeilerachse eine Pfahlreihe mit Bohrpfählen von 90 cm Durchmesser gewählt, die in Brückenlängsrichtung hinsichtlich der Zwangsbeanspruchungen eine möglichst große Weichheit ergaben. (Bild 12)

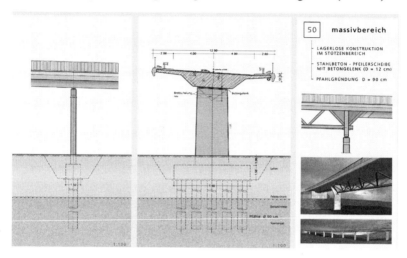

Bild 12: Massivbereich

Aus den gleichen Überlegungen heraus sind die Pfeilerscheiben in der Ansicht so schmal wie möglich und monolithisch mit dem Überbau verbunden, wodurch sich insgesamt eine sachliche, nüchterne Pfeilerform ergibt, die sich auf das Notwendige und Wesentliche beschränkt (Bild 13)

Bild 13: Pfeilerscheibe

Den monolithischen Übergang zwischen den flächigen Pfeilerscheiben und dem linienförmigen Stahlfachwerk stellt ein pyramidenartiger Betonkubus her, der ein markantes gestalterisches Zeichen setzt (Bild 14), insbesondere auch im Übergang von Fachwerkverbund- zum Massivplattenüberbau (Bild 15).

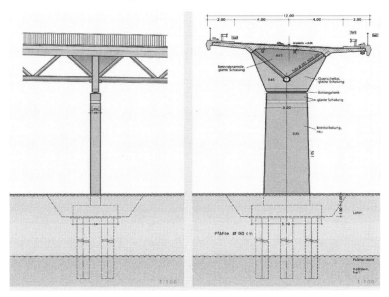

Bild 14: Fachwerk-Verbundträger

Bild 15: Übergang Fachwerk - Massivüberbau

Durch die Pfeilerscheiben in Verbindung mit den Betonpyramiden wird die robuste Geschlossenheit des Gesamttragwerkes betont und gleichzeitig die filigrane

Leichtigkeit und der schwebende Charakter des transparenten Fachwerküberbaus hervorgehoben.Der monolithische Übergang von den Pfeilerscheiben zu den wandartigen Lisenen der Betonpyramiden bzw. in den Endfeldern zu der Massivplatte, wird durch Betongelenke hergestellt (Bild 16).

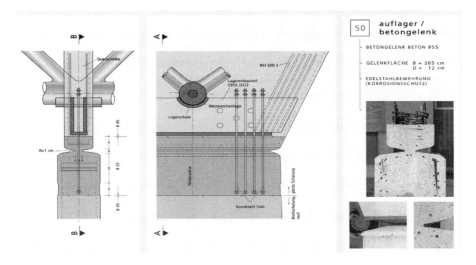

Bild 16: Betongelenk

Betongelenke sind leider etwas in Vergessenheit geraten, obwohl sie sich bereits über Jahrzehnte bewährt haben, wie ihr Einsatz am Beispiel der Eisenbahnbrücke Hardturm-Viadukt in der Schweiz oder auch am Beispiel der Eisenbahnbrücke Gemünden im Zuge der Neubaustrecke Würzburg-Hannover belegt (Bild 17).

Bild 17: Betongelenk der Eisenbahnbrücke Gemünden

Neben einem hohen Maß an Robustheit und der einfachen Herstellung zeichnen sich Betongelenke insbesondere auch in ihrem äußerst günstigen Verhalten hinsichtlich Dauerhaftigkeit und Betriebsfestigkeit aus.

Die erzeugte Linienlagerung, mit dem Betongelenk radial bezüglich der Grundrisskrümmung und horizontal (Achse 20 bis 70) angeordnet, dient der zwängungsarmen Ausbildung des Längstragwerks und der starren, biegesteifen Torsions- und Querhalterung des Überbaus.

Das Gesamtbauteil aus Pfeilerkopf, Betongelenk und Sockel der Querscheibe werden ohne Arbeitsfuge in B 55 ausgeführt (Bild 18).

Bild 18: Betongelenk am Pfeiler

Würde man eine Arbeitsfuge auf Höhe des Gelenks zulassen, was sich von der Herstellung her aufdrängt, hätte man an der Stelle mit der größten Normalkraftbeanspruchung (Einschnürung am Gelenkhals) einen Beton mit seiner schlechtesten Betonqualität (geringe Verdichtung an der Oberfläche, Austrocknung, ...) erhalten.

Nachdem auf der Baustelle die Spaltzugbewehrung des Pfeilerkopfs verlegt war und mittels Schablonen die Betondeckung geprüft und durch Abstandshalter sichergestellt wurde, konnte die komplette Gelenkschalung auf den Pfeiler aufgestülpt werden. In diese wurde die auf der Baustelle am Boden vorgefertigte Querscheiben-Sockel-Bewehrung eingesetzt (Bild 19).

Bild 19: Unterbau Betongelenk

Die einzig im Gelenkhals als Panzerung angeordneten 2 x 4 Bewehrungsstäbe aus glattem V4A-Stahl wurden durch eine Schablone fixiert. Damit ist sowohl deren mittige Lage als auch die Lagegenauigkeit für das anschließend einzufädelnde Lagereinbauteil gewährleistet.

Der Bauherr war mit dem Ergebnis der Betongelenkherstellung äußerst zufrieden und fühlt sich im Entwurfsansatz, hier eine robuste und dauerhafte Lagerungsart einzusetzen, bestätigt. Beim Abbau des Tragegerüsts wurden die Betongelenke nochmals überprüft und keine Risse festgestellt. Im Rahmen der Bauwerksüberwachung werden sie weiter kontrolliert. Ein teurer Austausch der Lager (Zugänglichkeit durch Rückhaltebecken unter der Brücke erschwert), wie er bei vergleichbaren nicht monolithischen Brücken erfahrungsgemäß in Zeiträumen von ca. 30 Jahren ansteht, ist hier nicht erforderlich.

Die Knotenpunkte der Fachwerkstäbe wurden als Stahlgussknoten ausgebildet, eine dem Kraftfluß angepasste Konstruktionsform, die es ermöglicht, Spannungsspitzen im Inneren des Knotens zu beherrschen und Schweißnähte aus dem Bereich hoher Spannungskonzentrationen (Diskontinuitäten) in gleichmäßig beanspruchte Zonen auszulagern. Dadurch kann insbesondere hinsichtlich des Ermüdungsverhaltens eine dauerhafte und robuste Konstruktion gewährleistet werden (Bild 20).

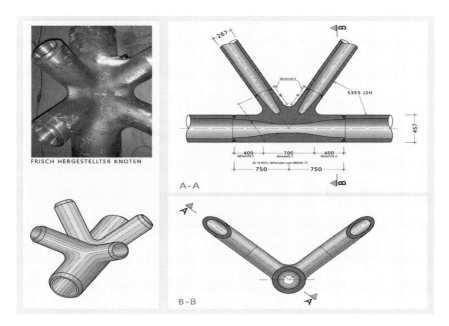

Bild 20: Gußknoten

Die Machbarkeit einer derartigen Ausführung begründete sich auf Erfahrungen mit vergleichbaren Brückenbauwerken, bei denen durch rechnerische Nachweise gezeigt werden konnte, dass bei entsprechend dem Kraftfluß geformten Gussteilen, die Beanspruchungen im Verschneidungsbereich der Diagonalen mit den Gurtrohren kleiner sind als die Beanspruchungen in den unmittelbar an den Knoten anschließenden Rohrquerschnitten.

Im Zuge der Angebotsbearbeitung wurden mehrere Sondervorschläge eingereicht, die eine Ausführung der Knoten als kostengünstigere Schweißverbindungen vorsahen. Aus diesem Grund wurden umfangreiche rechnerische Untersuchungen durchgeführt, bei denen insbesondere die Fragestellung geklärt werden sollte, wie im konkreten Fall bei der vorgegebenen Fachwerkgeometrie die Schweißknoten hinsichtlich ihrer Tragfähigkeit und Ermüdungsfestigkeit im Vergleich zu den ausgeschriebenen Gussknoten bewertet werden können.

Hinsichtlich der Knotenausbildung lässt sich zusammenfassend feststellen, dass bei komplizierten Knotenverbindungen mit mehreren anzuschließenden Stäben Stahlgussknoten zu bevorzugen sind, da durch die Formbarkeit der Gussknoten die Wanddicken dem inneren Kraftfluß angepasst werden können und somit die Gussknoten hinsichtlich ihrer statischen und dynamischen Beanspruchbarkeit den Schweißknoten überlegen sind.

Für Standardknoten, hierzu zählen in erster Linie K- und KK-Knoten, wie sie bei allen bisher gebauten Brücken zur Anwendung kamen, sind Schweißknoten in der Regel wirtschaftlich überlegen und bei geeigneter Geometrie – ausreichender Spalt zwischen den Diagonalen – und entsprechend sorgfältiger Ausführung eine sinnvolle Alternative.

Am Beispiel der sich im Bau befindlichen Talbrücke Korntal-Münchingen konnte durch FE-Berechnungen gezeigt werden, dass im konkreten Fall anstelle der Stahlgussknoten auch Schweißknoten möglich gewesen wären. Diese Frage konnte vor allem hinsichtlich der Ermüdungssicherheit der Schweißknotenverbindungen geklärt werden. Hierbei hat sich die Anwendung des Strukturspannungskonzeptes als eine geeignete Methode bewährt.

4 Ausführung

Der prinzipielle Bauablauf ist im folgenden Bild dargestellt.

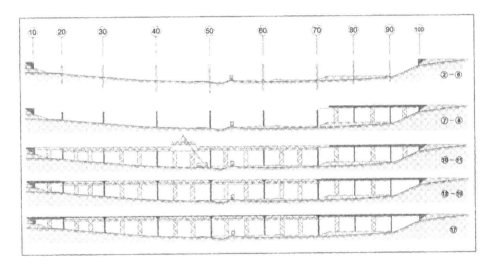

Bild 21: Bauablauf

Nach der Herstellung der Unterbauten wurde der Überbau auf einem bodengestützen Traggerüst hergestellt.

Zunächst wurde die Stahlbeton-Massivplatte am nördöstlichen Brückenende mit einer Arbeitsfuge im Momentennullpunkt des Feldes 70-80 errichtet.
Bei einer Schlankheit l/h von 19 ist die Massivplatte sowohl in Längs- als auch in Querrichtung bei einem durchschnittlichen Bewehrungsgehalt von 190 kg/m³ schlaff bewehrt.

Fertigung und Vormontage der zehn Bauteile für den Fachwerküberbau erfolgte im Werk. Die Bauteile hatten ein Stückgewicht von bis zu 50t und eine Länge von 25 m bei einer Höhe von 3 m und einer Breite von 6 m (Bild 22)

Bild 22: Antransport

Die Stahlkonstruktion des Dreigurtträgers besteht aus Gussknoten (GS 20 Mn 5V) (Bild 23), für die Diagonalen und Untergurte kamen Stahlrohre mit Blechdicken bis 65 mm aus S 355 J2 G3 zum Einsatz. Die durchgehenden Obergurte wurden aus Grobblechen gefertigt. Die Fachwerkstäbe wurden durch Vollanschlüsse mit den Gussknoten verbunden. Die Schweißbadsicherung wurde bereits bei der Fertigung der Gussknoten durch mechanisches Bearbeiten der Knotenenden sichergestellt.

Bild 23: Stahlkonstruktion des Dreigurtträgers

Die Vorfertigung der Ober- und Untergurte erfolgte parallel. Die Obergurte wurden an den Lamellenstößen zusammengesetzt und verschweißt, danach erfolgte das Aufsetzen und Verschweißen der Knotenbleche sowie das Heften und Schweißen der Steifen an die Knotenbleche. Im letzten Arbeitsgang erfolgte das Aufschweißen der Kopfbolzendübel.

Die Fertigungsfolge der Untergurte begann zunächst mit dem Verschweißen eines einzelnen Rohres an einen Gussknoten. Das Verschweißen erfolgte mit Hilfe einer Drehvorrichtung.

Der Zusammenbau zu einem Fachwerkträgersegment erfolgte auf einer hierfür entwickelten Zulage. Diese berücksichtigte das erforderliche Stichmaß der Überhöhung sowie die Grund- und Aufrisskrümmung des Überbaus. Die erste Fachwerkebene, bestehend aus Untergurt, Diagonalen und Obergurt, wurde liegend zusammengebaut und komplett in Zwangslage abgeschweißt (Bild 24). Diese wurde dann vertikal gestellt und die zweite Fachwerkebene, bestehend aus Diagonalen und Obergurt, in der Vorrichtung angebaut, geheftet und voll verschweißt.

Bild 24: Zusammenbau der Fachwerkabschnitte

Vor dem Einhub der Fachwerkkomponenten wurden Hilfsträger mit Halbschalen auf den Lehrgerüsten montiert, die als temporäre Abstützungen der Bauteile dienten. Die Hilfsträger wurden sorgfältig in Lage und Höhe auf die theoretische Brückenendposition ausgerichtet (Bild 25).

Bild 25: Auflager

In die Lagerschalen wurden Teflonplatten eingelegt, um Dehnungen infolge Temperatur zwängungsfrei zu ermöglichen. Auf den Pfeilern wurden Lagereinbauteile mit Halbschalen zur Aufnahme der Auflagerknoten eingesetzt. Diese wurden jedoch zunächst noch nicht vergossen.

Nach dem Antransport der Bauteile mit Spezialtransporten über öffentliche Verkehrswege wurden diese mit 400-t-Autokranen direkt vom Lkw in ihre Endposition eingehoben (Bild 26) und mit dem Lehrgerüst über Druck- und Zugstreben temporär verspannt.

Bild 26: Montage

In einer Bauzeit von nur zwei Wochen wurden so alle fünf Segmente in ihre theoretische Lage eingebaut. Beim Ausrichten der Bauteile an den zentrischen Lagereinbauteilen war eine Maßgenauigkeit von ± 5 mm einzuhalten (Bild 27). Danach erfolgte der Lagerverguß.

Bild 27: Übersicht Stahlrohr-Fachwerkträger

Sowohl das Ausbessern der Montageschweißnähte als auch der Transport- und Montageschäden erfolgte nach dem Einhub, das Aufbringen des letzten Deckenanstriches nach dem Betoniervorgang der Fahrbahnplatte.

Den Übergang vom Fachwerküberbau zum Pfeiler stellt eine auf die Spitze gestellte Pyramide dar (Bild 28). Die Gabellagerung des Überbaus wird durch eine Querscheibe in Verbindung mit dieser Pyramide erreicht. Die vier Fachwerk-Diagonalen, welche die Kanten der Pyramide bilden, sind über Dübelleisten mit dem Betonkörper verbunden. Die Außenflächen der Pyramiden schließen den Kreisquerschnitt der Rohre zu einem Viertel ein. Zur Erleichterung der komplizierten Schalungsarbeiten wurden bereits im Werk vorbereitend Anschlagleisten an diese Rohre angeschweißt (Bild 29).

Bild 28: Auflagerung am Pfeiler

Bild 29: Schalung und Bewehrung Pyramide

Der einheitliche Betonkörper (B 45) aus Querscheibe und Pyramide wurde bei der Herstellung in die beiden Einzelbauteile Querscheibe (als V-förmiges Bauteil vorab hergestellt) und Pyramide getrennt. Zum Einsatz kam eine glatte Sichtflächenschalung ohne Brettstruktur. Die geometrisch schwierigen Schalungsanschlüsse der Querscheibe an den Gussknoten mussten mit Silikon abgedichtet werden.

Da die zunächst lediglich untergossenen Lagereinbauteile keine Verschiebungen bzw. Kräfte aus dem Stahlfachwerkträger (Längenänderung aus Temperaturänderung) aufnehmen konnten, mussten die Montagestöße bis zum Betonieren der benachbarten Querscheiben/Pyramiden offen bleiben. Erst nach entsprechender Aushärtung konnten diese geschlossen werden, wobei sich dann die Bewegungen der weiter entfernt liegenden Montagestöße deutlich vergrößerten.

5 Schlußbemerkung

Innovative Lösungen bedingen ein hohes Maß an Kooperationsbereitschaft und Vertrauen aller an Planung und Bau Beteiligten.

In den drei Jahren von Planungsbeginn bis zur Vollendung der Baumaßnahme waren neuartige Probleme sowohl bei der Planung als auch bei der Bauausführung vor Ort zu lösen.

Dank der guten und konstruktiven Zusammenarbeit aller Beteiligten wurden unbürokratisch und zielorientiert Lösungen erarbeitet.

Die Bilder 30 – 32 geben ein paar Eindrücke des fertiggestellten Bauwerks wieder.

Bild 30: Längsansicht

Bild 31: Pyramide und Lagerung

Bild 32: Teilansicht

Literatur

[1]   Bernhardt, K. et al: Stahlbau 72 (2003), Heft 2, S. 61-70.

[2]   Bernhardt, K. et al: Stahlbau 72 (2003), Heft 3, S. 147-156.

[3]   Angelmaier, V.: Stahlbau-Nachrichten, 1/2002.

[4]   Angelmaier, V.: Stahlbau, Heft 6/2003, S. 432-439.

[5]   Kuhlmann, U.: Stahlbau, Heft 7/2002, S. 507-515.

**Hochschule
für Technik, Wirtschaft
und Kultur Leipzig (FH)**

Dienstleistungen für das Bauwesen
auf dem Gebiet der
experimentellen Mechanik und der
zerstörungsfreien Prüfung

- Experimentelle Tragsicherheitsbewertung
  an Hochbaukonstruktionen und Brücken
- Überfahrtmessungen an Brücken
- Bauwerksmonitoring
- Gammadurchstrahlungsprüfung
- Glasprüfung
- Rasterelektronenmikroskopie
- 3D - Berechnungen mit finiten Elementen

Untersuchung der Niederbrücke in Döbeln mit
dem Belastungsfahrzeug „BELFA"

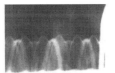 

Radiografische Aufnahme eines
Spanngliedes

Untersuchung der Ostbrücke in Böhlen mit
einem Belastungsrahmen

Kontakt: ifem.htwk-leipzig.de   Sitz: Karl – Liebknecht – Straße 132; 04277 Leipzig

Prof. Dr.-Ing. V. Slowik
Tel: 0341 3076 6261
Fax: 0341 3076 6558

slowik@fbb.htwk-leipzig.de

Dr.-Ing. L.-D. Fiedler
Tel: 0341 3076 6556
Fax: 0341 3076 6558
mobil: 0163 8437430
fiedler@extern.htwk-leipzig.de

Dr.rer.nat. G. Kapphahn
Tel: 0341 3076 6559
Fax: 0341 3076 6558
mobil: 0170 3878358
kapphahn@extern.htwk-leipzig.de

Neue Vorschriften für den Brückenbau

Für den Geltungsbereich der Bundesfernstraßen, der Bundeswasserstraßen und der Bahn AG sind zum 1. Mai 2003 die DIN-Fachberichte verbindlich eingeführt worden.

Mit dem Programmsystem InfoCAD stehen dem Ingenieur modernste Hilfsmittel zur Behandlung der damit verbundenen komplexen Aufgabenstellungen in Statik und Dynamik zur Verfügung.

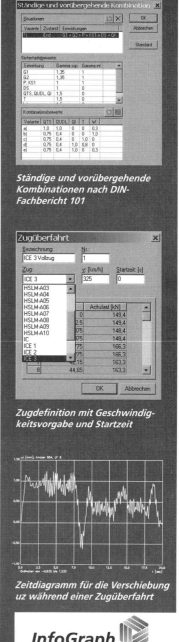

DIN-Fachberichte 101 und 102

Das Programm ermöglicht die Nachweise in den Grenzzuständen der Tragfähigkeit und der Gebrauchstauglichkeit für alle Stab- und Flächentragwerke mit und ohne Vorspannung. Dies erlaubt auch für komplexe Systeme die Nachweisführung am Gesamtsystem.

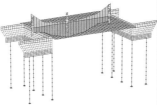

Überführungsbauwerk mit Widerlagern und Pfahlgründung (Prof. Bechert & Partner, Stuttgart)

Ständige und vorübergehende Kombinationen nach DIN-Fachbericht 101

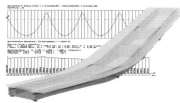

Vorgespannter zweistegiger Plattenbalken (Bilfinger & Berger, Köln)

Dynamische Zugüberfahrt

Auf einfache Weise kann die dynamische Beanspruchung durch vordefinierte Regelzüge wie ICE, Thalys oder die HSL-Typenzüge gem. Ril. 804 für beliebige Stab- und Flächentragwerke untersucht werden. Die Beschreibung der Fahrwege erfolgt durch Eingabe von Linienzügen auf dem Tragwerk. Es können gleichzeitig mehrere Fahrwege berücksichtigt werden, so dass sich z.B. die gegenseitige Beeinflussung entgegenkommender Züge untersuchen lässt.

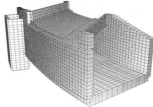

Zugdefinition mit Geschwindigkeitsvorgabe und Startzeit

Die zahlreichen Kombinationsergebnisse können detailliert abgerufen und übersichtlich dargestellt werden. Für die graphische Ausgabe stehen vielfältige Möglichkeiten zur Verfügung. Ausführliche Protokolle mit allen zur Prüfung erforderlichen Angaben werden ebenfalls im Rahmen der Nachweise erzeugt.

Zeitdiagramm für die Verschiebung uz während einer Zugüberfahrt

Tunnel mit zweigleisiger Eisenbahnüberführung (Schmitt-Stumpf-Frühauf, München)

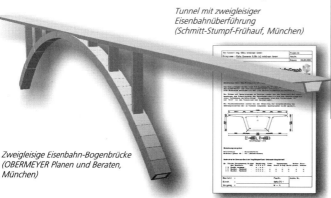

Zweigleisige Eisenbahn-Bogenbrücke (OBERMEYER Planen und Beraten, München)

InfoGraph

Software für die Tragwerksplanung

InfoGraph GmbH
Kackertstraße 10
52072 Aachen
Telefon +49 241 889980
Telefax +49 241 8899888
email info@infograph.de
www.infograph.de

Durchgängige FEM-Lösung für Verbundbrücken

Neben dem bewährten Programmsystem PONTI® für Stahl- und Spannbetonbrücken wird RIB Ende 2004 die erste Fassung einer neuen Software für den Verbundbrückenbau anbieten. Ähnlich wie bei PONTI® handelt es sich um eine durchgängige Brückenbaulösung, die den Anwender in allen Belangen professionell unterstützt.

Vorteilhaft ist die einheitliche und bauteilorientierte Eingabe und Auswertung beider Systeme. Dabei können die Einflüsse aus der Herstellungs- und Belastungsgeschichte genauso berücksichtigt werden wie die Einflüsse aus Kriechen und Schwinden des Betons oder die Einflüsse der Rissbildung im Betongurt. Leistungsstarke Funktionen für die Lastmodelle nach DIN Fachbericht 101 und die automatische Generierung der Sekundärlasten infolge Kriechen und Schwinden bedingen eine schnelle und effiziente Bearbeitung der Lastdaten. Die Bildung der relevanten Einwirkungskombinationen erfolgt jeweils automatisch. Eine Querschnittsoptimierung während der Nachweise mit sofortiger Neuberechnung des Systems ist ebenso möglich. Die folgenden Nachweise nach DIN Fachbericht 104 (103) werden im Einzelnen geführt:

Grenzzustand der Tragfähigkeit

- Klassifizierung der Verbundquerschnitte
- Momenten- und Querkrafttragfähigkeit
- Biegetragfähigkeit der Fahrbahnplatte

Im Grenzzustand der Ermüdung

- Baustahl
- Betonstahl

Verbundsicherung

- Tragfähigkeit Kopfbolzendübel
- erforderliche Dübelanzahl

Grenzzustand der Gebrauchstauglichkeit

- Begrenzung der Spannungen
- Begrenzung des Stegblechatmens
- Begrenzung der Rissbreiten
- Ermittlung der Mindestbewehrung

Für die Bearbeitung von Verbundbrücken hat der Anwender ein leistungsstarkes Werkzeug in der Hand, welches sich insbesondere durch eine einfache System- und Lasteingabe sowie ein durchgängiges Bemessungskonzept auszeichnet. Durch die Kooperation mit der „HRA Ingenieurgesellschaft mbH" aus Bochum stehen dem RIB erfahrene Berater zur Seite, welche die Einführung der DIN Fachberichte im Verbundbau begleitet und mit geprägt haben. Mit dieser gemeinsamen und innovativen FEM-Lösung stellt sich RIB den neuen Herausforderungen durch die schwerpunktmäßige Ausrichtung der Entwicklung auf das Fachgebiet des Brückenbaus.

Verbundbrücke über die Wilde Gera
HRA Ingenieurgesellschaft mbH, Bochum

Weitere Informationen:
RIB Software AG, Vaihinger Straße 151,
70567 Stuttgart. www.rib.de, info@rib.de.